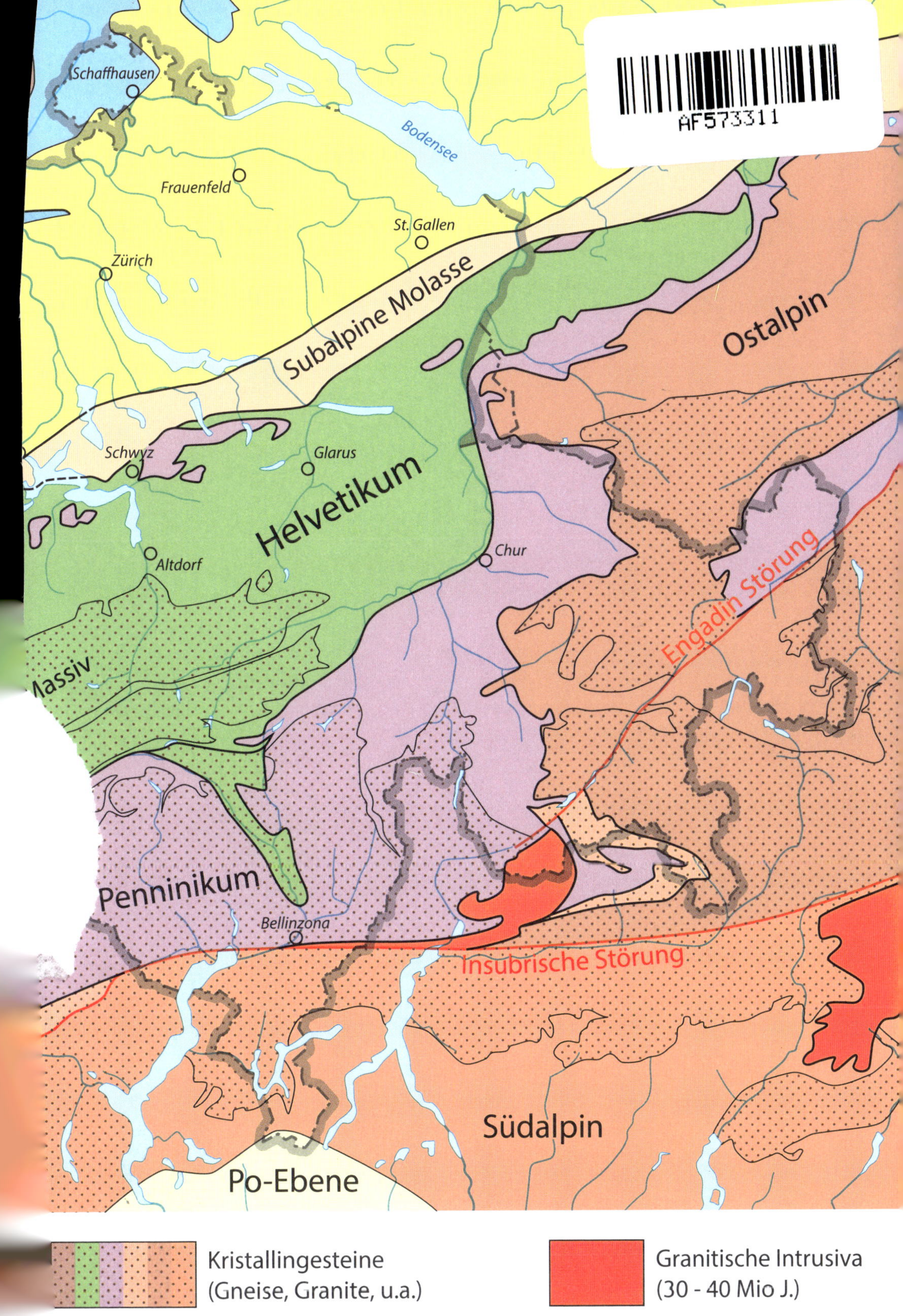

AF573311
Schaffhausen
Bodensee
Frauenfeld
St. Gallen
Zürich
Subalpine Molasse
Ostalpin
Schwyz
Glarus
Helvetikum
Altdorf
Chur
Engadin Störung
Massiv
Penninikum
Bellinzona
Insubrische Störung
Südalpin
Po-Ebene
Kristallingesteine
(Gneise, Granite, u.a.)
Granitische Intrusiva
(30 - 40 Mio J.)

O. Adrian Pfiffner

Landschaften und Geologie der Schweiz

2., korrigierte Auflage

Haupt Verlag

O. Adrian Pfiffner studierte und doktorierte an der ETH-Zürich. Nach Aufenthalten in Vancouver (Kanada) und Neuenburg wurde er 1987 als Professor an die Universität Bern berufen. In seinen Forschungen beschäftigt er sich mit dem Bau und der Entstehung von Gebirgen. Hierzu analysiert er Gesteinsproben im mikroskopischen Bereich sowie die Tiefenstruktur wie auch die Oberflächenformen von Gebirgen. Fallbeispiele stammen aus der gesamten Welt.

2. Auflage 2024
1. Auflage 2019

ISBN 978-3-258-08233-2

Umschlag, Gestaltung und Satz: pooldesign.ch, Zürich
Grafiken/Illustrationen: O. Adrian Pfiffner, Andreas Baumeler

Wir verwenden FSC®-zertifiziertes Papier. FSC® sichert die Nutzung der Wälder gemäß sozialen, ökonomischen und ökologischen Kriterien.
Gedruckt in Slowenien

Diese Publikation ist in der Deutschen Nationalbibliografie verzeichnet.
Mehr Informationen dazu finden Sie unter http://dnb.dnb.de.

Der Haupt Verlag wird vom Bundesamt für Kultur für die Jahre 2021–2024 unterstützt.

Wir verlegen mit Freude und großem Engagement unsere Bücher. Daher freuen wir uns immer über Anregungen zum Programm und schätzen Hinweise auf Fehler im Buch, sollten uns welche unterlaufen sein.

www.haupt.ch

Inhaltsverzeichnis

Vorwort

Nachdem ich über viele Jahre den Studierenden der Geowissenschaften die Geologie der Schweiz näherbringen durfte und diverse meiner Forschungsprojekte sich ebenfalls mit dieser Problematik auseinandersetzten, war es mir ein Anliegen, meine Faszination für dieses Thema auch der breiten Öffentlichkeit näherzubringen. Dabei entschloss ich mich, den Zugang zur Geologie über die Landschaften zu eröffnen, denn es sind diese Landschaften, die jeder Betrachterin und jedem Betrachter direkt zugänglich sind. «Landschaft» ist ein dehnbarer Begriff. Hier ist er als Naturlandschaft im Kilometer-Maßstab zu verstehen, die ohne das Dazutun des Menschen entstanden ist.

Das vorliegende Buch richtet sich an jene Leute, die sich für die Landschaften und die Geologie unseres Landes interessieren. Wie entstanden diese Landschaften? Welche Vorgänge sind verantwortlich für die Bildung einzelner Landschaften, Berge, Täler und anderer Oberflächenformen? Warum gibt es so verschiedene Formen von Berggipfeln und Talflanken? Was für eine Rolle spielt dabei der geologische Untergrund? Wie ist dieser geologische Untergrund beschaffen? Welche Gesteine sind im Felsuntergrund anzutreffen? Was ist deren Entstehungsgeschichte? Und wie entstanden die Alpen als Gebirge?

Der Text ist so konzipiert, dass er auch für interessierte Laien verständlich ist. Der Einbezug von zahlreichen Fotos und Grafiken als Anschauungsmaterial soll das Verständnis der geologischen Formen und Prozesse erleichtern.

Zu Beginn werden die Großlandschaften Juragebirge, Mittelland und Alpen vorgestellt. Es folgt eine kurze Übersicht zu den wichtigsten Gesteinstypen, welche im Felsuntergrund angetroffen werden. Das nachfolgende Kapitel gibt einen Abriss über die Entstehung von Gebirgen. Dabei kommen sowohl die Prozesse im Erdinneren, welche die Heraushebung eines Gebirges verursachen, zur Sprache, als auch die Oberflächenprozesse, welche für die Landschaftsgestaltung verantwortlich sind. Der geologische Bau der Schweiz wird anschließend etwas eingehender mit der regionalen Verteilung der Typenlandschaften verknüpft. Schließlich wird die geologische Entwicklungsgeschichte der Schweiz dargestellt. Während die ältere Geschichte im Zusammenhang mit plattentektonischen Vorgängen erklärt wird, kann die jüngste, von Eiszeiten

geprägte Geschichte anhand der heute noch andauernden geologischen Vorgänge beleuchtet werden.
Die Schweizer Luftwaffe (© VBS) stellte in großzügiger Weise spektakuläre Luftbilder zur Verfügung. Zu speziellem Dank für die Hilfe bei der Auswahl der Bilder bin ich Maj Martin Stauffer verpflichtet. Mein Dank geht auch an Ruedi Homberger für einen unvergesslichen Flug durch die Alpen und die hervorragenden Aufnahmen.
Wie schon in meinem Buch «Geologie der Alpen» konnte ich mich bei der Gestaltung der Grafiken wiederum auf die wertvolle Hilfe von Andreas Baumeler stützen. Seine gestalterischen Fähigkeiten trugen viel zur Aussagekraft und Ausstrahlung der Abb. bei. Die Abb. sind mehrmals zwischen uns hin und her gesegelt, bis wir beide zufrieden waren. Mein Dank geht auch an Martin Lind vom Haupt Verlag für seine Unterstützung bei der Planung des Buches und sein eingehendes Lektorat. Schließlich danke ich auch Herrn Christoph Settele von pooldesign.ch für seine Ratschläge bei der Vorbereitung zur Drucklegung. Anne-Marie danke ich für ihre Geduld und ihre kritischen Bemerkungen zu Textpassagen, die für den Laien ins Unverständliche abzusinken drohten.

Adrian Pfiffner
Domat/Ems, im Dezember 2018

Bemerkungen zur 2. Auflage

Nach dem Erscheinen der «Landschaften und Geologie der Schweiz» sind mir zahlreiche Kommentare zu falsch angeschriebenen Berggipfeln in Fotos, sowie Druckfehler und Umformulierungen im Text zugestellt worden. Ich möchte hier insbesondere Felix Brassel, Andreas Pfammatter, Daniela und Simon Oberli, sowie Till Born für ihre Rückmeldungen danken. Insgesamt sind über 30 Abbildungen korrigiert worden.

Bern, im Juli 2024

1 Großlandschaften der Schweiz

In diesem Kapitel werden die großmaßstäblichen Landschaften der Schweiz aus der Vogelperspektive skizziert. Maßgebend sind dabei die topografischen Höhen sowie die Höhenunterschiede. Anschließend werden die geomorphologischen Formen der Landschaften vorgestellt. Dazu zählen die Formen der Berge und Täler wie auch deren Flanken. Zu diesem Zweck werden einzelne regionale Beispiele näher betrachtet. Abschließend wird der geologische Bau des Felsuntergrundes der Großlandschaften erläutert. Alle in diesem einführenden Kapitel beschriebenen Phänomene werden in den folgenden Kapiteln nochmals vertieft behandelt.

Nachfolgende Doppelseite:

Abb. 1-1A Das digitale Höhenmodell der Schweiz (erstellt mit AdS) verdeutlicht die Verteilung der Höhenlagen sowohl von Bergen und Hügeln als auch von der Höhe und Breite der Talböden.

Abb. 1-1B Die Reliefkarte der Schweiz (erstellt mit AdS) bringt Bergketten und Täler besonders deutlich in Erscheinung.

1.1 Oberflächenformen und Topografie

Traditionell wird in der Schweiz zwischen den Großlandschaften Jura, Mittelland und Alpen unterschieden. Wenn auch diese Unterteilung in erster Näherung sinnvoll ist, bestehen Randbedingungen, welche dieses Bild stören. Abb. 1-1A zeigt ein *digitales Höhenmodell,* in welchem die Höhenlagen jedes dargestellten Punktes mittels Farben wiedergegeben sind. Ohne Weiteres erkennt man in diesem ein grünes Band mit Höhen unter 1000 m ü. M., welches sich von Genève über Bern und Zürich zum Bodensee erstreckt, und welches man gemeinhin mit dem Begriff «Mittelland» assoziiert. Nordwestlich davon zeichnet sich ein gelb-grün geflecktes Gebiet mit Höhenlagen von 1000–1500 m ü. M. ab, das dem Juragebirge entspricht (in diesem Buch wird der Jura explizit als «Juragebirge» bezeichnet, um Verwechslungen mit dem Jura als Zeitalter zu vermeiden; für eine Übersicht über die geologischen Zeitalter und ihre Abfolge beachten Sie bitte die entsprechende Skala im Buchumschlag hinten). Die eigentlichen Alpen zeichnen sich durch Höhenlagen zwischen 2000–3000 m ü. M. (rot in der Karte) aus. Eingelagert darin sind die lila-blau gefärbten Regionen der höchsten Erhebungen (Mont Blanc-Gebiet, südliches Wallis, Aletsch-, und Bernina-Gebiet). Auffallend sind die tief eingeschnittenen Haupttäler von Rhone, Aare, Reuss und Rhein auf der Alpennordseite sowie Toce, Maggia, Ticino, Mera und Adda auf der Südseite.

Abb. 1-1B zeigt das *Relief,* das heißt die lokalen Höhenunterschiede. Im Juragebirge sind darin die Juraketten deutlich sichtbar. Im Mittelland fällt auf, dass die Region westlich und östlich von Zürich ein sanftes Relief besitzt und mehrere Seen aufweist. Weiter im Osten, zum Bodensee hin, besteht ein markanteres Relief, welches durch kleinräumige Hügelzüge geprägt ist. Besonders hervorstechend ist die Umgebung des Hörnli im Zürcher Oberland. Im Westen zeigen die Hügelzüge und Täler der Region östlich und westlich von Bern ein auffallendes Relief. Besonders markant ist hier die Region des Napfs. Schließlich zeigt das Mittelland westlich der Saane gegen den Léman hin wiederum ein sanfteres Relief. Die Schweizer Alpen zeichnen sich durch ein von vielen Tälern zerschnittenes Oberflächenmuster aus. Herausstechend sind die Quertäler: das Rhonetal zwischen Martigny und Léman (QRho), das Aaretal bei Thun (QAa), das Reusstal südlich des Urnersees (QRe), das Tal der Linth (QLi), das St. Galler Rheintal (QRhe) sowie die Leventina (QTi). Markante Längstäler verlaufen parallel zur alpinen Gebirgskette. Beispiele hierzu sind das Rhonetal flussaufwärts von Martigny (LRho), das Vorderrheintal (LVR), das Inntal im Engadin (LIn), und auf der Alpen-Südseite das Tal der Adda im Veltlin (LAd).

Die Schweiz ist das Wasserschloss Europas. Hier treffen sich die Wasserscheiden der Entwässerungssysteme von Nordsee (Rhein), Schwarzem

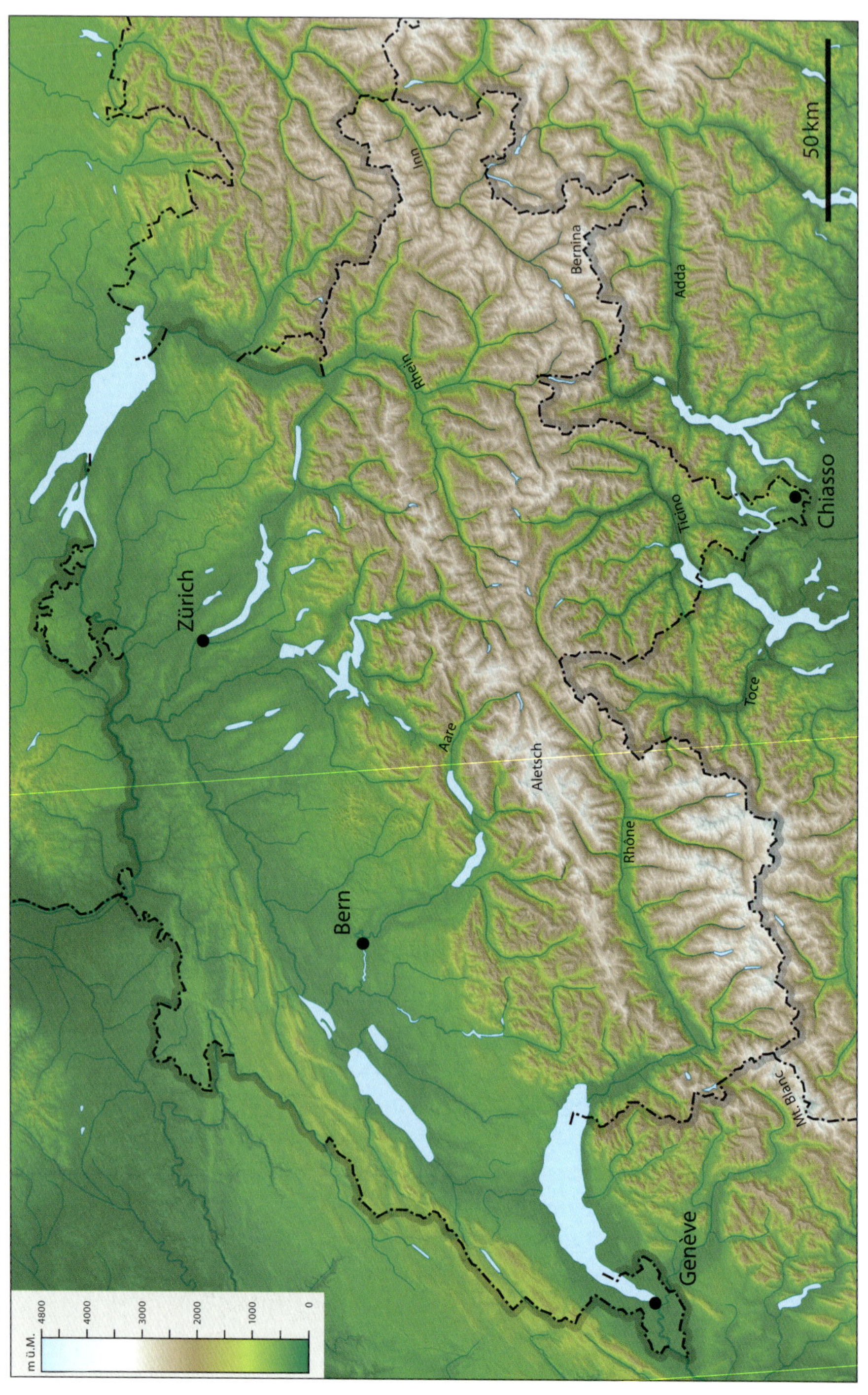
Zürich
Bern
Genève
Chiasso
Inn
Rhein
Bernina
Adda
Ticino
Toce
Aare
Aletsch
Rhône
Mt. Blanc
50 km
m ü.M.
4800
4000
3000
2000
1000
0

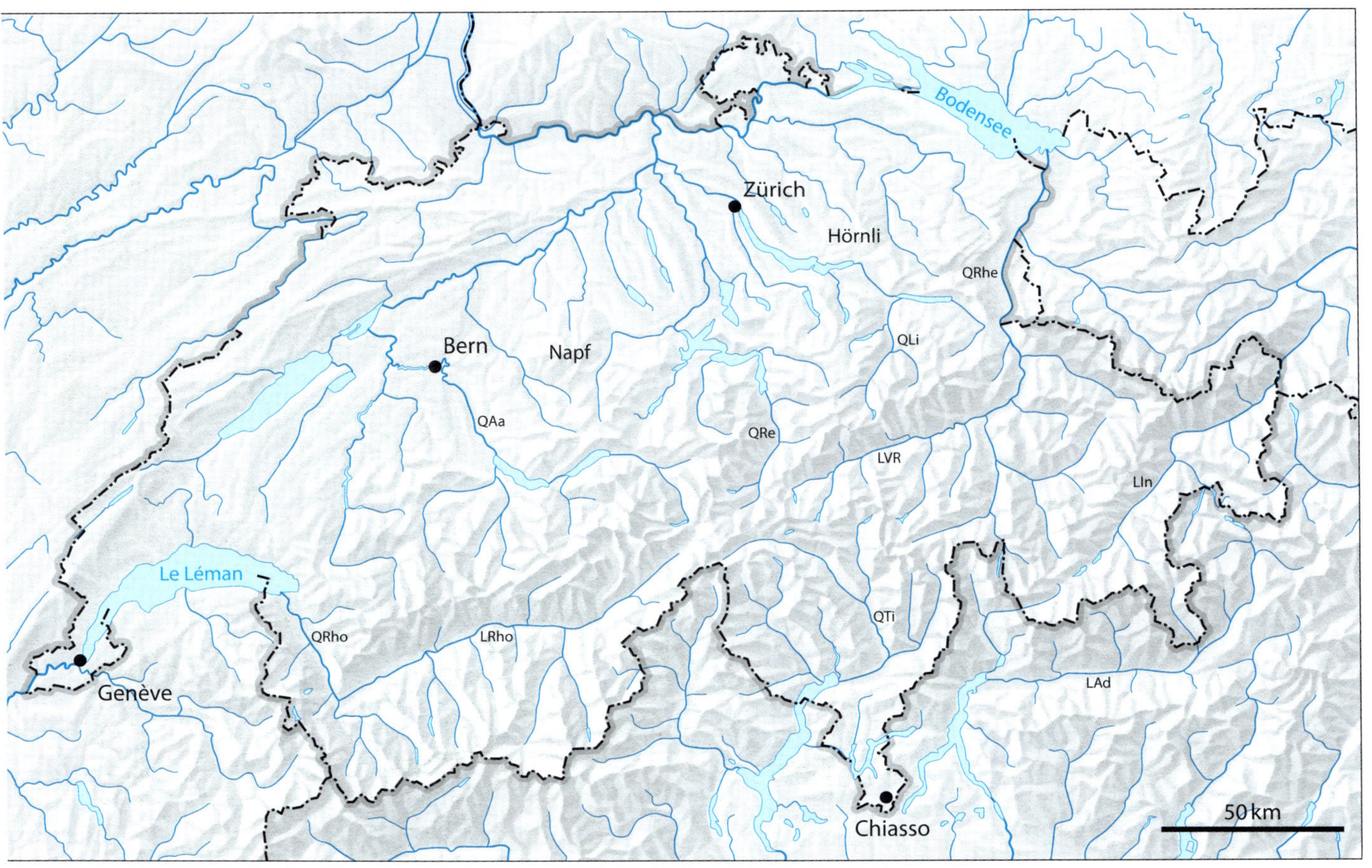
Bodensee
Zürich
Hörnli
QRhe
Bern
Napf
QLi
QAa
QRe
LVR
LIn
Le Léman
QRho
LRho
QTi
Genève
LAd
Chiasso
50 km

Meer (Inn), Mittelmeer (Rhone) und Adriatischem Meer (Po und Etsch) (vgl. Abb. 1-1C). Das Einzugsgebiet des Rheins macht den größten Teil der Schweizer Landfläche aus. Entsprechend fließen etwa 68 % des Wassers aus der Schweiz in die Nordsee. Im Süden verläuft die Wasserscheide entlang des Alpenkamms. Etwas überraschend ist die Wasserscheide zwischen Rhein- und Rhonesystem im Juragebirge: sie verläuft schräg und quer durch dieses Gebirge. Die Entwässerung von Po und Etsch/Adige erfolgt ins Adriatische Meer, aber auf getrennten Pfaden. Der Inn wiederum mündet in Passau in die Donau und sorgt dafür, dass knapp 5 % des Wassers aus der Schweiz ins Schwarze Meer fließt. Am Lunghinpass treffen sich die Wasserscheiden zwischen Nordsee, Schwarzem Meer und Adria. Eine weitere dreifache Wasserscheide befindet sich am Pizzo Rotondo. Von hier aus entwässern Ticino, Reuss und Rhone in die Adria, die Nordsee und das Mittelmeer.

Im Folgenden werden die geomorphologischen Formen der Großlandschaften Jura, Mittelland und Alpen anhand einiger lokaler Beispiele näher besprochen. Die Abb. 1-2 illustriert die Situation im *Juragebirge*. Deutlich erkennt man die Abfolge von längeren Bergrücken – den Juraketten – getrennt durch Täler. Die Bergrücken erreichen Höhen von 1000 m und mehr, die Talböden liegen mehrere Hundert Meter tiefer. Das

Abb. 1-1C Karte der Wasserscheiden zwischen Nordsee, Mittelmeer, Adria und Schwarzem Meer.

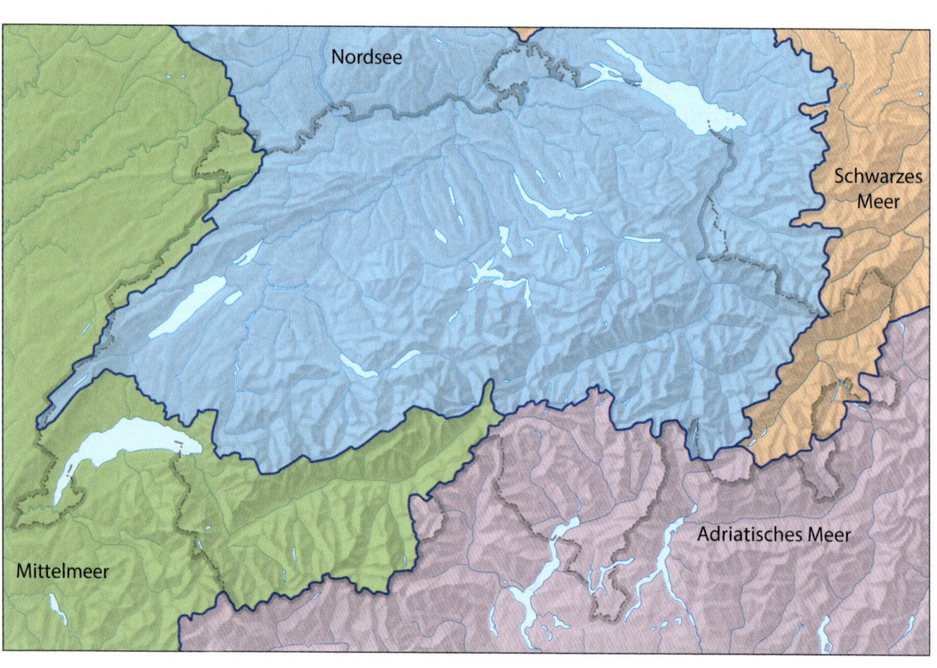

Abb. 1-2 Blick auf die Ketten des Faltenjuras am Neuenburgersee. Foto © VBS.

Foto in Abb. 1-2 zeigt den Blick auf Neuenburg und die frontale Kette des *Juragebirges* mit dem Chaumont (rechts im Bild, ca. 1100 m). Diese Kette wird gegen WSW niedriger (850 m am linken Bildrand) und ist nahe der Bildmitte von der Schlucht des Seyon zerschnitten. Die zweite Kette, hinter dem flachen Talboden des Val de Ruz, ist bedeutend höher. Sie erreicht am Mont Racine im SW eine Höhe von 1439 m, am Mont d'Amin im Osten 1407 m.

Demgegenüber ist die Morphologie des *Mittellandes,* illustriert anhand zweier Beispiele in Abb. 1-3, wesentlich sanfter. Abb. 1-3A zeigt das sanfte Relief im westschweizerischen Mittelland; im Vordergrund die Stadt Freiburg, im Hintergrund der Murtensee und, den Horizont bildend, die frontalen Juraketten Chasseron – Chaumont – Chasseral. Sanfte, teilweise bewaldete, SW-NE verlaufende Hügelzüge, die von relativ breiten Mulden getrennt sind, kennzeichnen das Relief. Die Hügelzüge erreichen eine Höhe von kaum 700 m. In einer dieser Mulden liegt der auf dem Foto am rechten Rand sichtbare Murtensee. Während der letzten Eiszeit überfuhr der Rhonegletscher diesen Teil des Mittellandes und glättete die Landoberfläche.

Unregelmäßig angeordnete Tälchen bzw. Gräben charakterisieren das Mittelland im Vorfeld des Napfs. Im Vordergrund des Fotos in Abb. 1-3B liegt Langnau im Emmental. Rechts im Hintergrund erkennt man die

Abb. 1-3A Blick auf das westliche Mittelland. Im Vordergrund die Stadt Freiburg und eine Schlaufe der Saane, im Hintergrund die Juraketten. Foto © VBS. Die Juraketten schießen abrupt aus dem Mittelland und überragen dieses um 800 Meter. Die Höhenunterschiede innerhalb des Mittellandes betragen kaum 200 Meter. Einige der länglichen, bewaldeten Hügel vor dem Murtensee und am linken Bildrand bestehen aus Moränenmaterial, welches vom Gletscher der letzten Eiszeit zusammengeschoben und aufgetürmt wurde (sogenannte Drumlins).

Abb. 1-3B Blick Richtung Norden auf das bernische Mittelland im Vorfeld des Napfs. Im Vordergrund ist Langnau zu sehen. Foto © VBS. Die Anlage des Tales des Ober Frittebach, welches von Langnau nach hinten (Norden) Richtung Napf zieht, ist durch das Einfallen der Schichten im Felsuntergrund bedingt. Die Nagelfluh- und Sandsteinbänke tauchen nach links (Westen) in den Untergrund. Längs weicher Mergelschichten fraß sich der Ober Frittebach in die Gesteinsschichten. Der Höhenunterschied zwischen dem bewaldeten Rücken und dem Talgrund beträgt rund 200 Meter.

Anhöhen des Napfs. Die einzelnen rundlichen Ketten zwischen den Gräben erreichen Höhen von knapp 1000 m, steigen Richtung Napf auf rund 1300 m an.
Die *Grenze* zwischen Mittelland und Alpen ist eine allmähliche. Dies hängt damit zusammen, dass die Gesteinsschichten im Untergrund im Mittelland relativ flach liegen, Richtung Alpen hin aber aufgestellt sind. Dies ist an linear angeordneten Hügelzügen zu erkennen, wie auf dem Foto in Abb. 1-4A ersichtlich wird. Das Foto zeigt das Entlebuch mit Wiggen im Vordergrund sowie Escholzmatt und Schüpfheim in der Bildmitte. Ein klar erkennbarer langgestreckter Hügelzug erstreckt sich auf der linken Flanke des Haupttales und erreicht eine Höhe von 1000 m bei Oberischwand. Die linke, nordwestliche Flanke des Hügelzugs besitzt eine geringere Neigung als die südöstliche, gegen die Kleine Emme einfallende Seite. Diese Morphologie rührt daher, dass der Felsuntergrund des Hügelzuges aus einer harten, nach Nordwesten einfallenden Gesteinsplatte besteht. Auf der rechten Seite des Entlebuchs fallen die Bergrücken der Beichle und der Farnere auf. Hier ist die nordwestliche Flanke jeweils steiler als die (im Falle der Beichle versteckte) südöstliche Flanke. Der Felsuntergrund der Beichle und der Farnere ist eine harte Gesteinsschicht, die nach Südosten einfällt. Im Hintergrund erkennt man eine Reihe von deutlich höheren Bergen mit auffallend hellen Felswänden (Mittaggüpfi, Pilatus, Schimberig). Diese Bergkette gehört bereits eindeutig zu den Alpen. Die rote Linie markiert die Grenze zwischen den Gesteinen des Mittellandes und jenen der Alpen.
Deutlich asymmetrische Bergformen zeigen sich beim Blick vom Speer in Richtung Federispitz in Abb. 1-4B. Die Bergformen werden durch die geneigten Schichten im Untergrund verursacht. Das Foto ist vom Gipfel des Speers (1951 m) in Richtung SW aufgenommen. Die Schichtköpfe im Vordergrund verbinden sich mit jenen im Federispitz. Der Übergang vom Mittelland zu den Alpen ist hier fließend.
Im Folgenden werden einige ausgewählte typische Landschaftsformen der *Alpen* illustriert. Das Augenmerk liegt dabei auf der Abhängigkeit dieser Formen von der jeweiligen Gesteinszusammensetzung des Felsuntergrundes. Von besonderer Bedeutung ist dabei, dass die Gesteinszusammensetzung die Erosionsresistenz der Berge beeinflusst. Erosionsresistente Gesteine wie Granit, Gneis und Kalkstein manifestieren sich deshalb meist als Härtlinge in der Landschaft, während «weiche» Tonstein-/Sandsteinabfolgen die Form der eingeschnittenen Täler prägen.
Im Aletschgebiet besteht der Felsuntergrund hauptsächlich aus Granitgesteinen. Das flächige Auftreten dieser Granite bewirkte, dass das

Abb. 1-4A Blick nach Nordwesten auf das Entlebuch. Foto © VBS. Die rote Linie markiert den Kontakt zwischen Mittelland und Alpen. Unter der roten Linie liegen Nagelfluhen, Sandsteine und Mergel vor, wie man sie verbreitet im Mittelland antrifft (sogenannte Molasse-Gesteine). Über dieser Linie liegen Kalke vor, die viel älter sind und auf die Molasse-Gesteine aufgeschoben wurden.

B

Abb. 1-4B Blick vom Speer Richtung Südwest auf Federispitz und Chüemettler. Foto © Delta, hikr.org. Harte Nagelfluhbänke bilden kleine Felswände, welche das Eintauchen der Schichten nach links (Südosten) sichtbar machen. Grüne Grasbänder zwischen den Nagelfluhbänken markieren zurückgewitterte Mergelschichten. Nagelfluh wie auch Mergel sind typische Vertreter der Molasse-Gesteine im Felsuntergrund des Mittellandes. Hier am Federispitz und Chüemettler sind die Schichten im Zusammenhang mit der Bildung der Alpen aufgestellt und in die Höhe gestemmt worden. Dadurch erhielt die Landschaft ihren hochalpinen Charakter.

Abb. 1-5A Blick auf das Aletschhorn (rechter Bildrand) und Schinhorn (Bildmitte, unter dem Horizont). Foto © VBS. Scharfe Bergrücken oder Grate flankiert von Kargletschern sind in den Gipfelregionen zu erkennen. Die Grate enden unten und machen den glattgeschliffenen Felspartien unmittelbar über den Talgletschern (Beich- und Oberaletschgletscher) Platz. Beim Höchststand der Gletscher waren diese glattgeschliffenen Partien von den Talgletschern bedeckt, und die scharfen Grate ragten kaum aus den Kargletschern heraus.

ganze Gebiet nur langsam abgetragen wurde und daher heute eine hochalpine Zone bildet. Das UNESCO-Weltnaturerbe Jungfrau-Aletsch zeichnet sich durch die spektakuläre Landschaft dieser alpinen Hochzone aus. Das Foto in Abb. 1-5A zeigt die imposante Kulisse mit dem Aletschhorn (4105 m) am rechten Bildrand und dem Zusammenfluss zweier Gletscher unten rechts, von links kommend der Beichgletscher, von rechts der Oberaletschgletscher. In der Bildmitte sind rundliche, mit Eis gefüllte Hohlformen, sogenannte Kare, erkennbar. Sie werden durch spitze Grate getrennt, welche gegen die Berggipfel hin zusammenlaufen und dem Gipfel die Form eines Horns geben. Beispiele hierzu sind das Aletschhorn und das Schinhorn (3706 m). Die Felswände selbst lassen keine interne Struktur im Gestein erkennen.

Auch im Gebiet des Gotthardpasses dominieren Granite und Gneise den Felsuntergrund. Abb. 1-5B zeigt die hochalpine Hochlandschaft vom Gotthardpass zum Pizzo Rotondo. Dabei fallen die spitzen Grate auf, die in verschiedenen Richtungen in den Hörnern von Pizzo Lucendro, Pesciora und Rotondo zusammenlaufen. Die Hohlformen auf den Flanken dieser Berggipfel sind heute mit Schutt gefüllt. Eis ist auf der in Abb. 1-5B sichtbaren Südflanke des Pizzo Lucendro und an der Ostflanke des Pizzo Rotondo nur noch ansatzweise vorhanden. In den Felswänden oberhalb der Vegetationszone ist im Gestein keine Internstruktur erkennbar. Die Talflanke der Val Bedretto am linken Bildrand zeichnet sich durch rundliche Formen aus. Erst in den steilen, bewaldeten Hängen setzen schmale Erosionsrinnen ein.

Südlich des Gotthards, in der Valle Leventina, bauen hauptsächlich Gneise den Felsuntergrund auf (siehe Abb. 1-6A). Die Landschaft ist geprägt durch ein tief eingeschnittenes Tal, in dessen Flanken sich Felswände und dazwischenliegende Verflachungen abwechseln. Diese Terrassen sind besiedelt (Sobrio auf der rechten Seite, Chironico hinten auf der linken Seite). Die Felswände sind zerklüftet und lassen ansatzweise eine horizontale Schichtung erkennen, hervorgerufen ist diese durch die interne Struktur der Gneise, die hier im Untergrund liegen.

Im Falle der Valle Maggia (Abb. 1-6B) liegt ein tief eingeschnittenes Tal vor. Der flache Talgrund liegt auf 350 m ü. M., die flankierenden Gipfel erreichen Höhen von über 2300 m. Der Felsuntergrund besteht auch hier aus Gneisen. Zahlreiche Nebentäler beidseits des Haupttales sind ebenfalls tief eingeschnitten. In den Gesteinen der steilen Felswände sind aus der Ferne kaum interne Strukturen zu erkennen.

In den Hautes Alpes Calcaires, dem Grenzkamm zwischen den Kantonen Bern, Waadt und Wallis, dominieren Kalksteine im Felsuntergrund. Kalksteine sind meistens geschichtet: härtere Kalksteinbänke liegen getrennt durch Schichtfugen aus weicheren, zum Beispiel tonhaltigen

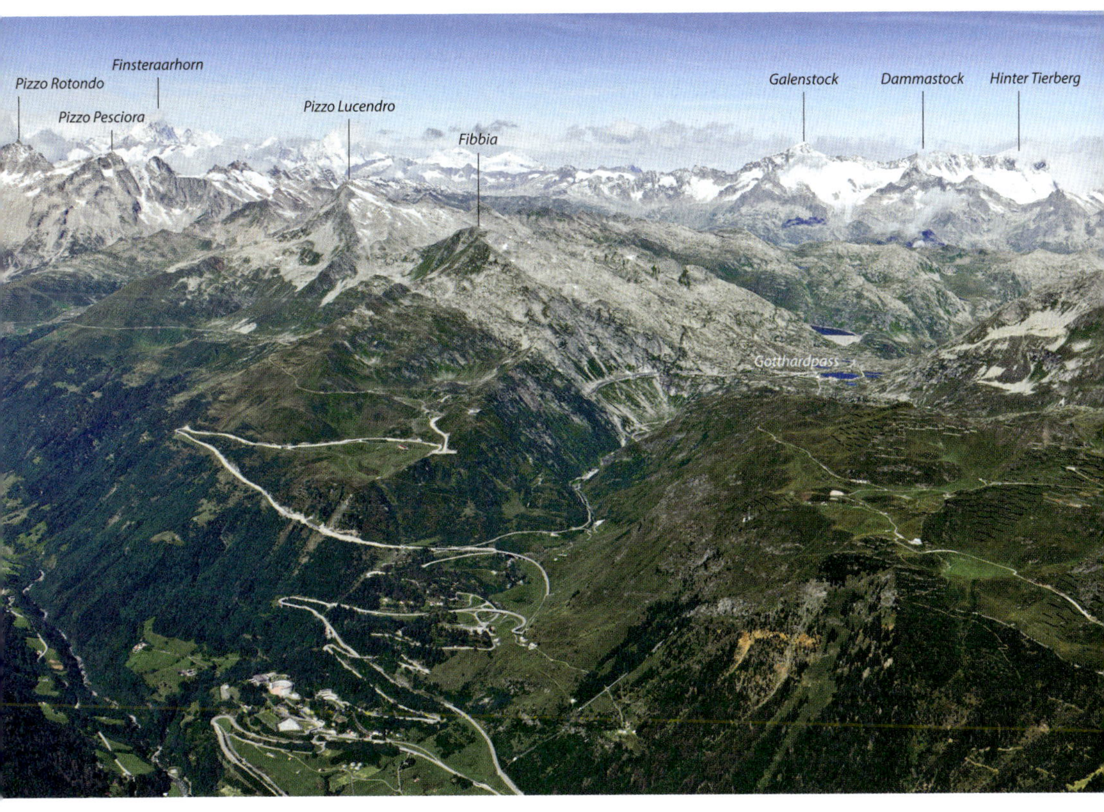

Abb. 1-5B Hochgebirgslandschaft Gotthardpass. Blick Richtung NW mit Gotthardpass (2091 m); in der Bildmitte der Stausee Lago die Lucendro, links davon die Gipfel Fibbia (2793 m), Pizzo Lucendro (2962 m), Pizzo Pesciora (3120 m) und am linken Bildrand Pizzo Rotondo (3192 m) . Rechts im Hintergrund Hinter Tierberg (3444 m), Dammastock (3630 m) und Galenstock (3586 m), links im Hintergrund das Finsteraarhorn (4274 m). Foto © VBS.

Chironico
Sobrio
Bodio

Maggia

Lagen übereinander. Bei der Verwitterung werden diese Unterschiede betont, sodass sich die räumliche Orientierung der Kalksteinbänke an der Oberfläche deutlich abzeichnet. Insgesamt sind Kalksteine sehr verwitterungsresistent und bilden deshalb häufig hohe Felswände. Das Foto in Abb. 1-7A zeigt die Landschaft Grand Muveran/Les Diablerets/Wildhorn. In der Flanke des Grand Muveran zeigen sich unterschiedlich gefärbte Kalkbänke und grasbewachsene Lagen von Mergel. Gefaltete helle Kalkbänder zeichnen sich in der Flanke der L'Argentine ab. Hohe Felswände, unterbrochen von Schuttbändern, sind in den Gebirgsmassiven Les Diablerets und Wildhorn auszumachen. Beim genaueren Betrachten sieht man auch in Les Diablerets und im Grand Muveran Schichtumbiegungen.

Die Landschaften des Schweizerischen Nationalparks sind geprägt durch Dolomitgesteine, Gesteine also, die den Kalksteinen ähnlich sind. Die Landschaft zwischen Unterengadin und Val Müstair wird deshalb auch als «Engadiner Dolomiten» bezeichnet. Die Berge beidseits des Pass dal Fuorn erreichen Höhen von rund 3000 m, während der Pass selbst auf 2149 m ü. M. liegt. Die alpine Hochgebirgslandschaft weist zahlreiche große Schutthalden auf. Dies liegt daran, dass Dolomitgesteine die Tendenz haben, in größere Fragmente zu zerbrechen und so große Schutthalden verursachen (auf Abb. 1-7B gut sichtbar). Die interne Struktur der Dolomitfelsen ist nicht leicht zu erkennen. Der sorgfältige Beobachter findet indes aber bald einzelne, speziell gefärbte Schichten in den Felspartien (wie etwa am linken Bildrand in der Flanke des Piz Daint). Die Landschaft der Dolomitgesteine ist durch relativ rundliche Berggipfel geprägt, ganz anders als die spitzen, aus Graniten und Gneisen bestehenden Berggipfel am Horizont.

Mächtige Sedimentabfolgen aus Sandstein und Tonstein sind sehr anfällig auf die Wirkung des auf der Oberfläche ablaufenden Wassers. Als Folge davon entstehen unzählige Rinnen, die sich zu immer größeren Einschnitten und Tälchen vereinigen und so die Landschaft nachhaltig prägen. Die Bergflanken können sehr steil sein und nur lokal Felswände aufweisen. Abb. 1-8A verdeutlicht den Unterschied zwischen den morphologischen Formen der Berge, die aus erosionsanfälligen Sandstein-Tonstein-Abfolgen im Vordergrund des Fotos zu sehen sind, und den Granit- und Gneisgipfeln im Mittel- und Hintergrund.

Auf dem Foto in Abb. 1-8B ist ein steiler Berghang in den Sandstein-Tonstein-Abfolgen sichtbar. Eigentliche Felswände sind nur lokal vorhanden. Klar erkennbar ist die Zerfurchung des Steilhangs. Abb. 1-8C zeigt unterschiedliche Intensitäten von Abtrag und Zerfurchung, angedeutet durch die Vegetationsbedeckung und die Tiefe der Furchen.

Abb. 1-6A Blick talaufwärts auf die Valle Leventina. Im Vordergrund Bodio. Foto © VBS.

Abb. 1-6B Blick talaufwärts in die Valle Maggia. In der Bildmitte rechts vom Fluss liegt das Dorf Maggia. Foto © VBS.

Abb. 1-7A Blick nach NE auf den Grand Muveran, die Diablerets und das Wildhorn. Foto © Michaela Ustaszewski. Unter dem Gipfel der L'Argentine zeichnet sich im Gelände eine Falte ab. Zwei helle Kalkbänder, getrennt durch ein Grasband, biegen um fast 180° um. Das Grasband wird von der Kieselkalk-Formation (Alter: 130 Mio. Jahre), das obere Kalkband von der Schrattenkalk-Formation (Alter: 127 Mio. Jahre) gebildet. Bei genauerer Betrachtung erkennt man, dass das helle Band der Schrattenkalk-Formation tiefer unten im Wald nochmals zwei größere Falten bildet. In der Flanke des Grand Muveran bilden helle Kalke im oberen Teil drei hohe Felswände. Am Fuß der Flanke zeigen unterschiedlich gefärbte Schichten deren Verlauf parallel zum Hangfuß.

Abb. 1-7B Blick Richtung WNW auf den Pass dal Fuorn im Schweizerischen Nationalpark. Die Passhöhe ist links der Bildmitte. Die Häuser am unteren Bildrand gehören zu Tschierv (Aintasom Tschierv). Foto © VBS. Lange Schutthänge und Schuttzungen erstrecken sich von den Felsbändern ins Tal. Teile davon sind bewaldet. Die offenen Schutthalden sind aktiv, das heißt, dass durch das Zerbröckeln der Felsen laufend neue Gesteinsbrocken den Hang herunter kollern. Die Felsbänder bestehen hauptsächlich aus Dolomitgestein, ein sehr hartes Gestein, welches während der Bildung der Alpen zerbrach und deshalb von vielen Bruchflächen durchsetzt ist. An der Erdoberfläche zerfällt das Gestein längs dieser Bruchflächen. Diese Dolomitgesteine bilden relativ rundliche Bergformen (Il Jalet links des Pass dal Fuorn und Munt da la Bescha rechts davon). Im Gegensatz dazu erkennt man spitze Gipfel im Hintergrund, welche aus Kristallingesteinen aufgebaut sind (Piz Linard, Verstanclahorn und Piz Buin)

Abb. 1-8A Blick nach Osten auf die Kette Muttakopf-Blauwand östlich Samnaun (GR). Im Mittelgrund und Hintergrund die Gipfel der Ötztaler Alpen. Foto © A. Pfiffner. Die Bergflanken von Muttakopf-Blauwand sind sehr steil und fast ohne Felswände. Der Grund dafür liegt in der Gesteinszusammensetzung des Felsuntergrundes. Dort dominiert ein Gemisch von Tonsteinen und dünnbankigen Sandsteinen. Es fehlen harte, kompakte Gesteinsschichten, welche Felswände verursachen würden. Auffallend ist der Verbindungsgrat Muttakopf-Blauwand, welcher dem Berg eine Zeltform gibt. Ganz anders sehen die Gipfel der Ötztaler Alpen aus, welche aus granitischen Gesteinen aufgebaut sind.

Abb. 1-8B Zerfurchte Bergflanke zwischen Pizzet und Piz Motnair im Samnaun (GR). Foto © A. Pfiffner. Der Felsuntergrund besteht aus einem Gemisch von Tonsteinen und dünnbankigen Sandsteinen (sogenannte «Bündnerschiefer»). Felswände fehlen infolge Abwesenheit harter, kompakter Gesteinsschichten. Das abfließende Regenwasser floss in der Fallrichtung hangabwärts und fraß sich in den Felsuntergrund ein. Dabei entstanden Runsen und Furchen. Auf dem Bild erkennt man, dass die feinen Runsen nach unten zusammenlaufen und in die größeren Furchen einmünden.

Abb. 1-8C Zerfurchte Bergflanke der Signinagruppe (GR) mit Blick Richtung Süden. Foto © A. Pfiffner. Der Felsuntergrund besteht aus einem Gemisch von Tonsteinen und dünnbankigen Sandsteinen («Bündnerschiefer»). In der Flanke des Schlüechtli hält die Vegetation einigermaßen Schritt mit der Erosion, sodass der Felsuntergrund nur in den tiefsten Teilen der Furchen zutage tritt. Demgegenüber ist der Abtrag in der Flanke des Tällistock intensiver, die Furchen sind tiefer und der Felsuntergrund ist auch in den Flanken der Furchen entblößt.

1.2 Geomorphologische Formen

Die geomorphologischen Formen der Talflanken tragen wesentlich zum Charakter der Gebirgslandschaften bei. Im Folgenden werden daher einige typische Formen von Talflanken anhand einer Serie von Beispielen näher vorgestellt. Dabei wird auch der Einfluss der Gesteine im Felsuntergrund auf die geomorphologischen Formen berücksichtigt. Talflanken sind aber nicht das einzige Element für die Charakterisierung von Landschaften. Eine detailliertere Diskussion hierzu folgt später, im Kapitel 3.2, wo auch weitere geomorphologische Formen vorgestellt werden.

Als prägnante Eigenschaft der Landschaften im Juragebirge und in den Alpen gelten die mehrere Hundert Meter hohen, nackten Felswände. Bezogen auf die ganze Schweiz werden die meisten dieser Felswände entweder von Kalksteinen oder von granitischen Gesteinen aufgebaut. Beide Gesteinsarten kommen als mächtige Gesteinspakete im Felsuntergrund vor: Kalkstein als bis zu 500 m dicke Schichten, granitische Gesteine als bis über 1000 m dicke Pakete. Dies hat mit der Entstehungsweise dieser Gesteine zu tun: Kalksteine werden hauptsächlich in seichten Meeren am Rande von Kontinenten abgelagert. Da diese die Tendenz haben abzusinken, wird immer mehr Kalkstein am Meeresgrund gebildet. Granite andererseits dringen als große Körper von Schmelzen aus dem Erdmantel in die Erdkruste, wo sie sich abkühlen und erstarren. Der Nachschub von Schmelzen aus der Tiefe kann dazu führen, dass große Mengen gefördert werden und damit viele Kilometer große Körper aus Granit entstehen.

Die Fotos in den Abb. 1-9A & B zeigen Beispiele von hohen Kalkwänden. Bei Kalkwänden zeichnen sich oft die Schichtung der Kalke ab; entweder durch Schichtfugen oder durch unterschiedlich gefärbte Kalksteine. Die Westwand des Calanda auf dem Foto 1-9A besteht unten aus grauen, massigen Kalken der Jurazeit, die Gipfelpartie des Haldensteiner Calanda (2805 m) links und des Felsberger Calanda (2697 m) rechts im Bild aus bräunlich anwitternden Kalken der Kreidezeit. Auch die bewaldeten Abhänge im unteren Teil sind von Felsbändern aus grauen, massigen Kalken durchsetzt. Die Vegetation konnte hier unterhalb der Baumgrenze aus klimatischen Gründen Fuß fassen.

Im Glärnisch auf Foto 1-9B ist sowohl die Südostflanke (gegen die Linth hin) als auch die Nordflanke (Klöntal) durch hohe Felswände geprägt. Die grauen Kalke im unteren und oberen Teil stammen aus der Späten Jurazeit (Malm), die bräunlichen Kalke in der Gipfelregion (Vrenelisgärtli, 2904 m, links und Ruchen, 2901 m, rechts) sowie am Fuß der Felswand aus der Kreidezeit. Die grasbedeckte Partie auf mittlerer Höhe

Abb. 1-9A Hohe Felswände in der Westflanke des Calanda (GR/SG). Foto © A. Pfiffner. Die Gipfelpartien von Felsberger und Haldensteiner Calanda bestehen aus bräunlichen Kreidekalken, die Felswände darunter aus grauen Jurakalken (Quinten-Kalk). Vgl. auch Abb. 3-5F (S. 109).

Abb. 1-9B Hohe Felswände: Das Gebirgsmassiv des Glärnisch (GL). Foto © A. Pfiffner. Die Gipfelpartien von Vrenelisgärtli und Ruchen bestehen aus bräunlichen Kreidekalken, die Felswände darunter aus grauen Jurakalken (Malm; Quinten-Kalk). Vgl. auch Abb. 3-5C (S. 102).

folgt einer Einschaltung von leichter erodierbaren Kalken der Kreidezeit und Sandsteinen aus der Mittleren Jurazeit (Dogger).

Die aus Kristallingesteinen bestehenden Felswände laufen vielfach in Bergspitzen zusammen. Kristallingesteine wie Granit oder Gneis weisen im Unterschied zu Kalksteinen keine Schichtung auf. Durch die Erosion entstehen aber nahezu geradlinige, steile Runsen, die für diese Felswände typisch sind. In Abb. 1-10 sind zwei Beispiele illustriert. Das Foto in Abb. 1-10A zeigt das Finsteraarhorn (4274 m) und seine umliegenden Gipfel, rechts das Agassizhorn (3946 m), links das Grünhorn (4044 m) und ganz links das eisbedeckte Wannenhorn (3906 m). Einige der steilen geradlinigen Runsen sind mit Pfeilen markiert. Das Finsteraarhorn (und das Grünhorn) ist aus Amphiboliten aufgebaut, welche von dunkelgrüner Farbe sind (daher der Name «*Finster*aarhorn»). Amphibolite sind vulkanische Gesteine, die bei hohen Temperaturen zu sehr erosionsresistenten Gesteinen umgewandelt wurden. Das Agassizhorn und das Wannenhorn bestehen aus Gneisen bzw. aus Granit. Typisch sind bei diesen die spitzen Gipfel, welche zur Bezeichnung «Hörner» passt. Die Gesteine im Vordergrund sind ebenfalls Granite und Gneise. Die eher rundlichen Formen der Bergrücken im Vordergrund sind durch das Abschleifen der Gletscher während der letzten Eiszeit entstanden.

Das Panorama in Abb. 1-10B reicht von links nach rechts von der Dent d'Hérens (4171 m) zum Matterhorn (4478 m), der Dent Blanche (4357 m) und dem Zinalrothorn (4221 m). Die Gipfelpartien dieser Berge bestehen zum großen Teil aus granitischen Gneisen, welche die steilen Felswände verursachen. Unterhalb dieser Gipfelfelswände ist eine Verflachung auszumachen, welche vielerorts durch Eis oder Schnee bedeckt ist. Die flachen Hänge sind aber von Taleinschnitten zerfurcht. Sie, wie auch die Landschaft im Vordergrund beidseits der Gletscher, besitzen einen Felsuntergrund aus leichter erodierbaren Gesteinen.

Sanft geformte Talflanken, und zwar sowohl flache wie auch steile, beobachtet man über einem Felsuntergrund aus leicht erodierbaren Tonsteinen oder Abfolgen von Tonsteinen und dünnen Bänken von Sandsteinen oder Kalksteinen. Diese Gesteine verwittern leicht und können so vom Oberflächenwasser abgetragen werden. Das verwitterte Gestein führt aber auch zu humusreichen Böden, auf denen sich die Vegetation breitmachen kann.

Das Foto in Abb. 1-11A zeigt die sanften Hänge des Churer Jochs (rechts im Bild) und die Ostflanke der Stätzer Horn-Kette im Vordergrund. Die flachen Partien werden landwirtschaftlich genutzt, während die steileren Partien bewaldet blieben. Auch die Kette in der Bildmitte mit Montalin (2266 m), Ful Berg (nomen est omen, 2395 m), Hochwang (2533 m), Ratoser Stein (2474 m), Cunggel (2413 m) und Mattjischhorn (2461 m) weist eine von Wäldern und Weiden geprägte Landschaft auf. Nur in den über

Abb. 1-10A Markante Steilwände in den Kristallingipfeln westlich des Grimselpasses (BE/VS). Foto © A. Pfiffner. Oberaarhorn, Finsteraarhorn und Agassizhorn sind spitze Gipfel, die typisch sind für harte, kompakte Gesteine wie Granit und Amphibolit. Neben diesen Gesteinstypen liegen aber auch Gneise vor, also Gesteine, die eine gewisse Bänderung oder Lagigkeit bzw. eine Schieferung aufweisen. Diese Struktur ist in der Gegend des Grimselpasses nahezu vertikal. Wittern nun weichere Gesteinspartien zurück, entstehen steile Runsen im Berghang. Derartige Runsen sind im Bild mit Pfeilen markiert. Die Grenze zwischen den spitzen Gipfeln mit ihren scharfen Graten und den rundlichen Geländeformen im Vordergrund wird als *Schliffgrenze* bezeichnet und entspricht der Eisoberfläche des Höchststandes der Gletscher der letzten Eiszeit.

Abb. 1-10B Blick auf die Viertausender im hinteren Mattertal (VS). Im Vordergrund der Zusammenfluss des Gornergletschers (von rechts kommend) mit dem Grenzgletscher (von links kommend). Foto © VBS. Die spitzen Gipfel von der Dent d'Hérens zum Weisshorn sind aus granitischen Gesteinen aufgebaut und schwimmen gleichermaßen auf den Gesteinen, welche das sanftere Relief darunter aufbauen. Es handelt sich um Erosionsreste einer mächtigen Gesteinschicht, einer Kontinentalplatte, die während der Alpenbildung auf jüngere Gesteine zu liegen kam. Zu diesen jüngeren Gesteinen gehören die grünlich anwitternden Felspartien am Ende des Gornergletschers. Hierbei handelt es sich um Gesteine eines Ozeanbodens, der mit der Alpenbildung in dieser Höhe zu liegen kam. Die helle Partie rechts unter dem Zusammenfluss der beiden Gletscher ist eine Seitenmoräne. Sie zeigt den Gletscherstand im Jahr 1865 an.

der Vegetationsgrenze gelegenen Partien finden sich Ansätze zur Bildung von Felswänden.

Auch der Osthang des hinteren Safientals in Abb. 1-11B ist von sanften Weiden geprägt. Nur in der Gipfelpartie des Piz Tomül (2946 m, links im Bild) und des Crap Grisch (2861 m, Bildmitte) sind Felsbänder zu erkennen. Obschon der Hang ein ruhiges Bild vermittelt, ist er in Bewegung und rutscht zu Tale.

Der Kontrast zwischen von Felsen geprägten Hängen und sanften Hängen zeigt sich eindrücklich auf dem Foto von Abb. 1-11C. Im Schanfigg in der Bildmitte sind beide Talflanken von sanfter Form. Im Vordergrund, im Sapün, enthält der Felsuntergrund Schichten von Kalkstein, welche in kleineren Felswänden zutage treten. Im Hintergrund, am Ringelspitz (3247 m) und im Calandamassiv (2805 m), dominieren die hohen Felswände, welche die mächtigen Kalksteinschichten im Felsuntergrund widerspiegeln.

Abb. 1-11A Blick nach Nordosten auf das Churer Joch und die Kette Montalin-Hochwang-Mattjischhorn (GR). Foto © A. Pfiffner.

Abb. 1-11B Sanfter Hang des hinteren Safientals (GR). Foto © Naturpark Beverin.

Felswände und sanfte Hänge treten auch in Kombination auf. Zwei unterschiedliche Beispiele sind in Abb. 1-12 vorgestellt. Das Foto in 1-12A zeigt einen Ausschnitt aus der Kette der Churfirsten nördlich des Walensees. Hier zeigt sich der Unterschied zwischen harten Kalksteinschichten und weichen Mergel- und Tonsteinschichten. Die Gipfelpartien von Brisi, Zuestoll und Schibenstoll werden durch hohe graue Felswände aus Kalkstein (dem Schrattenkalk) gebildet. Am Fuß der Felswand zieht ein dunkles Band durch, welches von zahlreichen vertikalen Erosionsrinnen durchbrochen ist. Auch dieses Felsband wird von einem harten Kalkstein gebildet (dem sogenannten Kieselkalk, welcher auch für Bahnschotter Verwendung findet). Darunter folgt ein Schutthaldenband, welches nach unten flach wird und von Weiden bedeckt ist. Die flache Partie ist von einem Rücken verdeckt, der etwas unter der Bildmitte durchzieht; rechts ist die flache Partie bei der Alphütte der Alp Tschingla sichtbar. Diese flache Partie wird von einer mehr als 100 m mächtigen Schicht aus weichen Mergeln und Tonsteinen unterlagert; darauf sammelt sich der Schutt aus den Felswänden darüber. Unter der flachen Partie ist wiederum eine hohe Felswand zu erkennen, die aus mächtigen grauen Kalksteinen aufgebaut ist. Die Wiesen unter der Felswand (bei Walenstadtberg) sind von weichen Tonsteinen unterlagert.

Die Flanken der Rigi in Foto 1-12B ist von einer vielfachen Repetition von harten Nagelfluh-Felswänden und weichen, vegetationsbedeckten Bändern (den sogenannten Riginen) gekennzeichnet. Sowohl die Nagelfluhbänder als auch die weichen, aus Mergel aufgebauten Schichten dazwischen sind jeweils etwa 10–30 m dick. Dadurch ergibt sich auf dem Hang eine vielfache Abfolge von Felsbändern und Riginen.

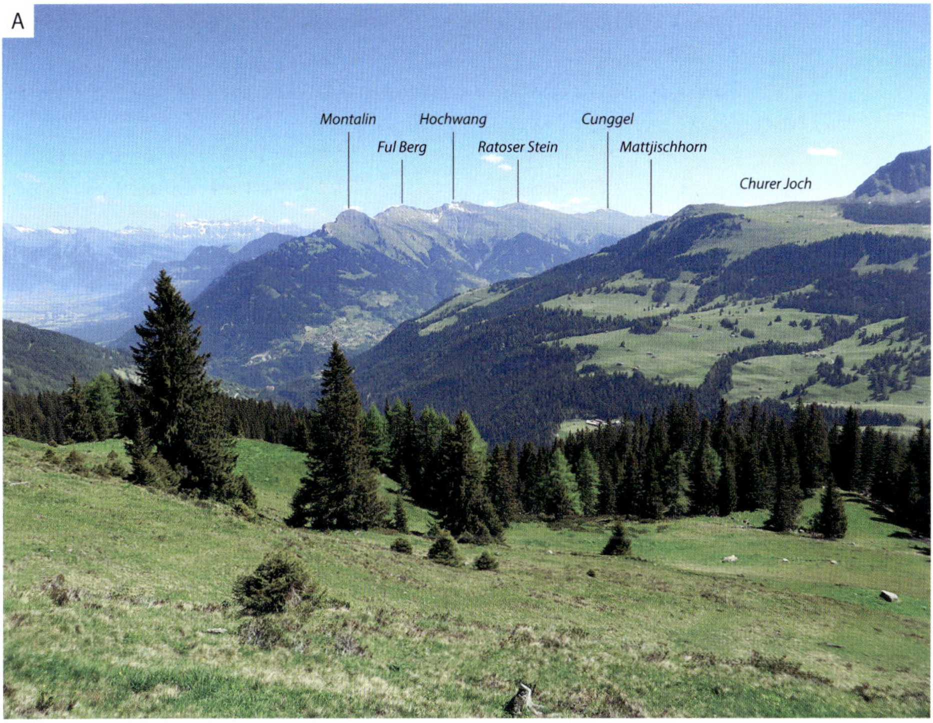

A
Montalin
Ful Berg
Hochwang
Ratoser Stein
Cunggel
Mattjischhorn
Churer Joch

B
Piz Tomül
Crap Grisch

Abb. 1-11C Blick vom Strelapass nach Westen ins Schanfigg. Foto © A. Pfiffner. Die Hänge des Schanfiggs und oberhalb Sapün sind relativ flach und von Weiden und Wald bedeckt. Es fehlen hohe Felswände, ganz im Gegensatz zum Massiv Calanda-Ringelspitz. Der Felsuntergrund des Schanfiggs und von Sapün besteht aus einer Abfolge von dünnbankigen Sandsteinen und Tonsteinen (sogenannte «Bündnerschiefer»), welche leicht verwittern und dadurch rasch abgetragen werden. Das Massiv Calanda-Ringelspitz ist demgegenüber vorwiegend aus massiven Kalkschichten aufgebaut, Gesteinsschichten die zur Entstehung von hohen Felswänden neigen. Die Felsen im Vordergrund des Bildes bestehen aus Kalksteinen, welche über den «Bündnerschiefern» liegen.

Abb. 1-12A Blick auf die Churfirsten (SG). Links der Brisi (2277 m), in der Mitte Zuestoll (2234 m) und rechts der Schibenstoll (2234 m). Zwischen Brisi und Zuestoll ist im Hintergrund der Säntis zu sehen. Foto © A. Pfiffner. In den grauen Kalken der Gipfelpartien der Churfirsten erkennt man beim genauen Betrachten eine horizontale Bankung. Das darunter folgende dunkle Band über den Geröllhalden ist von zahlreichen vertikalen Runsen durchsetzt. Diese entstanden, weil das dunkle Band aus harten kieseligen (das heißt quarzhaltigen) Kalken besteht, die eine vertikale Klüftung aufweisen. Die Klüfte entstanden beim Zerbrechen der kieseligen Kalke bei der Bildung der Alpen. In den Schutthalden erkennt man an einigen Stellen eine Fächerstruktur: in den Runsen konzentrierte sich der Schutt aus den grauen Kalken der Gipfelregion, zerstreute sich aber nach dem Austritt aus der Runse und lagerte sich in einer nach unten breiter werdenden Geröllhalde ab. Das zurückwitternde Band aus Tonsteinen und Mergeln der Alp Tschingla wirkt als Sammelbecken für den herunterfallenden Schutt. Auch in der grauen Felswand in der unteren Bildhälfte erkennt man eine horizontale Bankung. Das flache Gelände des Walenstadterbergs ist auch durch die Zusammensetzung des Felsuntergrundes bedingt. Hierbei handelt es sich um Tonsteine.

Abb. 1-12B Blick auf die Rigi (Rigi Kulm, SZ/LU, 1798 m). Foto © Keystone. Deutlich erkennt man das Einfallen der Schichten nach links (Süden) anhand des Verlaufs der Riginen und der Nagelfluh-Felswände. Die Nagelfluhen (respektive Konglomerate) sind Ablagerungen eines Urflusses, der aus den werdenden Alpen ins Vorland floss. Diese Flüsse überschwemmten das Vorland großflächig. Die Nagelfluhen lagerten sich im eigentlichen Flussbett ab, während die Mergel, welche heute im Felsuntergrund der Riginen vorhanden sind, in der Überschwemmungsebene zum Absatz gelangten. Da sich die Flussläufe zeitlich verlagerten – der Fluss verlief mal links, mal rechts auf dem Schuttfächer – entstand eine vielfache Abfolge aus Nagelfluh- und Mergellagen.

1.3 Geologischer Bau der Großeinheiten Jura, Mittelland, Alpen

Die geologischen Großlandschaften Jura, Mittelland und Alpen sind eng verknüpft mit dem geologischen Bau, d. h. der Struktur des Felsuntergrundes. Im Falle des Juragebirges und des Mittellandes sind die Struktur und die Zusammensetzung der Gesteine viel einfacher im Vergleich zu den Alpen. Dies zeigt sich augenfällig im Muster der geologisch-tektonischen Karte in Abb. 1-13. Für das Juragebirge und das Mittelland herrscht eine einzige Farbe vor, in den Alpen sind es mehrere. Dies beruht darauf, dass in den Alpen heute größere Gesteinspakete übereinanderliegen, welche in der geologischen Vergangenheit vor 100 Mio. Jahren, also vor der Alpenbildung, noch weit auseinanderlagen. Was wir heute als die Gesteine des *Helvetikum*s bezeichnen, war ursprünglich der südliche Rand des Europäischen Kontinents, und was als *Ostalpin* und *Südalpin* bezeichnet wird, war einst der nördliche Rand des (heute nicht mehr existierenden) Adriatischen Kontinents. Zwischen diesen beiden Kontinentalrändern erstreckten sich vor der Entstehung der Alpen Meeresarme. Darin sammelten sich Ablagerungsgesteine und vulkanische Gesteine, die heute unter dem Begriff *Penninikum* zusammengefasst werden. Die Frage, weshalb in den Alpen ein ziemliches Durcheinander von Kontinentalrändern und Meeresbecken herrscht, erklärt sich durch die Plattentektonik, welche in der Box 1.3 näher erläutert wird.
Generell gesehen versteht man unter «Plattentektonik» meist nur Kontinentalverschiebung. Dies stimmt zwar, wenn man etwa die Erkenntnis von A. Wegener betreffend das Auseinanderdriften von Afrika und Südamerika berücksichtigt. Aber beim Öffnen des Atlantiks entstand neuer Ozean nur am Mittelatlantischen Rücken, dort, wo das Auseinanderbrechen immer wieder passierte. Aber der bereits gebildete Ozean beidseits des Rückens bewegte sich als Platte gemeinsam mit den Kontinenten Afrika und Südamerika. Die tektonischen Platten bestehen also aus Kontinenten und Ozeanen. Für die Schweiz sind die Ränder des Europäischen (Helvetikum) und des Adriatischen (Südalpin) Kontinents wie auch die Meeresbecken dazwischen (Penninikum) von besonderem Interesse.

Box 1.3 Plattentektonik

Das Erdinnere ist durch einen Schalenbau gekennzeichnet (vgl. Abbildung). Der innerste Teil besteht hauptsächlich aus Eisen und Nickel und wird als *Erdkern* bezeichnet. Der Erdkern hat einen Radius von rund 3400 km und wird unterteilt in einen inneren und einen äußeren Kern. Der innere Kern mit einem Radius von rund 1300 km ist ein Festkörper, der äußere Kern ist hingegen flüssig. Konvektionsströme im äußeren Kern sind für das Erdmagnetfeld verantwortlich. Über dem Erdkern folgt der *Erdmantel,* der eine rund 2900 km mächtige Schicht ausmacht. Der Erdmantel besteht zum größten Teil aus einem Gestein namens Peridotit, welches aus den Mineralen Olivin und Pyroxen besteht. Die hauptsächlichen Elemente dieser Gesteine sind Sauerstoff, Magnesium und Silizium, untergeordnet kommen auch Eisen, Calcium und Aluminium vor. Der Erdmantel ist teilweise geschmolzen (nur wenige Prozent) und deshalb weich. Nur die obersten etwa 100 km sind vollständig fest und werden als *Lithosphäre* bezeichnet. Im weichen Mantel finden ähnlich dem äußeren Kern Konvektionsströmungen statt: An gewissen Stellen steigen heiße Gesteine auf, in Richtung Erdoberfläche, an anderen Stellen sinken kältere Gesteine ab in die Tiefe. Die Lithosphäre ist das Fundament der tektonischen Platten, welche sich als große Schollen auf dem weicheren, darunterliegenden Erdmantel bewegen. Die oberste Schale der Lithosphäre ist die *Erdkruste.* In den Kontinenten ist die Erdkruste rund 30 km dick, in den Ozeanen nur rund 10 km. Die Erdkruste ist eine dünne Haut, welche sich solidarisch mit der Lithosphäre bewegt.

Wie in der Abb. ersichtlich, gibt es Orte, wo die Platten auseinanderdriften und Orte, wo Platten miteinander kollidieren. Beim Auseinanderdriften zerbricht die Lithosphäre, wodurch sich eine Depression bildet, welche vom Meer geflutet wird. Das entstehende Meeresbecken wird durch anhaltendes Driften bzw. durch die Spreizung zusehends breiter und entwickelt sich zum Ozean. Spreizungszonen sind heute in der Mitte des Atlantiks und des Pazifiks vorhanden. In der Schweiz sind Gesteine, welche an einer Spreizungszone entstanden sind, im Penninikum vorhanden. Besonders schöne Beispiele liegen in den Regionen von Zermatt und im Oberhalbstein.

Im Falle der Kollision zweier Platten entsteht ein Problem, weil die Platten sich über Hunderte von Kilometern bewegen. Kollidiert eine ozeanische Platte mit einer kontinentalen Platte, taucht erstere unter die zweite und verschwindet im Erdmantel. Dadurch wird das «Kollisions-Problem» gelöst. Diese Situation wird *Subduktion* genannt und ist in der Abb. skizziert. Zieht nun eine ozeanische Platte einen Kontinent hinter sich her, kollidieren zwei Kontinente. Da die kontinentalen Platten, namentlich deren Kruste, aus spezifisch leichten Gesteinen bestehen, wirkt der eintauchenden Platte ein gewaltiger Widerstand in Form des Auftriebs entgegen – vergleichbar mit dem Versuch, einen aufgeblasenen Ballon in eine gefüllte Badewanne einzutauchen. Die Folge des Auftriebs ist, dass die kollidierenden kontinentalen Plattenränder zerquetscht werden. In der Knautschzone der Kollision entweichen Gesteine nach oben und bilden ein Gebirge. Ein Beispiel hierzu sind die Alpen.

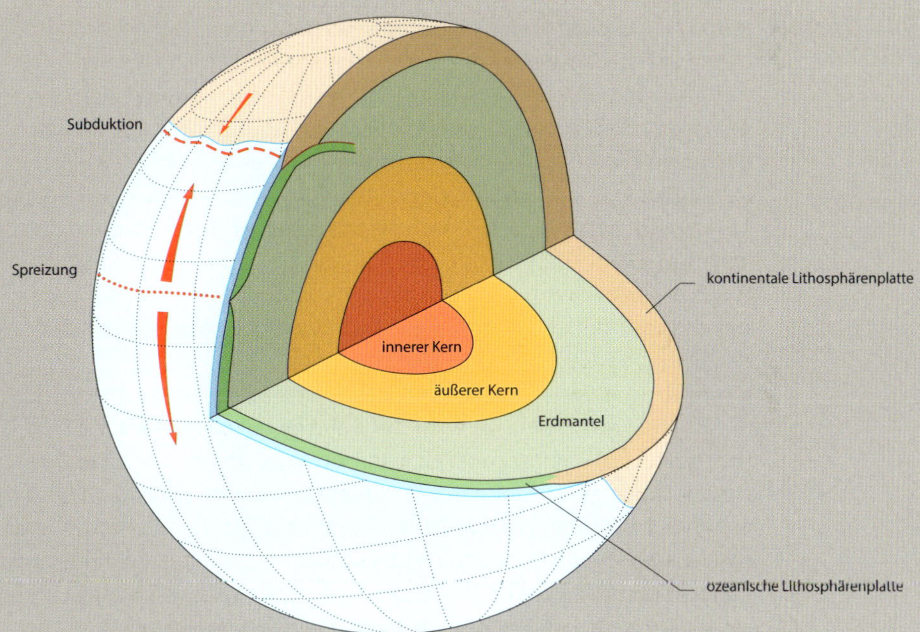

Die Karte in Abb. 1-13 ist besser verständlich, wenn man zusätzlich zur Karte einen vertikalen Schnitt durch die Erdkruste konsultiert. Ein solcher ist in Abb. 1-14 dargestellt. Im Folgenden wird der geologische Bau der Schweiz anhand von Karte und Profilschnitt von Norden nach Süden näher erläutert. Es sei hier vorausgeschickt, dass der Bau der Alpen aus der Kollision zweier Kontinente, dem Europäischen und dem Adriatischen Kontinent, hervorging.

Im Vorland im Norden der Alpen liegen zwischen 250–100 Mio. Jahre alte mesozoische Sedimentgesteine auf viel älteren Kristallingesteinen (Graniten, Gneisen und metamorphen Schiefern). Kristallingesteine treten in den Vogesen und im Schwarzwald zutage. Wie im Profilschnitt in Abb. 1-14 ersichtlich, tauchten die Kristallingesteine nach SSE langsam in größere Tiefen. Die Sedimentbedeckung des Kristallins taucht ebenfalls nach SSE ein. Aber im Untergrund des Mittellandes und im Juragebirge sind dieselben Sedimentschichten vom kristallinen Untergrund abgeschert worden, im Juragebirge zusätzlich zusammengestaucht und in Falten gelegt. Im Mittelland sind die mesozoischen Sedimente von jüngeren, etwa 30–10 Mio. Jahre alten känozoischen Sedimenten überlagert. Diese känozoischen Sedimente stellen den Abtragungsschutt der werdenden Alpen dar. Auf der Karte in Abb. 1-13 erkennt man, dass das Juragebirge gegen Westen zu breiter wird und, in Form einer Banane, gekrümmt ist. Südlich von Genf wird es wieder dünner und schmiegt sich den Alpen an. Das Mittelland verbreitert sich über den Bodensee hinweg Richtung Deutschland und verengt sich im Südwesten bei Genève.

Innerhalb der Alpen unterscheidet man zwischen drei Großeinheiten: Helvetikum, Penninikum und Ostalpin/Südalpin. Alle drei Einheiten bestehen aus sowohl kristallinen Gesteinen (in den Abb. 1-13 und 1-14 punktiert dargestellt) als auch aus Sedimentgesteinen. Die Unterscheidung zwischen diesen Einheiten passiert aufgrund der Art der Sedimente. Die Sedimente des Helvetikums weisen große Ähnlichkeit mit den mesozoischen Sedimenten des Juragebirges und des Vorlandes auf. Sie können als Südrand des Europäischen Kontinents angesehen werden. Die Sedimente des Ost- und Südalpins auf der anderen Seite sind auf dem Nordrand des Adriatischen Kontinents abgelagert worden. Das Penninikum schließlich enthält Sedimente, welche in Meeresarmen abgelagert wurden, die im Verlauf des Mesozoikums zwischen den auseinanderdriftenden Kontinenten Europa und Adria aufgingen. In diesen Meeresarmen und einer dazwischenliegenden Hochzone wurde ein buntes Gemisch von flachmarinen und tiefmarinen Sedimenten abgelagert. Lokal wurde bei der Öffnung der Meeresarme der Erdmantel freigelegt, wie wir das heute im Atlantischen Ozean sehen können. Solche Mantel-

gesteine belegen, dass die Meeresarme ozeanischen Charakter hatten. Die regionale Verteilung der Großeinheiten Helvetikum, Penninikum, Ostalpin/Südalpin zeigt ein recht komplexes Bild. Das Helvetikum zieht im Norden angrenzend an das Mittelland durch. Unterbrochen wird dieses Muster vom Penninikum, welches vom Thunersee bis nahe Genève den Alpenrand markiert. Ferner bildet das Penninikum im Bereich der Zentralschweiz Inseln innerhalb des Helvetikums. Diese Inseln sind Erosionsrelikte des Penninikums, das einst als zusammenhängendes Paket über dem Helvetikum lag. Sonst erstreckt sich das Penninikum als durchgehendes Band mit unterschiedlicher Breite über den inneren Teil der Alpen. Südalpin und Ostalpin bauen – wie der Name sagt – den Südteil der Schweizer Alpen und die Ostalpen auf. Im Bereich des Unterengadins hat die Erosion das Ostalpin soweit abgetragen, dass darunter das Penninikum fensterartig herausschaut. Umgekehrt liegt in den südlichen Walliser Alpen ein Erosionsrest des Südalpins auf dem Penninikum (dieser spezielle Teil des Südalpins wird neu als Salassikum bezeichnet, ein Punkt auf den später, im Kapitel 4.3.3, eingegangen wird).
Ein weiteres Muster in der Karte von Abb. 1-13 betrifft die Verteilung der kristallinen Gesteine im Vorland und im Helvetikum. Im Vorland erscheint das Kristallin in zwei Aufbrüchen beidseits des Rhein-Grabens. Diese von Sedimenten umrahmten Kristallinaufbrüche werden als «Massive» bezeichnet. Die Struktur des Schwarzwald-Massivs ist am Nordende des Profilschnitts von Abb. 1-14 zu erkennen. Im Helvetikum sind ebenfalls derartige Aufbrüche vorhanden; in der Zentralschweiz das Aar-Massiv, an der französisch-schweizerischen Grenze das Mont Blanc- und das Aiguilles Rouges-Massiv.
Wie aus dem Profilschnitt von Abb. 1-14 ersichtlich ist, wurden die Kristallingesteine des Penninikums als kilometerdicke «Scheiben» aufeinandergetürmt. Man bezeichnet diese «Scheiben» in der Geologie als *Decken*. Im nördlichen Teil der Alpen wurde das Kristallin des Helvetikums herausgehoben, sodass es heute an der Erdoberfläche liegt (zum Beispiel im Aletsch- und Gotthardgebiet, wie in Abb. 1-5A und 1-5B ersichtlich). Diese Heraushebung im Helvetikum, wie auch die Aufeinandertürmung im Penninikum, erfolgte in nördlicher Richtung. Demgegenüber ist das Kristallin des Adriatischen Kontinents im Südalpin in südlicher Richtung aufgeschoben worden (vgl. Abb. 1-14). Ganz im Süden, im Po-Becken, sind die mesozoischen Gesteine von jüngeren, känozoischen Sedimenten überlagert. Auch diese jungen Sedimente sind als Abtragungsschutt der werdenden Alpen anzusehen.

Abb. 1-13 Vereinfachte geologisch-tektonische Karte der Schweiz. In den mittels Punktraster hervorgehobenen Gebieten sind an der Erdoberfläche Kristallingesteine (Granite, Gneise und metamorphe Schiefer) anzutreffen, während andernorts Sedimentgesteine vorliegen. Die eingezeichnete Linie vom Schwarzwald in die Po-Ebene ist die Spur, längs derer der Profilschnitt von Abb. 1-14 konstruiert wurde.

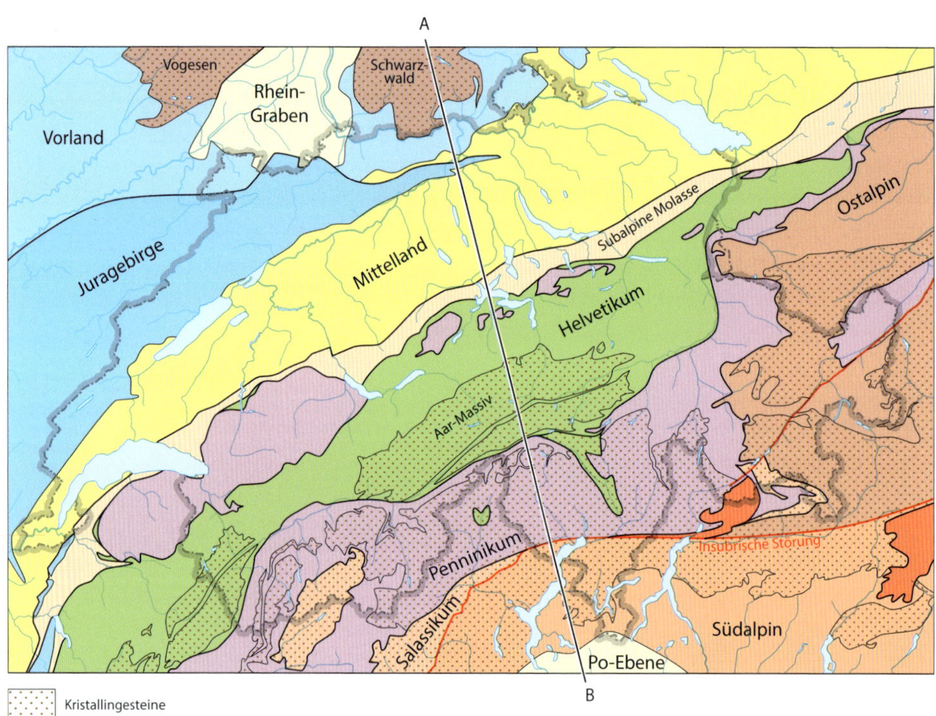

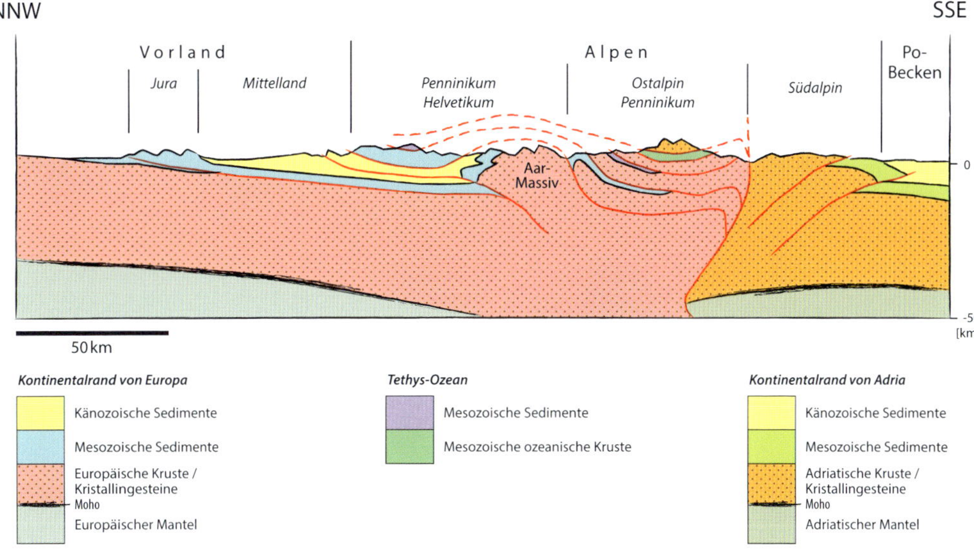

Abb. 1-14 Geologischer Profilschnitt vom Schwarzwald durch das Juragebirge, das Mittelland, die Alpen und die Po-Ebene. Die Spur des Profilschnittes ist in Abb. 1-13 eingezeichnet.

Weiterführende Literatur

Mit * bezeichnete Werke gehören zur Fachliteratur

Ahnert, F., 2009. Einführung in die Geomorphologie, 4. Aufl., Ulmer UTB, 393 pp.*

Gnägi, C. & Labhart, T. P., 2015. Geologie der Schweiz. hep verlag ag, 208 pp.

Marthaler, M., 2002. Das Matterhorn aus Afrika, Ott Verlag, Thun, 110 pp. Übersetzung M. Geyer, Originalausgabe 2001, Le Cervin est-il africain? Edition L.E.P., Lausanne.

Pfiffner, O. A., 2014. Geologie der Alpen. UTB/Haupt Verlag, Bern, 3. Auflage, 397 pp.*

Weissert, H. & Stössel, H., 2015. Der Ozean im Gebirge: Eine geologische Zeitreise durch die Schweiz. v/d|f Verlag, 3. Auflage, 198 pp.

2 Gesteine des Felsuntergrundes

Wenn man bei Landschaften von deren Felsuntergrund spricht, meint man die Festgesteine, die den gewachsenen Fels bilden. Dieser Felsuntergrund ist aber vielfach von einer mehr oder weniger dünnen Schicht von Lockergesteinen überlagert. Bei diesen Lockergesteinen kann es sich um Schutthalden handeln oder um Schuttablagerungen von Murgängen oder Flüssen, oder auch um Schutt, der sich neben oder unter einem Gletscher angesammelt hat. Die Lockergesteine werden im Kapitel 3 im Zusammenhang mit dem Abtrag von Gebirgen näher diskutiert.
In diesem Kapitel werden die wichtigsten Typen von Festgesteinen, welche im Felsuntergrund angetroffen werden können, sowie deren Entstehungsweise beschrieben. Es ist hier wichtig zu unterscheiden zwischen den Begriffen «Gestein» und »Mineral». Minerale sind natürliche Festkörper mit einer kristallinen Struktur und einer bestimmten Zusammensetzung. Gesteine bestehen aus Mineralen, wobei es durchaus Gesteine gibt, die aus vielen Körnern von ausschließlich einem Mineral bestehen. In der Box 2 sind die wichtigsten gesteinsbildenden Minerale zusammengestellt.
Unter dem oft gebrauchten Begriff «Mineralien» versteht man besonders schöne Mineralkörner, welche meist Kristallform aufweisen und an den Mineralienbörsen feilgehalten werden.

Box 2 Gesteinsbildende Minerale

Insgesamt kennt man etwa 400 verschiedene Minerale, aber nur etwa 40 davon treten in den landläufigen Gesteinen häufig auf. Diese fasst man unter dem Begriff «gesteinsbildende Minerale» zusammen. Die allerwichtigsten davon sind in der nachstehenden Tabelle kurz charakterisiert. Gewisse dieser Minerale kristallisieren beim Abkühlen aus Schmelzen im Erdinnern, sind also an magmatische Gesteine geknüpft. Beispiele sind etwa Feldspat, Quarz und Glimmer in Graniten. Andere Minerale wachsen, wenn ein Gestein in die Tiefe versenkt wird und dabei der Druck und die Temperatur derart zunehmen, dass bestehende Minerale instabil werden und sich zu neuen, stabilen Mineralen umwandeln (Metamorphose). So entsteht etwa aus Muskovit und Quarz Kalifeldspat und Disthen, unter gleichzeitiger Freisetzung von Wasser. Wiederum andere Minerale entstehen durch die Umwandlung existierender Minerale, wenn zum Beispiel bei der Verwitterung Wasser dazukommt. Auf diese Art entsteht aus Feldspat Kaolinit (ein Tonmineral). In den Sedimentgesteinen sammeln sich die Verwitterungsprodukte der Gesteine an, welche durch Erosion an die Erdoberfläche gelangten. Dabei haben stabile Minerale wie beispielsweise Quarz eine viel höhere Chance erhalten zu bleiben, während andere, wie der erwähnte Feldspat, teilweise oder völlig umgewandelt werden können.

Name	Entstehung/hauptsächliches Vorkommen*	Chem. Zusammensetzung	Merkmale	Abb.
Quarz	Kristallisation magm., met., sed.	SiO_2	graue Körner im Granit, rundliche Körner im Sandstein	2-10B 2-5C
Plagioklas	Kristallisation magm., sed.	$(Na,Ca)(Al,Si)Si_2O_8$ gekoppelter Ersatz von $Na+Si \leftrightarrow Ca+Al$	Feldspat-Mischkristall, weißlich-grünliche Körner im Granit	2-10B 2-11
Kalifeldspat	Kristallisation magm.	$KAlSi_3O_8$	weißliche bis rosafarbene Körner im Granit	2-14B
Hornblende	Kristallisation, Neubildung magm., met.	$Ca_2(Mg, Fe, Al)_5 (Al, Si)8O_{22}(OH)_2$	dunkle, stängelige Mineralkörner	2-17A
Pyroxen	Kristallisation, Neubildung magm., met.	$(Ca,Na)(Mg,Fe,Al)(Al,Si)_2O_6$	kurze Prismen, Augit ist eine fast schwarze Varietät	2-12A 2-19B
Biotit	Kristallisation magm.	$K(Mg,Fe,Mn)_3[(OH,F)_2\|(Al,Fe,Ti)Si_3O_{10}]$	dunkler Glimmer, dunkelbraun-goldige Plättchen	2-10B 2-15A
Muskovit	Kristallisation magm., sed.	$K Al_2 [AlSi_3O_{10}(OH)_2]$	Hellglimmer, weißliche elastische Plättchen (Sericit = feinkörniger Muskovit)	2-15A
Chlorit	Neubildung met.	$(Mg,Fe)_3(Si,Al)_4O_{10}(OH)_2\cdot(Mg,Fe)_3(OH)_6$	feine Schuppen, oft grünlich gefärbt	2-13D
Kaolinit	Umwandlung sed.	$Al_4[(OH)_8\|Si_4O_{10}]$	entsteht aus Feldspat, mikroskopisch kleine Körner	
Serpentin	Umwandlung magm.	$Mg_3Si_2O_5(OH)_4$	entsteht aus Umwandlung von Olivin, grünlich glänzend, oft faserig	2-12B
Olivin	Kristallisation magm.	$(Mg, Fe)_2SiO_4$	olivgrüne, glasige Körner	2-12A
Granat	Neubildung met.	$X_3Y_2(SiO_4)_3$ X= Ca, Mg, Fe, Mn Y = Al, Fe,	rotbraune, gelbgrüne oder schwarze rundliche Körner	2-16C 2-16D 2-17A
Staurolith	Neubildung met.	$Fe_2Al_9O_6(SiO_4)_4(O,OH)_2$	rotbraune bis braunschwarze Prismen, oft gekreuzt	2-17B
Disthen	Neubildung met.	$Al_2[O\|SiO_4]$	auch Cyanit genannt; farblose, weiße oder blaue längliche Scheiben	2-17B
Calcit	organogen (d. h. durch Organismen gebildet) oder chem. Ausfällung sed., met.	$CaCO_3$	in Kalken mikroskopisch kleine Körner, im Marmor helle, von bloßem Auge sichtbare Körner mit glänzenden Flächen	2-1B 2-18B
Dolomit	chem.-organogen sed., met.	$CaMg[CO_3]_2$	im Dolomitgestein mikroskopisch kleine Körner, im Marmor helle, evtl. von bloßem Auge sichtbare Körner	2-2B
Anhydrit	chem. Ausfällung sed.	$CaSO_4$	im Anhydritgestein helle bis weiße durchscheinende Körner	2-4B
Gips	Wasseraufnahme sed.	$Ca[SO_4]\cdot 2H_2O$	im Gipsgestein weiße, feine Körner	2-4C
Halit	Chem. Ausfällung sed.	NaCl	im Steinsalz farblose, weiße oder unterschiedlich gefärbte Körner	

* magm., met., sed.: in magmatischen bzw. metamorphen oder Sedimentgesteinen

Bei den Gesteinen sind von der Entstehung her gesehen prinzipiell drei Hauptgruppen zu unterscheiden: Sedimentgesteine (auch Ablagerungsgesteine genannt), magmatische Gesteine und metamorphe Gesteine. Sie werden im Folgenden in dieser Reihenfolge diskutiert.

2.1 Sedimentgesteine

Sedimentgesteine, auch als Ablagerungsgesteine bezeichnet, entstehen durch Ablagerung und Anhäufung von Gesteinspartikeln. Die eigentlichen Ablagerungsprozesse sind recht unterschiedlich. Werden Gesteinstrümmer durch Oberflächenwasser (Flüsse, Bäche), Gletscher oder Wind (Dünen) verfrachtet und abgelagert, spricht man von *klastischen Sedimenten* oder *Trümmergesteinen. Biogene Sedimente* entstehen, wenn von Organismen gebildete Skelette und Schalenbruchstücke auf den Meeresgrund absinken und dort zusammengeschwemmt werden. Rein *chemische Sedimentgesteine* entstehen durch direkte Ausfällung von Mineralen aus dem Meerwasser, die dann auf den Meeresboden absinken und dort einen Schlamm bilden. Bei allen Sedimentgesteinen wird das ursprüngliche Sediment durch Überlagerung durch weitere Sedimente allmählich verfestigt. Aus dem Sediment oder Ablagerungsprodukt wird dadurch ein Sedimentgestein.

Kalkstein

Kalkstein wird im Meer gebildet und besteht hauptsächlich aus dem Mineral Calcit ($CaCO_3$). Die Kalkbildung erfolgt hauptsächlich im untiefen Bereich. Der Calcit im Kalk tritt als millimetergroße Partikel und/oder kleinste Schlammpartikel auf. Bei den großen Partikeln handelt es sich um Schalentrümmer von Muscheln und Schnecken (Abb. 2-1D). Diese Trümmer werden aber durch Strömungen im seichten Meer herumgerollt. Durch Mitwirkung von Algen und Bakterien lagern sich Schicht um Schicht Calcit um den Partikelkern ab. Dadurch entstehen kugelige Körper von bis zu 2 mm Durchmesser. Diese werden als *Ooide* oder auch Rogen bezeichnet (vgl. Abb. 2-1C). Am Meeresboden leben aber auch Bakterien, Algen und kleinste Einzeller mit Calcit-Skelett. Sterben diese Lebewesen ab, so sammeln sich feinste Partikel als Schlamm am Meeresboden und werden zu einem feinkörnigen (mikritischen) Kalk verfestigt (Abb. 2-1A).

Abb. 2-1A horizontal geschichteter Quinten-Kalk im Aufschluss (Bargis, GR). Der massige Kalk ist von zahlreichen vertikalen Klüften durchsetzt.

Abb. 2-1B Quinten-Kalk im Handstück. Sehr feinkörniger Kalk mit muscheliger Bruchfläche (ähnlich der Bruchflächen von zerbrochenem Glas).

Abb. 2-1C Hauptrogenstein. Kalk aus dem Juragebirge mit millimetergroßen kugeligen Partikeln («Fischeiern»).

Abb. 2-1D Öhrli-Kalk im Handstück. Auf der verwitterten Oberfläche sind Fossilschalentrümmer zu sehen. Die frische Fläche zeigt eine muschelige Bruchfläche. Fotos © A. Pfiffner.

Dolomit

Dolomit wird in einem seichten Meer gebildet und besteht aus dem gleichnamigen Mineral Dolomit ($Ca,Mg(CO_3)_2$). Der Dolomit stammt von kleinsten Calcit-Schlammpartikeln, die durch Zufuhr von Magnesium in Dolomit umgewandelt werden.

Abb. 2-2A horizontal geschichteter Röti-Dolomit im Aufschluss (Reichenau/Vasorta, GR). Der massige Röti-Dolomit ist von vertikalen Kluftflächen durchsetzt.

Abb. 2-2B Röti-Dolomit im Handstück mit frischer Bruchfläche. Sehr feinkörniger Dolomit.
Abb. 2-2C Röti-Dolomit im Handstück, mit verwitterter ockerfarbiger Oberfläche. Fotos © A. Pfiffner.

Mergel
Mergel ist eine Mischung von sehr kleinen Partikeln von Calcit (Kalkschlamm mit einer Partikelgröße von weniger als 0,063 mm) und kleinen Tonpartikeln. Typischerweise ist bei einem Mergel das Verhältnis Kalk zu Ton 1 zu 2. Dieses Verhältnis ist aber sehr variabel. Für einen Kalkmergel beträgt es 2 zu 1, für einen Tonmergel 1 zu 3.

Abb. 2-3A Mergel im Aufschluss (Steinbruch Schümel/Holderbank, AG). Die Mergelabfolge (Effingen-Mergel) enthält einzelne Kalkbänke, die herauswittern. In den mergeligen Partien hat das abfließende Wasser zahlreiche Erosionsrillen eingeschnitten. Foto © Schölla Schwarz.

Abb. 2-3B Mergel im Handstück. Der Mergel enthält Fossilien und zerbricht im Handstück. Foto © Philipendula.

Mergel entsteht, wenn Ton- und Siltpartikel abgelagert werden und gleichzeitig Calcit ausgefällt oder eingeschwemmt wird. Mergel(stein) kann in Seen, Überschwemmungsebenen, aber auch in einem seichten Meer entstehen.

Evaporite

Evaporite entstehen durch Eindampfung und Ausfällung von Mineralen aus Meerwasser. Dies passiert in sehr seichten Meeresbuchten. Das verdampfte Meerwasser muss durch nachströmendes Meerwasser ersetzt werden. Wichtige Evaporite sind Steinsalz (NaCl) und Anhydrit ($CaSO_4$). Anhydrit wird durch Wasseraufnahme zu Gips ($CaSO_4 \cdot 2H_2O$) umgewandelt. Wenn Gips/Anhydrit der Verwitterung durch zirkulierendes Wasser ausgesetzt ist, wird Gips und Anhydrit gelöst und danach Calcit ausgefällt. Das dabei entstehende Gestein ist löchrig und wird als Rauwacke bezeichnet. Die Lösungsverwitterung erfasst dann auch die Rauwacke.

Abb. 2-4A Rauwacke im Aufschluss (Lenk/Stübleni, BE). Durch Lösung sind metergroße Vertiefungen, sogenannte Dolinen, entstanden.

Abb. 2-4B Anhydrit im Aufschluss (Lenk/Stübleni, BE). Das Anhydritgestein enthält dünne Lagen von Dolomit, welche durch Deformation in kleine Stücke zerbrochen sind. Die Bruchstücke sind perlschnurartig aufgereiht.

Abb. 2-4C Detail eines Gemisches aus Dolomit und Gips. Der Dolomit ist zerbrochen, Anhydrit ist in Gips umgewandelt und ist in die Spalten zwischen zerbrochenen Dolomitbruchstücken hineingeflossen. Fotos © A. Pfiffner.

Sandstein

Sandstein ist ein Ablagerungsgestein, welches durch mechanische Prozesse (Wind, Wasser oder Eis) transportiert und abgelagert wurde. Es besteht aus Quarzkörnern und Tonmineralen, welche 0.063–2 mm groß sind. Sande werden in Flüssen zusammengeschwemmt, vom Winde verweht (Dünen) oder in subaquatischen Rutschungen transportiert.

Abb. 2-5A Sandstein im Aufschluss (Niesen/BE). Mehrere Sandsteinbänke liegen übereinander, getrennt von zurückwitternden Tonsteinlagen. Die obere, dicke Sandsteinbank ist deutlich grobkörniger als die unteren. Man erkennt darin die einzelnen Quarzkörner.

Abb. 2-5B Buntsandstein im Handstück (Schwarzwald). Der Sandstein enthält geringe Mengen von Eisenoxid und Eisenhydroxid, welche die typische rote Färbung verursachen. **Abb. 2-5C** Mels-Sandstein im Handstück (Mels, SG). Fotos © A. Pfiffner.

Tonstein

Tonstein ist ein Ablagerungsgestein, das aus sehr kleinen Partikeln besteht (kleiner als 0,63 mm), welche im Wasser transportiert und abgelagert wurden. Ton wird im Wasser als Schwebefracht transportiert und sinkt dann beim Ausklingen der Strömung allmählich an den Grund des Gewässers. Eine andere, feinere Unterteilung bezeichnet Partikel, die kleiner als 0,002 mm sind, als Ton, und jene zwischen 0,002 und 0,63 mm als Silt (oder Schluff).

Abb. 2-6A Tonstein im Aufschluss (Engi/Landesplattenberg, GL) Die fein geschieferten Tonsteine wurden als Engi-Dachschiefer abgebaut.

Abb. 2-6B Tonstein im Aufschluss (Niederhornkette/Leimere, BE). Dunkler Tonstein ist durchsetzt von einzelnen herauswitternden Sandsteinlagen. Fotos © A. Pfiffner.

Konglomerat/Nagelfluh

Konglomerate sind Ablagerungsgesteine mit gerundeten Komponenten (Geröllen), welche einen Durchmesser von mehr als 2 mm haben. Sie werden auch als Nagelfluh bezeichnet. Die Komponenten sind in einer Grundmasse (Matrix) aus feineren Komponenten eingebettet. Konglomerate entstehen durch Transport in fließendem Wasser, wodurch die Komponenten bzw. die Gerölle durch Abrieb gerundet werden. In einem Konglomerat müssen mindestens 50 % der Gerölle gerundet sein. Die Ablagerung erfolgt als Kies, der anschließend zum Konglomerat verfestigt oder zementiert wird. Der Name «Nagelfluh» beschreibt die runden «Köpfe» der Gerölle in einer Felswand aus Konglomerat, welche bildlich an Nagelköpfe erinnern.

Abb. 2-7A Konglomerat/Nagelfluh im Aufschluss (Rigi Scheidegg, LU/SZ).

Abb. 2-7B Konglomerat/Nagelfluh im Aufschluss (Urnäsch, AR). Die Geröllzusammensetzung ist polymikt, d. h., sie zeigt ein buntes Gemisch verschiedenartiger Gesteine.

Abb. 2-7C,D Polymiktes Konglomerat im Block (C) und Handstück (D). Kleine Gerölle und Sandkörner sitzen in den Zwickeln der großen Komponenten.
Fotos © A. Pfiffner.

Brekzie

Brekzien (auch «Breccien» geschrieben) sind Ablagerungsgesteine mit eckigen Komponenten, welche einen Durchmesser von mehr als 2 mm haben. Die Komponenten sind in eine feinkörnige Matrix eingebettet. Primär entstehen Brekzien durch gravitatives Gleiten oder Fallen an einem Steilhang. Beispiele sind Bergstürze und Hangrutsche sowie untermeerische Rutschungen. Brekzien können aber auch durch einen kurzen Transport im fließenden Wasser entstehen, zum Beispiel in Murgängen, bei welchen Blockschutt durch einmalige heftige Regenfälle mobilisiert wird.

Abb. 2-8A Polymikte Brekzie im Aufschluss (Niesengipfel, BE). Eckige Komponenten und wenige gerundete Komponenten von unterschiedlicher Zusammensetzung (Kristallingesteine und Sedimentgesteine).

Abb. 2-8C Monomikte Brekzie im Handstück (Preda, GR). Die größeren eckigen Gerölle sind zerbrochen, passen aber beinahe noch zusammen.

Abb. 2-8B Monomikte Brekzie im Aufschluss (Preda, GR). Dolomit-Gerölle schwimmen in einer roten Matrix von Tonstein.

Abb. 2-8D Polymikte Brekzie im Aufschluss (Pass dal Güglia, GR). Die unterschiedlich gefärbten Gerölle sind teilweise eingeregelt, d. h., sie stehen parallel zueinander; einige davon sind kantengerundet. Fotos © A. Pfiffner.

Radiolarit

Radiolarite sind sehr feinkörnige, hauptsächlich aus Quarz bestehende Gesteine. Sie sind biogenen Ursprungs und bilden sich aus dem Schlamm am Meeresboden, der infolge der Ansammlung kleinster Trümmer von Radiolarien entsteht. Radiolarien sind Einzeller mit einem Skelett aus Quarz (Opal). Nach ihrem Absterben schweben sie noch einige Wochen nahe der Meeresoberfläche und sinken dann langsam ab an den Meeresgrund. Dort lagern sie sich in Wassertiefen, die mindestens unter der Sturmwellenbasis liegen, aber auch bis mehrere Tausend Meter betragen können, als Schlamm ab. Der verdichtete Radiolarienschlamm wird dann zum Radiolarit.

Abb. 2-9A Radiolarit im Aufschluss (Lenzerheide/Gredigs Fürggli, GR). Die fein geschichteten Radiolarite sind rot oder grün gefärbt. Die ursprünglich rote Farbe stammt von kleinsten Beimengungen von Eisenoxid und Eisenhydroxid mit dreiwertigem Eisen (Fe^{3+}). Im grün gefärbten Radiolarit sind diese Minerale umgewandelt in Chlorit, welcher zweiwertiges Eisen (Fe^{2+}) enthält.

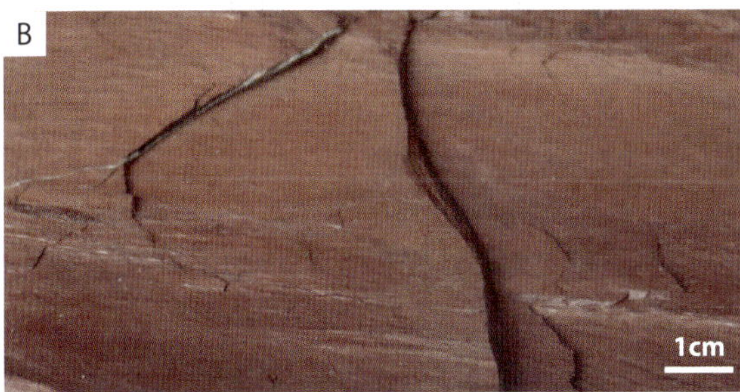

Abb. 2-9B Radiolarit im Handstück (Lenzerheide/Gredigs Fürggli, GR). Das Gestein ist dicht (es können keine Körner erkannt werden) und von hellen und grünen Adern durchsetzt, welche durch die Alpenbildung verursacht wurden. Fotos © A. Pfiffner.

2.2 Magmatische Gesteine

Magmatische Gesteine entstehen aus Magma, einem Gemisch von Schmelze und Festkörpern, welches in großer Tiefe im Erdinneren bei hohen Temperaturen entsteht. Beim Abkühlen erstarrt das Magma, wobei Minerale auskristallisieren. Je nachdem, wo die Auskristallisierung stattfindet, unterscheidet man zwischen Tiefengesteinen (auch «Plutonite» genannt) und Vulkaniten. Bei Tiefengesteinen erfolgt die Abkühlung langsam, wodurch die auskristallisierenden Minerale ungestört wachsen können. Im Falle von Vulkaniten, die an der Erdoberfläche entstehen, erfolgt die Abkühlung sehr rasch. Deshalb kristallisieren und wachsen allenfalls in einer frühen Phase Minerale, später erstarrt der letzte Teil des Magmas zu einem Glas. Je nachdem, wo und wie ein Magma entsteht, ist seine chemische Zusammensetzung variabel. Besonders wichtig dabei ist der Anteil von Kieselsäure (SiO_2). Diese kommt nicht nur in Quarz vor, dessen chemische Zusammensetzung SiO_2 ist, sondern in allen silikatischen Mineralen (Feldspat, Glimmer usw.). Silikatreiche Gesteine sind eher hell (felsisch), silikatarme eher dunkel (mafisch).
Die Entstehung von Tiefengesteinen ist häufig an Plattengrenzen gebunden (vgl. Box 1.3). Tektonische Platten können sich aufeinander zubewegen oder auseinanderdriften. Man spricht deshalb von *konvergenten* bzw. *divergenten Plattengrenzen*. Subduktionszonen sind konvergente Plattengrenzen, an denen eine ozeanische Platte unter eine kontinentale Platte sinkt. Dies ist zum Beispiel an der Westküste Südamerikas der Fall; dort taucht die ozeanische Platte des Pazifiks unter den südamerikanischen Kontinent. In Subduktionszonen bilden sich im Erdmantel Schmelzen, welche in die kontinentale Kruste aufsteigen, sich dort durch Intrusion Platz machen, sich sammeln und auskristallisieren. Dabei entstehen große Gesteinskörper, sogenannte Plutone, in einer Tiefe von 5–10 km; sie können eine Ausdehnung von 10–100 km haben. Beim Auskristallisieren differenziert sich das Magma, sodass im unteren Teil eines Plutons eher mafische (d. h. silikatarme) Gesteine, im oberen Teil eher felsische (d. h. silikatreiche) Gesteine erstarren. Im Falle von divergenten Plattengrenzen, sogenannten *Spreizungszonen*, dringen ebenfalls Schmelzen aus dem Mantel hoch, kristallisieren aber direkt aus und bilden mafische Tiefengesteine.

Granit

Granit ist ein felsisches Tiefengestein, bestehend aus Feldspat, Quarz und Glimmer. Es kommt in vielen Variationen vor. Granite sind typisch für die obere kontinentale Kruste. Sie erstarren in 5–10 km Tiefe.

Abb. 2-10A Granit im Aufschluss (Albula-Granit; Preda-Albulapass, GR). An Mineralen erkennt man schwach grünliche, graue Feldspäte (Plagioklas), weißlich-grauen Quarz und dunklen Biotit. Das Gestein macht einen massigen Eindruck. Orange Flechten bedecken den Aufschluss.

Abb. 2-10B Zentraler Aare-Granit im Handstück. An Mineralen erkennt man grünliche Feldspäte (Plagioklas), glasig-grauen Quarz und dunklen Biotit.

Abb. 2-10C Punteglias-Granit im Handstück. Große Feldspäte schwimmen in einer Matrix aus Feldspat, Quarz und Glimmer. Deutlich erkennt man, dass größere Feldspäte etwas eingeregelt sind. Die Einregelung erfolgte zur Zeit der Kristallisation, als die bereits gewachsenen Feldspäte sich in der Fließrichtung des Magmas ausrichteten. Fotos © A. Pfiffner.

Gabbro

Gabbro ist ein mafisches Tiefengestein, das hauptsächlich aus Plagioklas und Pyroxen besteht. Gabbros sind typisch für ozeanische Kruste, wo sie in wenigen Kilometern Tiefe in Spreizungszonen unter einem mittelozeanischen Rücken erstarren. Sie kommen aber auch in der unteren kontinentalen Kruste vor, wo sie in Tiefen von mehr als 10 km erstarren.

Abb. 2-11A Lagiger Gabbro im Aufschluss (Semail-Ophiolit, Oman). Foto © A. Pfiffner. Der eigentliche Gabbro erscheint als dunkles Gestein und ist von hellen feldspatreichen Bändern durchsetzt.

Abb. 2-11B Gabbro im Handstück mit grünlichem Feldspat (Plagioklas) und dunklem Pyroxen. Foto © A. Pfiffner.

Peridotit/Serpentinit

Peridotit ist ein ultramafisches Tiefengestein, welches hauptsächlich aus Olivin und Pyroxen besteht. Peridotit ist das wichtigste Gestein des Erdmantels. Es bildet sich beispielsweise in den Spreizungszonen unter dem mittelozeanischen Rücken. Bis in eine Tiefe von 30 km enthält der Peridotit auch Feldspat, in größerer Tiefe Spinell, und ab 80 km Granat. Bei weitergehender Spreizung kann der Peridotit an den Meeresboden gelangen. Dort erfolgt eine Reaktion mit dem Meerwasser. Diese Hydratation wandelt den Peridotit in Serpentinit um. Dieser besteht aus wasserhaltigen Serpentinmineralen.

Abb. 2-12A Peridotit im Handstück. Deutlich erkennt man die olivgrünen Olivinkörner und die schwärzlichen Pyroxene. Foto © Universität Pittsburgh U.S.A.

Abb. 2-12B Serpentinit im Handstück. Die stängelige Erscheinung stammt von den Serpentinmineralen (insbesondere Chrysotil). Foto © A. Pfiffner.

Die Bildung vulkanischer Gesteine ist in vielen Fällen auch an Plattengrenzen gebunden. Mafische Vulkanite sind typisch für Spreizungszonen, felsische für Subduktionszonen. Aber auch beim Zerbrechen von Kontinenten können an den Bruchstellen Schmelzen aus der Tiefe bis an die Erdoberfläche gelangen.

Basalt

Basalt ist ein mafisches vulkanisches Gestein, das hauptsächlich aus Plagioklas und Pyroxen besteht. Es hat dieselbe chemische Zusammensetzung wie ein Gabbro. Basalt wird daher als Äquivalent zum Tiefengestein Gabbro bezeichnet. Basalte sind typisch für ozeanische Kruste, wo sie am mittelozeanischen Rücken der Spreizungszonen am Meeresboden ausfließen. Basaltische Schmelzen können aber auch an Bruchzonen im Inneren von Kontinenten aufsteigen und dort ausfließen. Ferner fördern auch Vulkane mitten im Ozean Basalte, so etwa in Hawaii. Diese Vulkane sitzen über sogenannten «hot spots», das sind Röhren im Erdmantel, in denen über lange Zeit Mantelschmelze hochsteigt. Mafische Schmelzen sind sehr fließfähig.

Zu verschiedenen Zeiten ergossen sich sogenannte Flutbasalte innert relativ kurzer Zeit über große Flächen. Der Dekkan-Flutbasalt in Indien ergoss sich vor 66 Mio. Jahren innerhalb relativ kurzer Zeit über eine Fläche von etwa 500 000 km^2. Die damit verbundene globale Abkühlung wird mitverantwortlich gemacht für das Aussterben von 50 % aller Arten, inklusive der Dinosaurier (vgl. hinterer Buchumschlag). Ein ähnliches Ereignis erfolgte vor 250 Mio. Jahren in Sibirien. Hier wurde eine 3 km mächtige Basaltschicht innerhalb einer Million Jahre über eine Fläche von etwa 7 Mio. km^2 gefördert. Der Ausbruch wird für das Massensterben an der Perm-Trias-Grenze verantwortlich gemacht (vgl. hinterer Buchumschlag).

Abb. 2-13A Basalt im Aufschluss (Tomül, GR). Im unteren Teil des Aufschlusses sieht man kissenförmige Gebilde mit dunkelgrünen Rändern (mit Pfeil markiert). Hierbei handelt es sich um Querschnitte durch Röhren, durch welche die Basaltlava fließen konnte. Die Röhren entstanden als Abschreckrand der heißen Lava mit dem Meerwasser. Foto © A. Pfiffner.

Abb. 2-13B Basalt im Aufschluss (Hörnli, Arosa). Die schlangenartigen Wülste (mit Pfeil markiert) sind die Röhren, in welchen die basaltische Lava floss und beim sofortigen Abkühlen beim Kontakt mit dem Meerwasser eine glasige Hülle bildeten. Foto © Jürg Alean.

Abb. 2-13C Prasinit im Aufschluss (Tamins/Felsberg, GR). Die dunklen Flecken sind gefüllte Gasblasen, welche in der erstarrenden Lava einfroren. Später wurden sie mit Chlorit gefüllt. Das Gestein, Prasinit, ist durch Meerwasser umgewandelter Basalt und enthält natriumreiche Plagioklase (Albit), Epidot (hellgrün) und Chlorit (dunkelgrün). Foto © A. Pfiffner.

Abb. 2-13D Prasinit im Handstück. Prasinit ist ein Basalt, der in einen Albit-Chlorit-Epidot-Schiefer umgewandelt worden ist. Unter Einfluss des Meerwassers wurde dabei der Ca-Plagioklas des Basalts in einen Na-Plagioklas (d. h. Albit) umgewandelt. Foto © A. Pfiffner.

Rhyolit

Rhyolit ist ein felsisches vulkanisches Gestein, das hauptsächlich aus Quarz und untergeordnet aus Feldspat besteht. Es hat dieselbe chemische Zusammensetzung wie Granit und stellt somit das Äquivalent dieses Tiefengesteins dar. Rhyolite werden in der kontinentalen Kruste über Subduktionszonen gefördert. Daneben kennt man sie auch an Bruchzonen im Inneren von Kontinenten. Felsische Schmelzen sind nicht fließfähig, der Vulkanismus somit explosiv, oft mit Glutwolken, die sich als Asche ablagern und verfestigen. Da die Abkühlung des Magmas vor allem am Schluss sehr rasch erfolgt, können die Minerale nicht zu großen Körnern wachsen, sondern bilden ein ganz feinkörniges vulkanisches Glas.

Abb. 2-15B Rhyolit im Handstück (Quarzporphyr von Lugano, TI). Helle Quarz- und Feldspatkristalle schwimmen in einer glasigen roten Matrix. Foto © A. Pfiffner.

Abb. 2-14A Rhyolit im Aufschluss (Tektonikarena Sardona/Flumserberge/Schönbül, GL/SG). Die beiden weißlichen Lagen im roten Tonstein sind verfestigte Glutwolken von Vulkanausbrüchen während der Ablagerung der Tonsteine. Foto © IG Tektonikarena Sardona/Ruedi Homberger.

2.3 Metamorphe Gesteine

Metamorphe Gesteine entstehen, wenn Gesteinspakete in große Tiefe versenkt werden und dabei der Umgebungsdruck und die Temperatur steigen. Gewisse Minerale werden dabei instabil und wandeln sich um in neue Minerale. Diese Reaktionen verlaufen unter Abgabe von Wasser, das in den ursprünglichen Mineralen gespeichert war. Dieses Wasser entweicht und ist später nicht mehr verfügbar. Wenn die nun metamorphen Gesteine wieder an die Oberfläche gelangen und Druck und Temperaturen dabei abnehmen, können die Reaktionen nicht mehr in umgekehrter Richtung ablaufen, da dazu kein Wasser mehr zur Verfügung steht. Die metamorphen Minerale bleiben somit erhalten.
Die Druck- und Temperaturverhältnisse in der Tiefe sind sehr unterschiedlich. Sie hängen davon ab, wie rasch und tief ein Gesteinsblock in die Tiefe versenkt wird, oder ob im Untergrund Wärme vom Erdmantel zugeführt wird. Deshalb unterscheidet man verschiedene Metamorphosetypen. Diese sind in der Box 2.3 erläutert. Neben den Druck- und Temperaturbedingungen spielt aber auch die chemisch-mineralogische Zusammensetzung der Gesteine eine wesentliche Rolle. Sie definiert die chemisch-mineralogischen Reaktionen, und somit auch, welche metamorphen Minerale wachsen können. Schließlich gilt es auch zu beachten, dass Gesteine bei Temperaturen von 300–400 °C fließfähig werden. Deshalb zeigen hochmetamorphe Gesteine oft eine Bänderstruktur, wie man sie beim Kneten einer Teigmischung erhält.
Die Druck- und Temperaturbedingungen, bei welchen Mineralreaktionen ablaufen, sind in Laborversuchen bestimmt worden. Da damit das Stabilitätsfeld metamorpher Minerale und Mineralassoziationen bekannt ist, lassen sich aus der Analyse von Gesteinsproben die Druck- und Temperaturbedingungen bestimmen, welchen die Gesteinsprobe unterworfen war. Daraus lässt sich weiter ableiten, in welcher Tiefe in der Erdkruste die Gesteinsprobe sich befand. Weitet man die Analyse auf eine ganze Region aus, so gewinnt man Einsicht in den Pfad, den die heute an der Erdoberfläche beobachteten Gesteine in die Tiefe und anschließend zurück an die Oberfläche genommen haben.
Nachstehend sind einige wichtige metamorphe Gesteine näher vorgestellt. Die Auswahl ist kurz und beschränkt sich darauf, die verschiedenen Typen metamorpher Gesteine zu erläutern.

Box 2.3 Metamorphosetypen

Die Abb. Box 2.3 gibt einen Querschnitt durch eine Subduktionszone samt dem angrenzenden zusammengestauchten Kontinent (vgl. auch Box 1.3). Die Gesteine der ozeanischen Platte, die unter den Kontinent eintauchen, gelangen relativ rasch in große Tiefe. Dadurch stehen sie sofort unter hohen Drücken. Da aber die Aufheizung der Gesteine nur langsam vonstatten geht, ergeben sich in diesem Falle metamorphe Umwandlungen bei hohen Drücken und relativ geringen Temperaturen. Dieser Metamorphosetyp wird als *Hochdruckmetamorphose* bezeichnet.

In Subduktionszonen werden in der Tiefe Schmelzen erzeugt, welche aufsteigen (nach oben entweichen) und größere Intrusivkörper bilden. Die Gesteine am Rand der Intrusionen werden dabei sofort aufgeheizt, wobei der Druck bei diesem Prozess aber unverändert bleibt. Die metamorphen Umwandlungen, die am Intrusionsrand stattfinden, geschehen daher bei im Vergleich zum herrschenden Druck relativ hohen Temperaturen. Man spricht in diesem Falle von *Kontaktmetamorphose*.

Im zusammengestauchten Rand des Kontinents gelangen Krustenteile in die Tiefe und werden dort aufeinandergestapelt. Die beteiligten Gesteine geraten dabei unter höhere Drücke sowie unter höhere Temperaturen. Das Verhältnis von Druck und Temperatur wird dabei nicht wesentlich durcheinandergebracht, weil die Versenkung der Gesteine relativ langsam erfolgt, sodass die Aufheizung Schritt halten kann mit dem Druckanstieg. Bezeichnend ist, dass dabei für eine große Region, d. h. einen ganzen Krustenteil, höhere Drücke und Temperaturen resultieren. Die dabei ablaufenden Gesteinsumwandlungen werden als *Regionalmetamorphose* bezeichnet. Wie in der Abb. ersichtlich, überlappen sich die Kontaktmetamorphose und die Regionalmetamorphose nahe der Intrusion.

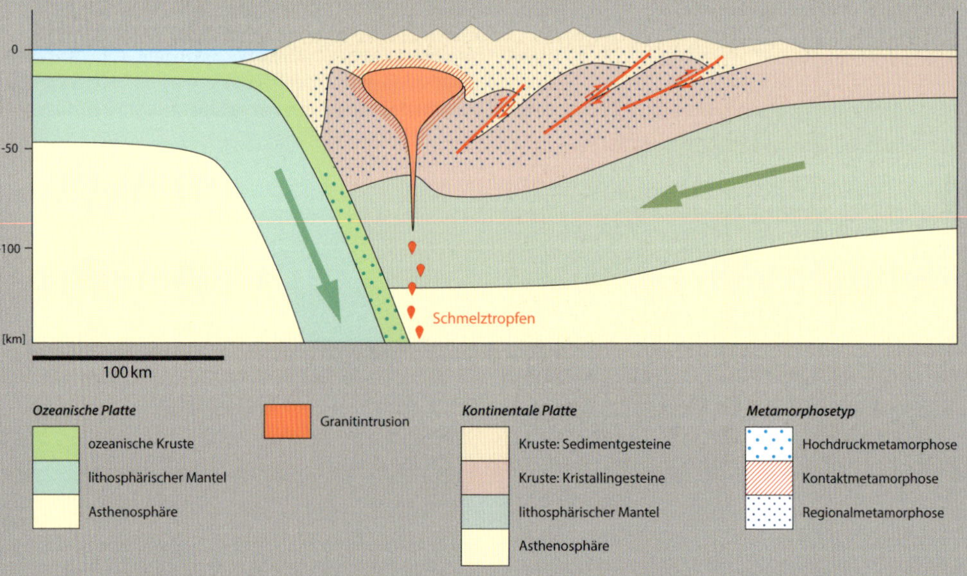

Gneise/Orthogneis

Orthogneis entspricht einem deformierten Granit. Die Deformation ist durch die Fließfähigkeit des Festgesteins bei sehr hohen Temperaturen von über 400 °C entstanden.

Abb. 2-15A Orthogneis (bzw. Augengneis) im Aufschluss (Visperterminen, VS). Die großen weißen Augen sind Feldspatkristalle des ehemaligen Granits, die etwas gequetscht und in die Länge gezogen (gelängt) worden sind. Die Matrix aus feinkörnigerem Quarz, Feldspat und Glimmer bildet infolge der Deformation eine Bänderung.

Abb. 2-15B Orthogneis im Aufschluss (Castelgrande, Bellinzona, TI). Ausgezogene Feldspäte und Quarz (weißlich) und eingeregelte Biotite (dunkel) bilden eine Bänderung in Gestein.

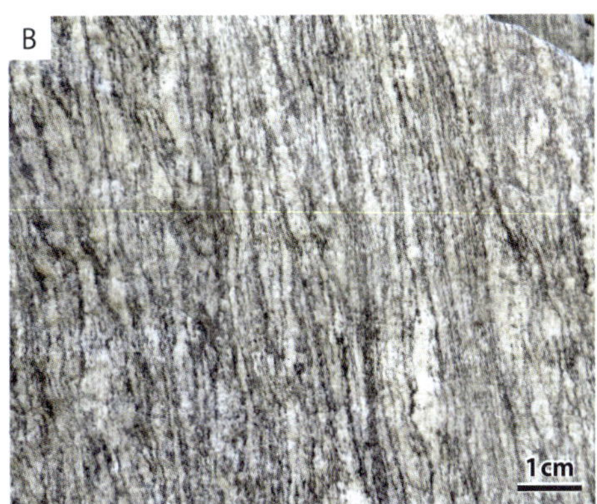

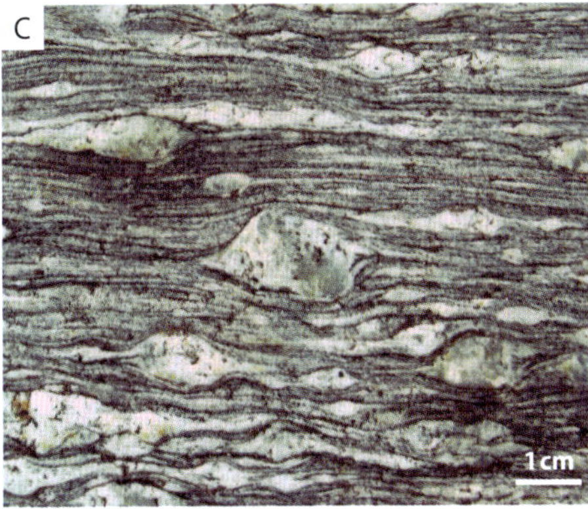

Abb. 2-15C Orthogneis im Aufschluss (Villadossola, Italien). Die großen Feldspatkristalle des ehemaligen Granits sind durch die Deformation extrem gelängt worden, und auch in der Matrix aus feinkörnigerem Quarz, Feldspat und Glimmer entstand eine ausgeprägte Bänderung im Millimeterbereich. Fotos © A. Pfiffner.

Gneise/Paragneis

Paragneise entstehen aus hochmetamorphen Sedimentgesteinen. Sie sind durch eine ausgesprochene Bänderung gekennzeichnet. Diese kann von ursprünglichen Lagen in den Sedimenten herrühren, durch die Deformation hervorgerufen, oder durch beide Prozesse bedingt sein. Da die ursprünglichen Sedimente auch sehr verschiedenartige Zusammensetzungen hatten, sind auch zahlreiche unterschiedliche Typen von Paragneisen zu unterscheiden.

Abb. 2-16A Paragneis im Aufschluss (Vissoie, VS). Die von den ursprünglichen Sedimenten stammende Stoffbänderung ist gefaltet.

Abb. 2-16B Paragneis im Handstück (Erstfeld-Gneis, UR). Die Stoffbänderung mit hellen und dunklen Lagen ist sehr deutlich ausgeprägt und gefaltet.

Abb. 2-16C Granat-Glimmer-Gneis im Aufschluss (Domodossola, Italien). Die Stoffbänderung in der Matrix biegt stellenweise um die zentimetergroßen roten Granatkörner. Granat ist ein typisches metamorphes Mineral, das bei höheren Drücken und Temperaturen gebildet wird.

Abb. 2-16D Granat-Glimmerschiefer im Handstück (Lukmanier, TI). Die Bänderung zwischen den weißen Lagen ist durch die strenge Einregelung der Glimmer verursacht und sehr engständig. Das Gestein wird deshalb als Schiefer angesprochen. Die roten, zentimetergroßen Granate sind rundlich; die Bänderung fließt um sie herum. Fotos © A. Pfiffner.

Fels

Als Fels wird ein metamorphes Gestein bezeichnet, welches keinerlei Einregelung der metamorphen Mineralkörner zeigt. Die metamorphen Minerale müssen daher gewachsen sein, ohne dass das Gestein sich nachher noch deformiert hat. Dies ist in zwei Szenarien möglich. Im ersten Szenario wird das Gestein regional deformiert und in die Tiefe versenkt, bleibt dort aber unter den erhöhten Temperaturen sitzen, ohne weiter deformiert zu werden. Nach der Metamorphose zum Fels gelangt das Gestein quasi passiv zurück an die Erdoberfläche und behält so die Anordnung der metamorphen Minerale. Dieses Szenario trifft für die beiden in Abb. 2-17 abgebildeten Gesteine zu. Im zweiten Szenario wird das Gestein im Kontaktbereich der Intrusion eines Magmas aufgeheizt und zum Fels umgewandelt, ohne dass es dabei deformiert wird. Auch in diesem Fall müssen die metamorphen Gesteine anschließend passiv an die Erdoberfläche gelangen.

Abb. 2-17A Granat-Hornblende-Fels im Handstück (Val Canaria, TI). Sowohl die dunkelgrünen Hornblendesäulen als auch die roten zentimetergroßen Granate zeigen keine Anzeichen von Deformation.

Abb. 2-17B Disthen-Staurolith-Fels im Handstück (Pizzo Forno, TI). Sowohl die blauen Disthen- als auch die dunklen Staurolithstäbe zeigen keinerlei Anzeichen von Deformation. Fotos © A. Pfiffner.

Marmor

Marmore sind hochmetamorphe Kalksteine oder Dolomit. Für beide Typen sind die großen Mineralkörner des Calcits bzw. des Dolomits das Erkennungsmerkmal. Da Calcit wie auch Dolomit eine Spaltbarkeit aufweist, bricht das Gestein längs dieser Spaltbarkeit, was dem Marmor eine glitzernde Bruchfläche beschert. Marmore sind oft gebändert. Die Bänder bilden die ursprüngliche Schichtung im Kalkstein oder Dolomit ab. Die hohen Temperaturen bei der Marmorbildung bewirken auch, dass das Gestein fließfähig ist und in enge Falten gelegt sein kann.

Abb. 2-18B Kalkmarmor im Handstück (Urseren, UR). Die millimetergroßen Körner brechen längs ihrer Spaltbarkeit, sodass die frischen Bruchflächen des Handstücks glänzen. Fotos © A. Pfiffner.

Abb. 2-18A Marmor im Aufschluss (Steinbruch Crevola, Italien). Die Bänderung zeigt die intensive Verfaltung des Dolomitmarmors an.

Amphibolit/Eklogit

Amphibolite und Eklogite sind hochmetamorphe Basalte und Gabbros. Amphibolite werden in einer Tiefe von 10–35 km und bei 550–700 °C gebildet. Sie bestehen aus Hornblende und Feldspat. Auch Mergel können bei diesen Druck- und Temperaturbedingungen in Amphibolite umgewandelt werden. Eklogite entstehen bei hohen Drücken (entsprechend einer Tiefe von mindestens 35 km) und relativ niedrigen Temperaturen zwischen 500–1000 °C. Sie bestehen zur Hauptsache aus Pyroxen und Granat. Eklogite sind Zeugen der Subduktion von ozeanischen Platten tief unter einen Kontinent.

Abb. 2-19A Eklogit und Amphibolit im Aufschluss (Trescolmen, GR). Eingebettet in graue Marmore sind grünliche Schollen. Diese besitzen einen grünen Rand aus Amphibolit und einen rötlich-grünen Kern aus Eklogit. Foto © Lukas Rohrbach.

Abb. 2-19C Amphibolit im Aufschluss (südlich Andermatt, UR). Das Gestein erscheint dunkel und massig. Foto © Ch. Gisler.

Abb. 2-19B Eklogit im Handstück (Alpe Arami, TI). Foto © A. Pfiffner.

Abb. 2-19D Amphibolit im Handstück (Ascona/Ronco, TI). Foto © A. Pfiffner.

Mylonit

Mylonite sind Gesteine, die durch hohe Deformation des Ursprunggesteins gebildet werden. Sie besitzen eine ausgesprochene Paralleltextur, welche sich aus der deformationsbedingten Einregelung der Mineralkörner ergibt. Mylonite bilden sich durch plastische Deformation der Gesteine bei höheren Temperaturen. Anzutreffen sind Mylonite längs Brüchen, an denen Gesteinsblöcke viele Kilometer gegeneinander verschoben wurden. Dabei wird auch das unmittelbare Nebengestein in Mitleidenschaft gezogen. Die Gesteine werden zerschert und stark deformiert. In der Tiefe bilden sich bei den dabei herrschenden höheren Temperaturen Mylonite.

Abb. 2-20A Mylonit im Aufschluss (Morobbia, TI). Deutlich erkennt man zwischen den hellen Adern die lagige Anordnung der Mineralkörner. Dieser Mylonit bildete sich entlang einer wichtigen Störung (Insubrische Störung) in den Alpen. An dieser Störung wurden die Gesteine des zentralen Teils der Alpen (Nordtessin) relativ zu den Südalpen um mehr als 20 km emporgehoben (vgl. hierzu auch Abb. 3-6A). Zusätzlich fand an der Störung auch eine Seitenverschiebung um mehr als 50 km statt.

Abb. 2-20B Mylonit im Aufschluss (Splügenpass, GR/Italien). Dieser Mylonit entstand an einer Überschiebung, bei der die Gesteine um mehr als 15 km gegeneinander verschoben worden sind. Die Paralleltextur zeichnet sich durch die Einregelung der hellen Körner (meist Quarz) und der dazwischen fein verteilten grünen blättrigen Minerale (meist Chlorit) aus.

Abb. 2-20C Mylonit im Handstück (Flimserstein, GR). Die feine Lamination von hellen und dunklen Lagen ist durch die unterschiedliche Deformation desselben Gesteins (Kalkstein) bedingt. Der Kalk-Mylonit bildete sich längs einer wichtigen Überschiebung mit über 30 km Versatz der Gesteinsblöcke beiderseits. Fotos © A. Pfiffner.

Kataklasit

Kataklasite entstehen bei der Deformation von Gesteinen durch mechanisches, sprödes Zerbrechen an Störungszonen. Sie besitzen im Unterschied zu Myloniten keine Paralleltextur, sondern bestehen aus chaotisch angeordneten Gesteinsfragmenten unterschiedlicher Größe. Kataklasite bilden sich bei relativ niedrigen Temperaturen (unter etwa 200 °C). Im kleinen Maßstab können auch die Mineralkörner zerbrochen sein und im Extremfall kann ein Gesteinsmehl vorliegen. Bruchbrekzien sind Vorstufen von Kataklasiten.

Abb. 2-21A Kataklasit im Aufschluss (Versam, GR). Der Kataklasit bildete sich aus einem Kalkstein innerhalb der Trümmermasse des Flimser Bergsturzes. Deutlich erkennt man dunkle, eckige Komponenten, die vom Zerbrechen herstammen, und helle, wirr verlaufende Lagen, welche kleinräumigen Bruchzonen entsprechen. In diesen Bruchzonen ist der Kalk zu Gesteinsmehl zerrieben worden.

Abb. 2-21B Bruchbrekzie im Aufschluss (Gemmipass, BE/VS). Der graue Kalk ist in Bruchstücke zerbrochen, welche man fast wieder zusammenschieben könnte. Die Hohlräume dazwischen sind mit weißem Calcit gefüllt, welcher aus dem im zerbrochenen Gestein zirkulierenden Wasser ausgefällt wurde. Fotos © A. Pfiffner.

Weiterführende Literatur

Labhart, T. & Zehnder, K. 2018. Gesteine Berns. Haupt Verlag, Bern.

Meyer, J., 2017. Gesteine der Schweiz: Der Feldführer. Haupt Verlag, Bern, 444 pp.

Meyer, J., 2017. Gesteine einfach bestimmen: Der Bestimmungsschlüssel. Haupt Verlag, Bern, 140 pp.

Pfiffner, O.A., Engi, M., Schlunegger, F., Mezger, K. & Diamond, L., 2016. Erdwissenschaften. UTB/Haupt Verlag, Bern, 2. Auflage, 367 pp.

3 Zur Entstehung von Gebirgen

Gebirge und die damit verknüpften Landschaften entstehen durch das Zusammenspiel von zwei grundsätzlich verschiedenen Prozessen: den *erdinneren Prozessen* und den *Oberflächenprozessen*. Die erdinneren oder endogenen Prozesse sind auf die Kräfte, die mit den großräumigen Plattenbewegungen zusammenhängen, und auf die Erdwärme zurückzuführen. Beim Zusammenschub von zwei Platten sinkt die schwerere Platte unter die leichtere und verschwindet in der Tiefe des Erdmantels (vgl. Box 1.3). Treffen eine ozeanische und eine kontinentale Platte aufeinander, so wird die ozeanische Platte in den Erdmantel eintauchen, da ozeanische Platten schwerer sind als kontinentale Platten. Treffen jedoch zwei kontinentale Platten aufeinander, ist das Eintauchen von einer der beiden Platten viel schwieriger, weil den spezifisch leichten kontinentalen Platten – wie beim Versuch, einen aufgeblasenen Ballon ins Wasser zu tauchen – der Auftrieb dem Eintauchen entgegenwirkt. In diesem Fall werden die Gesteine in der Kontaktzone zusammengestaucht und entweichen teilweise nach oben. Als Folge davon entsteht ein Gebirge. In Abb. 3-1 ist schematisch eine Kontinent-Kontinent-Kollision dargestellt. Dabei sieht man, dass in der Kontaktzone ganze Krustenteile nach oben entwichen und aufeinandergeschoben worden sind. Ganz unten in der Abb. ist eine ozeanische Platte eingezeichnet, welche vorgängig zur Kollision tief in den Erdmantel versunken ist.

Das durch eine Kontinent-Kontinent-Kollision entstandene Gebirge unterliegt aber sofort den Oberflächenprozessen. Seine Gesteine an der Erdoberfläche werden unter dem Einfluss von Temperaturschwankungen

Abb. 3-1 Blockdiagramm einer Kollision zwischen zwei kontinentalen Platten. Die Platten sind steif, der darunterliegende Erdmantel weicher.

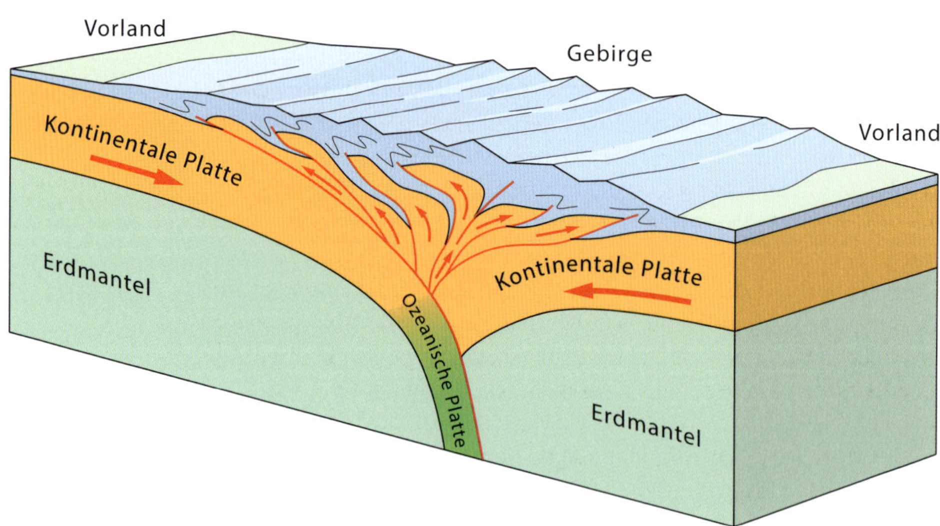

und Niederschlägen verwittert und damit in kleinere Trümmer zerlegt. Die Trümmer werden durch fließendes Wasser und Gletscher abgetragen und wegtransportiert. Das abfließende Wasser schneidet dabei Furchen in den Untergrund, die sich vertiefen und über die Zeit zu Tälern werden, welche dann durch Gletscher weiter vertieft werden können. Das lokale Relief, das heißt der Höhenunterschied zwischen Talsohle und Berggipfel, wird dabei stets größer und die Gebirgslandschaft damit ausgeprägter. Die Morphologie, d. h. die Form der Täler und Berge, wird nachhaltig durch die Gesteinszusammensetzung des Felsuntergrundes beeinflusst. Es gilt weiter zu bedenken, dass Verwitterung und Abtrag schon im Anfangsstadium des Wachstums eines Gebirges einsetzen und dieses kontinuierlich begleiten.

3.1 Zusammenschub und Stapelung

Die Alpen entstanden durch die Kollision von zwei kontinentalen Platten. Im Norden ist dies die Europäische Platte. Der Kontinent im Süden umfasste Afrika und im Speziellen dessen Sporn im Raume der heutigen Adria. Dieser Sporn war immer etwas unabhängig von Afrika und wird deshalb als eigenständige Adriatische Platte (oder kurz als Kontinent «Adria») bezeichnet. In der Kontaktzone zwischen Europa und Adria wurden die Gesteine zusammengestaucht. Dabei entstanden Brüche und Falten. In diesem Kapitel werden diese Strukturen erklärt und mit Beispielen aus der Schweiz untermauert.

3.1.1 Brüche in der Erdkruste

Bruchbildung in Gesteinen kann im Millimeter- oder Kilometermaßstab stattfinden. Für das Verständnis der Gebirgsbildung sind für den Beobachter in den Alpen vor allem die großmaßstäblichen Brüche von besonderem Interesse. Diese manifestieren sich als Flächen, längs derer die Gesteinsformationen um mehrere Meter oder Kilometer versetzt sind. Je nach Lage der Bruchfläche und je nach dem Sinn der Versetzung der Gesteinsformationen unterscheidet man zwischen *Abschiebungen*, *Auf-* bzw. *Überschiebungen* und *Seitenverschiebungen*. In Abb. 3-2A sind diese Bruchtypen erklärt. Bei einer Abschiebung ist der Gesteinsblock über der Bruchfläche auf ein tieferes Niveau heruntergesetzt respektive abgeschoben worden. Im Falle einer Aufschiebung ist der obere Block auf ein höheres Niveau gestellt, also aufgeschoben worden. Aufschiebungen können nach oben flach werden; in diesem Falle werden sie Überschiebungen genannt. Letztere sind für das Verständnis der Gebirgsbildung von besonderem Interesse. Charakteristisch für Überschiebungen ist der Umstand, dass dabei ältere Gesteine auf jüngere zu liegen kommen. Bei Überschiebungen können kilometermächtige Krustenteile über Zehner von Kilometern weit transportiert worden sein. Derartige Gesteinspakete bezeichnet man als *Decken*. Seitenverschiebungen schließlich zeichnen sich dadurch aus, dass die Gesteinsblöcke an steilen oder vertikalen Bruchflächen annähernd horizontal gegeneinander verschoben werden. Die Gesteine an Bruchflächen werden durch die Verschiebung häufig zu tektonischen Brekzien oder Kataklasiten (Abb. 2-21 in Kapitel 2) zertrümmert. In größerer Tiefe, bei erhöhten Temperaturen, entstehen auch Mylonite (Abb. 2-20 in Kapitel 2).

Abb. 3-2A Blockdiagramm der verschiedenen Bruchtypen. Die Bruchflächen sind jeweils Rot gefärbt.

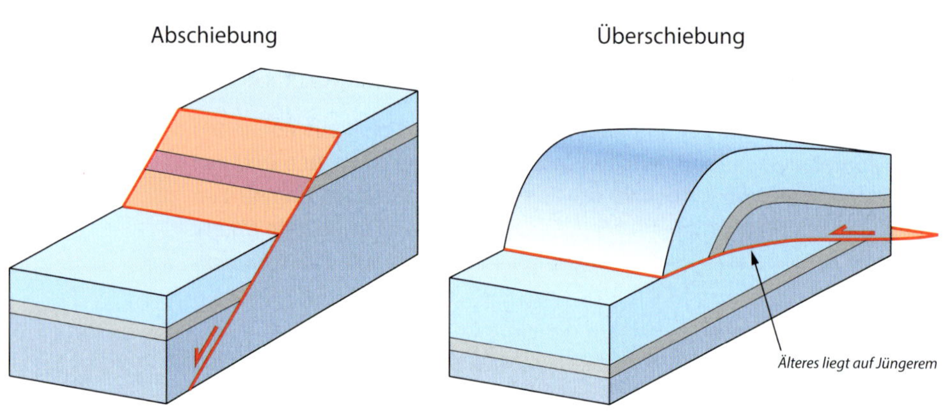

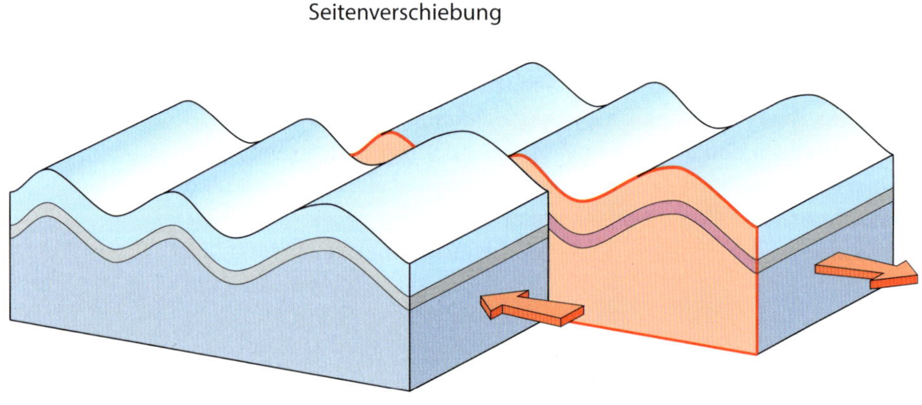

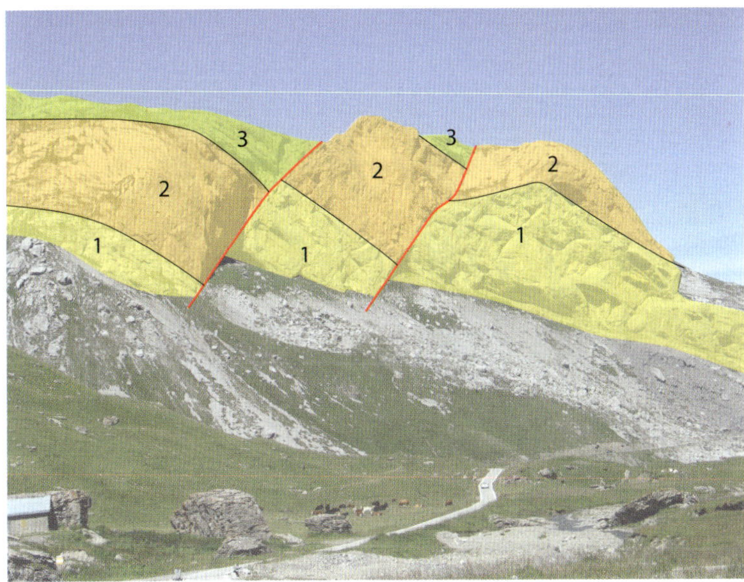

Abb. 3-2B Abschiebungen bei Sanetsch/Senin (VS). An drei Abschiebungen sind die Referenzschichten 1 bis 3 jeweils nach links abgeschoben.

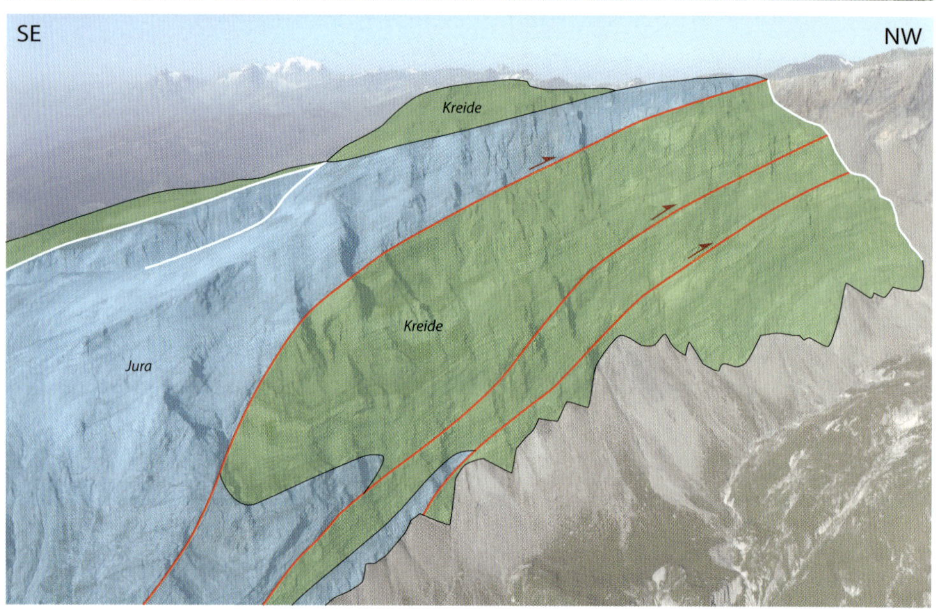

Abb. 3-2C Überschiebung am Crap Mats (GR). Hellgraue, jurassische Kalke sind auf bräunliche Kreideschichten überschoben. Punkte zeigen den Verlauf der Überschiebung.

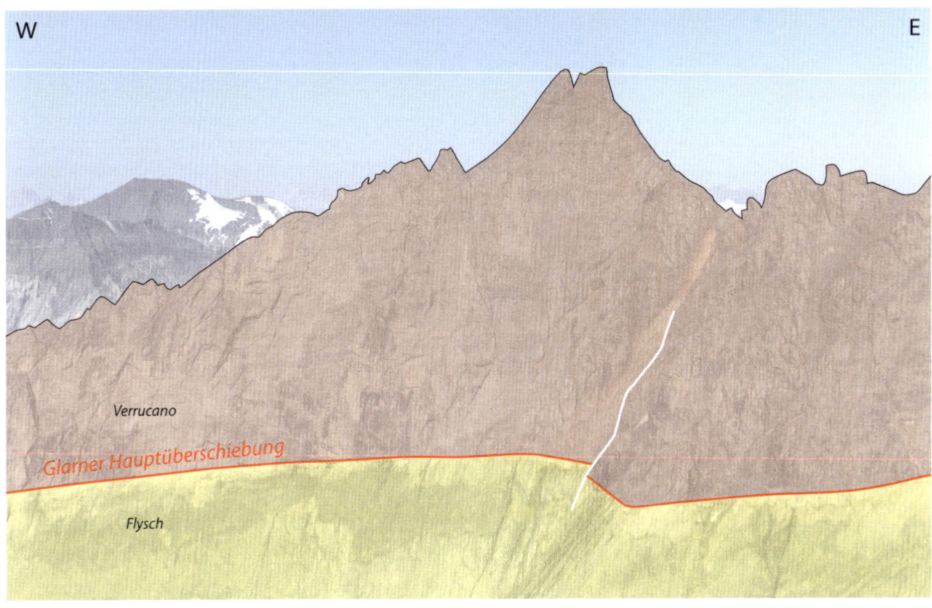

Abb. 3-2D Glarner Hauptüberschiebung am Ringelspitz/Piz Barghis (GR/SG). Längs einer «magischen Linie» liegen ältere, grünliche Verrucano-Gesteine auf jüngeren, dunkleren Flysch-Gesteinen. Foto © A. Pfiffner.

Abb. 3-2E Sax-Schwende-Seitenverschiebung an der Bogartenlücke (AI). Blick in Richtung Norden. Die Erosion der zertrümmerten Gesteine längs des Bruches erleichterten Verwitterung und Abtrag. Dadurch entstand eine durchgehend grasbewachsene Furche. Links des Bruches befindet sich der Bergrücken der Marwees und in seiner Flanke die drei Felstürme der Dreifaltigkeit.

Abb. 3-2F Sax-Schwende-Seitenverschiebung an der Saxerlücke (AI/SG). Blick in Richtung Süden. Auch hier führten die zertrümmerten Gesteine längs des Bruches zu einer tiefen grasbewachsenen Furche. Rechts des Bruches befinden sich die Kreuzberge. Fotos © A. Pfiffner.

3.1.2 Falten in der Erdkruste

Durch Zusammenschub werden Gesteinsschichten in Falten gelegt. Je nach Gesteinstyp, Druck- und Temperaturbedingungen entstehen Falten in unterschiedlichsten Formen. Die wichtigsten Elemente sind in Abb. 3-3A

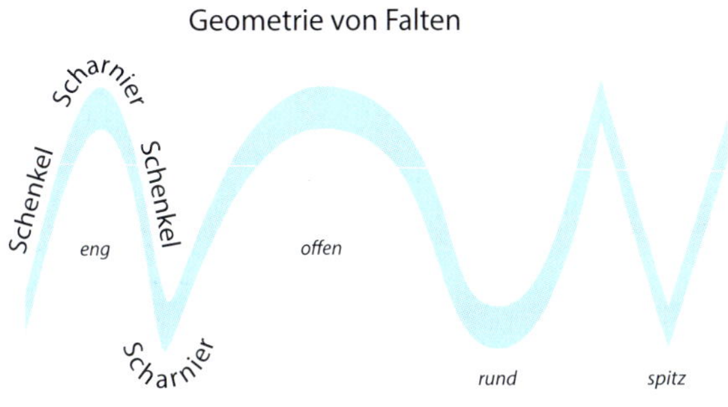

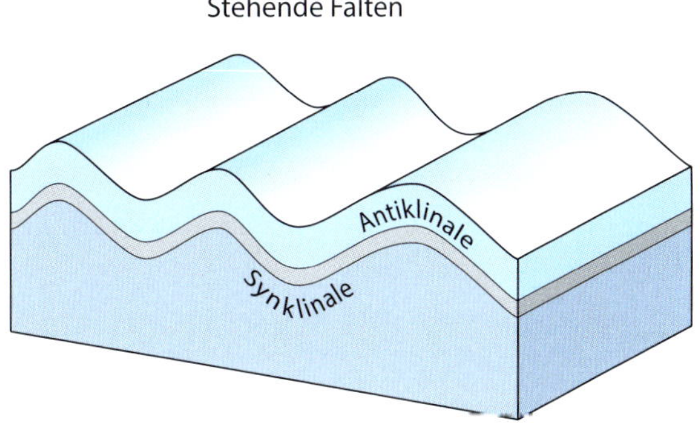

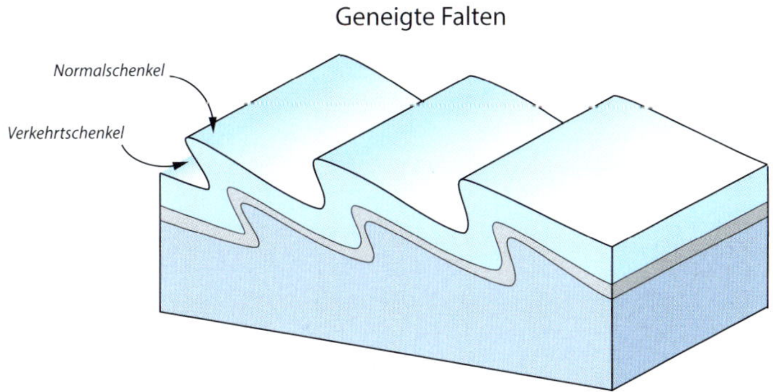

Abb. 3-3A Schematische Skizzen zur Verdeutlichung geometrischer Aspekte von Falten.

zusammengestellt. Generell unterscheidet man zwischen *Faltenschenkel* und *Faltenscharnier*. Das Scharnier ist der Ort der maximalen Krümmung der Schichten. Falten können eng oder offen sein, je nachdem, ob der Winkel zwischen den Schenkeln klein oder groß ist. Das Scharnier kann rund oder spitzig sein. Stehende Falten sind symmetrisch, die Winkelhalbierende zwischen den Schenkeln ist vertikal. Gewölbeartige Falten bezeichnet man als *Antiklinalen*, muldenartige als *Synklinalen*. Geneigte Falten sind asymmetrisch, wodurch die Winkelhalbierende schräg einfällt. Bei solchen Falten können die Schichten sogar überkippt sein. Man spricht dann von einem *Verkehrtschenkel*, weil die jüngeren Schichten unter die älteren zu liegen kommen. Die Abb. 3-3B–F zeigen typische Falten, wie sie im Gelände zu beobachten sind.

Abb. 3-3B Großräumige Falten im Gasterntal (BE). Die roten Punkte zeigen den Verlauf der hellen Kalkschicht an. Diese bildet links unten einen Verkehrtschenkel. Foto © A. Pfiffner.

Abb. 3-3C Kleinfalten im Mozentobel am Fläscherberg (GR). Im Vordergrund sind spitze Scharniere, im Hintergrund runde Scharniere zu beobachten. Foto © A. Pfiffner.

Abb. 3-3D Kleinfalten in der Westflanke des Moors im Säntisgebirge (SG). Die gebankten hellen Kalke sind in spitze stehende Falten gelegt. Das weiße Band links im Bild ist ein Schneefeld. Foto © A. Pfiffner.

Abb. 3-3E Großfalte am Sichelchamm über dem Walensee (SG). Das helle Kalkband biegt von der horizontalen Lage nach links empor und steigt in verkehrter Lage nach links oben. Foto ©IG Tektonikarena Sardona, Ruedi Homberger.

Abb. 3-3F Kleinfalten nördlich von Lütschental (BE). Fein gebankte Kalke bilden eine Synklinale. Auf beiden Schenkeln sind Falten in noch kleinerem Maßstab zu erkennen. Foto © A. Pfiffner.

3.1.3 Zusammenhang von Falten und Überschiebungen

Falten und Brüche kommen in der Natur meist zusammen vor. Von besonderem Interesse ist das Zusammenspiel von Falten und Überschiebungen, denn beide Phänomene sind auf eine horizontale Stauchung zurückzuführen. Die Frage stellt sich dann, welches der beiden Phänomenen jeweils die Oberhand gewinnt. Eine genauere Analyse zeigt, dass zwischen diesen beiden ein enger Zusammenhang besteht. Fast könnte man sagen, dass es keine Überschiebung ohne Falten gibt. In Abb. 3-4A sind die möglichen Szenarien skizziert:

Rampenfalte: Diese bildet sich, wenn ein Gesteinspaket längs der Überschiebung über eine Rampe aufsteigen muss. Die sich dabei bildende Falte ist eine Konsequenz der Form der Überschiebung.

Überschiebungsfalte: Die Überschiebung breitet sich im Kern der Falte nach oben aus. Faltung und Überschiebung bilden sich gleichzeitig.

Abscherfalte: Die Gesteinsschichten werden über einer Überschiebung, welche in einer sehr weichen Gesteinsschicht verläuft, in Falten gelegt, ähnlich dem Tischtuch über der Tischplatte. Faltung und Überschiebung passieren gleichzeitig.

Zerscherter Verkehrtschenkel: Durch intensive Scherung wird der Verkehrtschenkel ausgedünnt und schließlich zerrissen. Dabei entsteht eine Überschiebung, welche jünger ist als die Falte.

Zerschnittene Falte: Eine existierende Falte wird derart zerschnitten, dass die später angelegte Überschiebung zwei weiche Schichten verbindet.

Scherfalte: Die Gesteinsschichten werden von einer Scherzone durchquert. Die Scherung rotiert die Schichten. Im Zentrum der Scherzone ist der Scherbetrag viel größer als an den Rändern, die Schichten werden dort stärker einrotiert, und zwar so stark, bis sie fast parallel zur Scherzone verlaufen. Die Falte ist eine Konsequenz der Scherzone, welche von Weitem gesehen als Überschiebung aufgefasst werden kann.

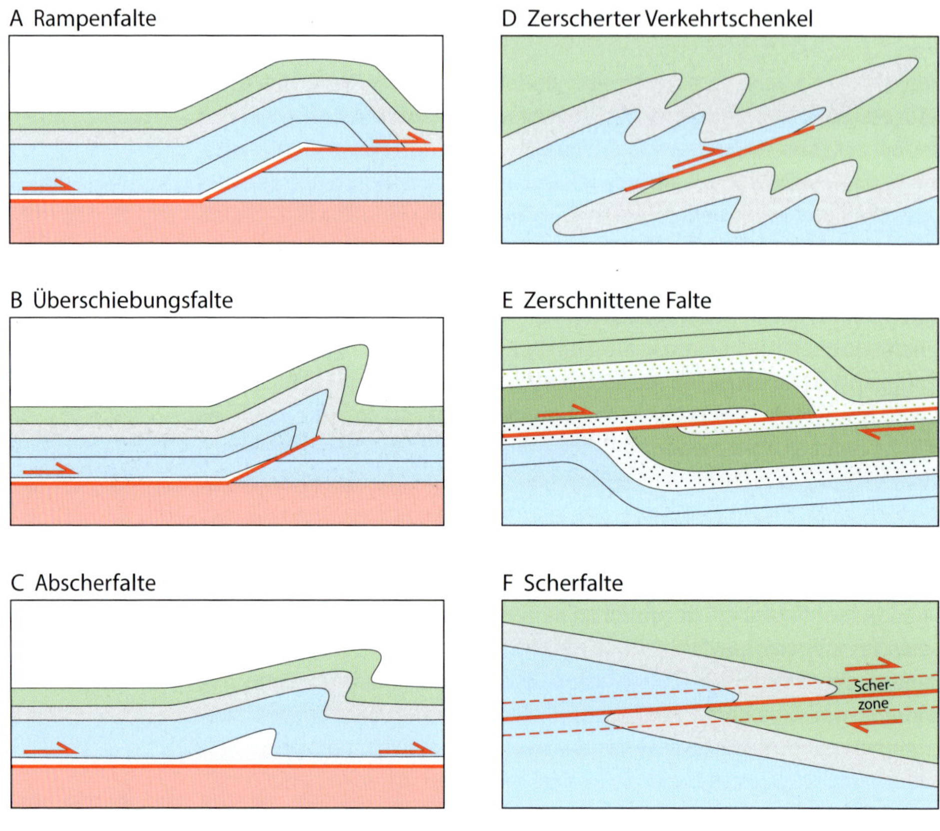

Abb. 3-4A Skizzen der verschiedenen Möglichkeiten zur Verknüpfung von Falten und Überschiebungen.

Abb. 3-4B Falten und Überschiebung am Gonzen bei Sargans (SG). Das helle Kalkband Q (Quinten-Kalk; 155 Mio. Jahre) ist gleich mehrfach übereinandergeschoben und zusätzlich gefaltet worden. Die Antiklinale des Tschuggen ist eine Rampenfalte, jene des Gonzen eine Abscherfalte. Die Überschiebungen verlaufen schichtparallel innerhalb einer Schicht von Tonstein zuunterst, die im Dogger (170 Mio. Jahre) abgelagert wurde. Der Bruch zwischen Gonzen und Tschuggen ist eine Seitenverschiebung. Überschiebungen sind rot markiert. Foto © A. Pfiffner.

B
Tschuggen
Gonzen

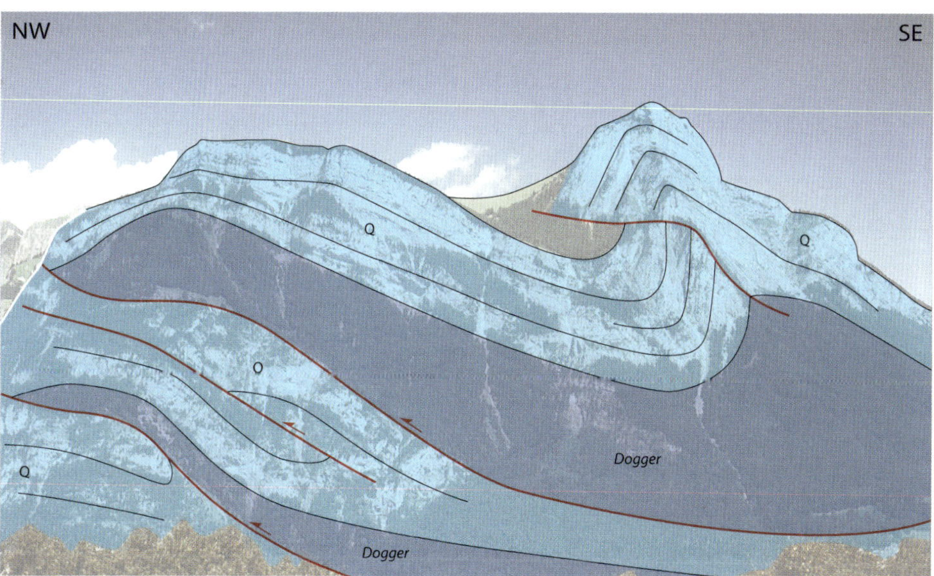
NW
SE
Q
Q
Q
Q
Dogger
Dogger

Abb. 3-4C Falten und Überschiebungen am Piz d'Artgas nördlich Breil/Brigels (GR). Kreidekalke (KK), Eozän-Kalke (EK) und Eozän-Mergel (EM) bilden einen geneigte Falte. Diese Falte gab dem Berg den Namen (*artgas* heißt auf rätoromanisch «Bögen»). Über der Falte sind an zwei Überschiebungen Kreidekalke auf Eozän-Mergel geschoben worden. Zuoberst, in der Gipfelregion liegt über einer wichtigen Überschiebung eine Decke aus Quinten-Kalk (Q), Röti-Dolomit (R) und Kristallin (X); Älteres liegt hier auf Jüngerem. Foto © A. Pfiffner.

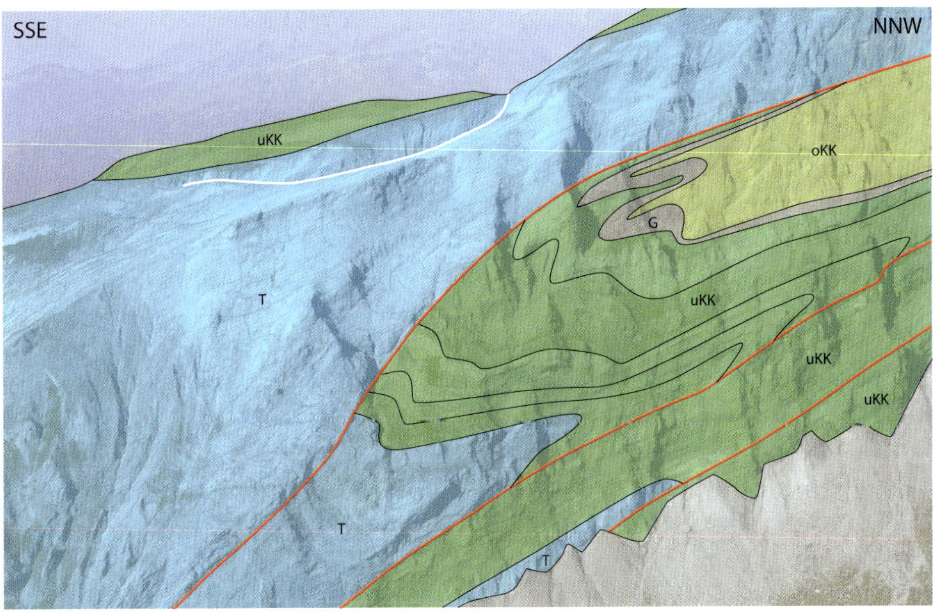

Abb. 3-4D Falten und Überschiebungen am Crap Mats nördlich Tamins (GR). Drei rot markierte Überschiebungen sind in der Felswand zu sehen. Bei der oberen Überschiebung sind Tros-Kalk und untere Kreidekalke (uKK) auf eine geschichtete und gefaltete Serie aus Kreidekalken aufgeschoben. Die Falten werden durch das dunkle Band der Garschella-Formation (G) besonders gut abgebildet. Die untere Überschiebung verläuft parallel zur Schichtung in den Kreidekalken und bliebe unerkannt, wenn nicht der Tros-Kalk unten links darauf hinweisen würde. Foto © A. Pfiffner.

3.1.4 Deckenstapelung

Beim Zusammenschub der Europäischen und Adriatischen Platten wurden die Gesteine in der Kontaktzone zwischen den beiden Platten als ganze Pakete oder Decken an Auf- und Überschiebungen übereinandergetürmt. Das Abgleiten bzw. die Abscherung der Decken von ihrem ursprünglichen Untergrund, passierte längs Schichten von mechanisch weichen Gesteinen. Beispiele dafür sind Evaporite und Tonsteine (siehe Kapitel 2, Abb. 2-4 und 2-6). In Abb. 3-5A ist die zeitliche Entwicklung einer Deckenstapelung anhand eines einfachen Schemas erklärt. Zum Zeitpunkt 1 liegt ein Gesteinspaket aus Sedimentgesteinen über einem weichen Horizont (rot gefärbt). Unter dem weichen Horizont finden sich mechanisch starre Kristallingesteine (Granit, Gneis). Die erste Überschiebung löst den hintersten Teil der Sedimente vom Kristallin ab und schiebt die Decke 1 auf die Sedimente davor. Im nächsten Schritt breitet sich die Überschiebung weiter aus und löst einen weiteren Teil der Sedimente vom Kristallin und schiebt die Decke 2 auf die davorliegenden Sedimente. Die Decke 2 trägt auf ihrem Rücken die Decke 1 und bewegt diese passiv weiter. In gleicher Weise bildet sich die Decke 3; die Deckenbildung breitet sich weiter aus. In einem Gebirge gilt die Regel, dass die Decken vom Kern des Gebirges nach außen, zum Vorland hin angelegt werden. Wie in Abb. 3-1 angedeutet, passiert dies in beiden Richtungen. Im Schema von Abb. 3-5A ist der Einfachheit halber der Abscherhorizont horizontal gezeichnet. In einem Gebirge ist es aber so, dass derartige Überschiebungen und Deckenstapelungen bergaufwärts verliefen. Dies rührt daher, dass die tektonischen Platten bei einer Gebirgsbildung in den Erdmantel eintauchen und die abgescherten Deckenpakete nach oben entweichen. Allerdings können durch nachträgliche Deformationen die zentralen Teile des wachsenden Gebirges angehoben werden, sodass im heutigen Zustand der Deckenstapel aussieht, als wäre er sogar abwärts geglitten. In den Abb. 3-4B–F sind einige Beispiele von Deckenstapeln vorgestellt, wie sie in der Natur zu beobachten sind.

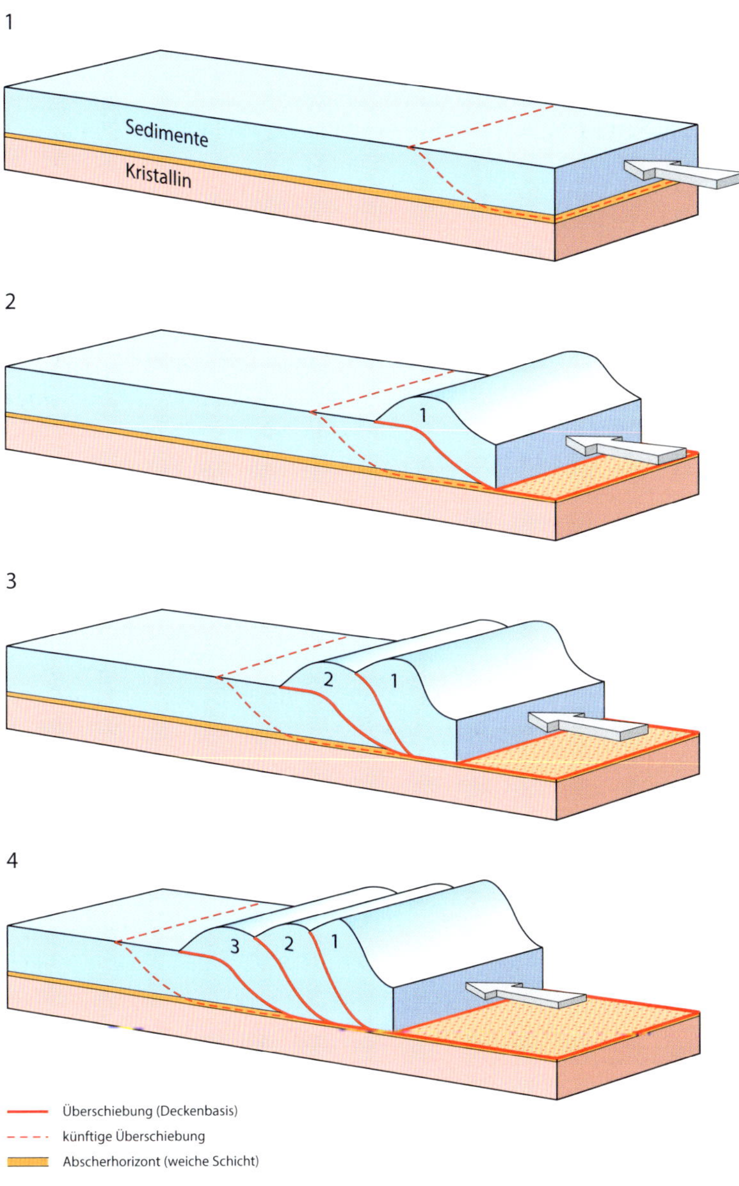

Abb. 3-5A Skizze zur zeitlichen Entwicklung einer Deckenstapelung. Dabei wird angenommen, dass im Stadium 1 die Sedimente durch eine weiche Schicht vom darunterliegenden Kristallin getrennt sind. Durch den Schub der Kollision (angedeutet durch den Pfeil), werden die Sedimente nach links gedrückt, lösen sich längs der weichen Schicht, dem Abscherhorizont, vom Kristallin und überschieben sich auf die benachbarten Sedimente (Stadium 2). Im weiteren Verlauf werden neue Sedimentpakete vom Kristallin abgelöst und auf die benachbarten Sedimente geschoben (Stadien 3 und 4), sodass der Deckenstapel immer breiter wird. Die Ausweitung der Deformation resultiert in einem Deckenstapel, welcher das Gebirge breiter und höher werden lässt.

Abb. 3-5B Deckenstapel auf der NE-Seite des Seeztales zwischen Sargans und Walenstadt. Foto © A. Pfiffner. Im unteren Teil des Berghanges sind fünf Pakete aus Gesteinen des Dogger (165 Mio. Jahre) und des Malm (Quinten-Kalk, Q; 155 Mio. Jahre) aufeinandergestapelt. Zwei dieser Decken sind intern zusätzlich gefaltet worden. Die Überschiebungen an der Basis dieser kleinen Decken folgten einem Tonsteinhorizont im untersten Dogger. Nach NW stiegen diese Überschiebungen dann rampenartig durch den Quinten-Kalk hoch und mündeten in den Palfris-Mergeln (Pa, 140 Mio. Jahre).
Die Kette des Alvier besteht aus jüngeren Gesteinen, aus Kalken der Kreidezeit (Kk, 140–130 Mio. Jahre). Diese liegen scheinbar flach über dem Deckenstapel des Quinten-Kalkes. Tatsächlich liegt aber dazwischen ein Abscherhorizont, auf welchem die Kreidekalke gegenüber der Unterlage abgeglitten sind und rund 10 km nach NW transportiert wurden. Das Paket der Alvierkette setzt sich nach Norden in den Alpstein fort und wird insgesamt als Säntis-Decke bezeichnet.
Der Abscherhorizont der Säntis-Decke besteht aus Mergeln, welche als Palfris-Mergel bezeichnet werden (benannt nach der Alp Palfris am Fusse des Alvier). Wie aus Abb. 3-5B erahnt werden kann, bilden die Palfris-Mergel eine Verflachung innerhalb des Berghanges. Dies liegt daran, dass sie im Vergleich zum Quinten-Kalk darunter und den Kreidekalken darüber tiefgründiger verwittern und deshalb rascher abgetragen werden.
Das Beispiel in Abb. 3-5B illustriert, wie komplex eine Deckenstapelung vonstatten gehen kann. Die Gesteinsschichten werden nicht nur aufgeschoben, sondern werden gleichzeitig auch in Falten gelegt. Zusätzlich kann die Deckenstapelung «zweistöckig» sein: die Dogger- und Malmschichten wurden in einem tieferen Stockwerk unabhängig von den Kreideschichten des oberen Stockwerks gefaltet und überschoben. Schließlich wurde die Grenzfläche zwischen den beiden Stockwerken, die Säntis-Überschiebung, nachträglich großräumig aufgewölbt. Vom höchsten Punkt unter dem Alvier senkt sie sich nach SE ins Rheintal und nach NE unter die Churfirsten. Während der aktiven Überschiebung aber ging alles bergauf.

Alvier
Palfris
Gonzen

NW
SE
Kk
Pa
Q
Pa
Q
Dogger
Dogger

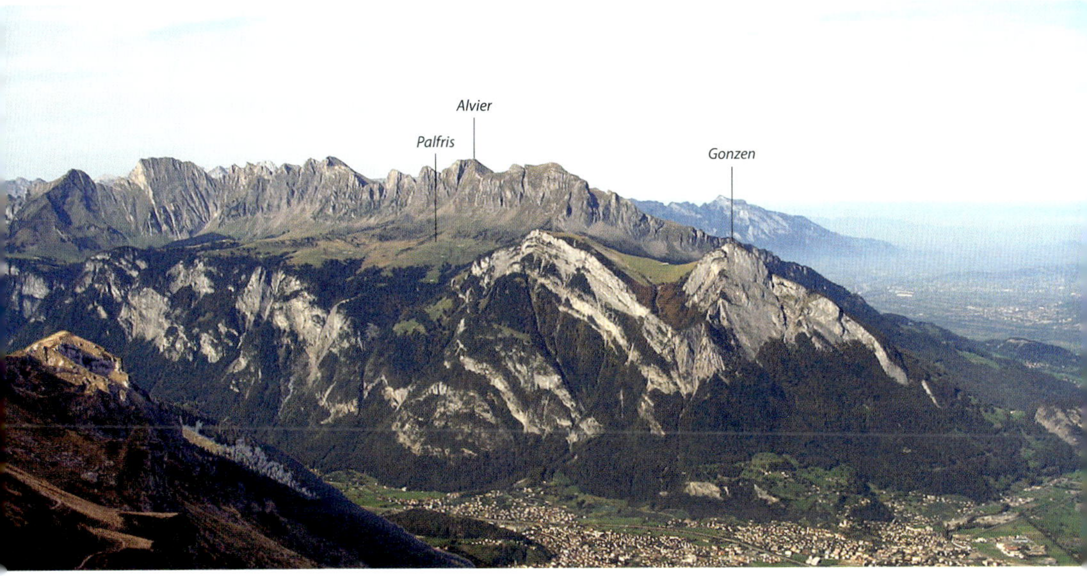

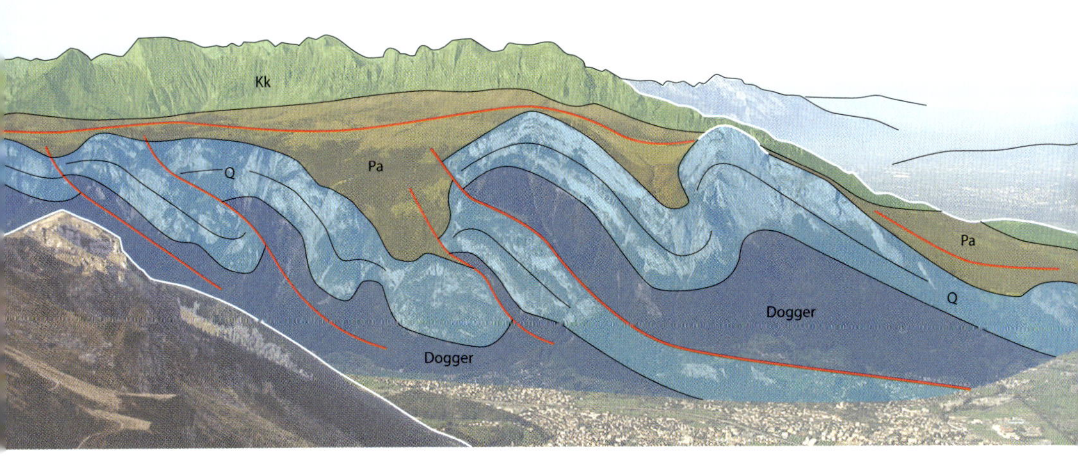

C
Bächistock
Glärnisch
Vrenelisgärtli
Höchtor
Vorderglärnisch
Oberblegi-
see

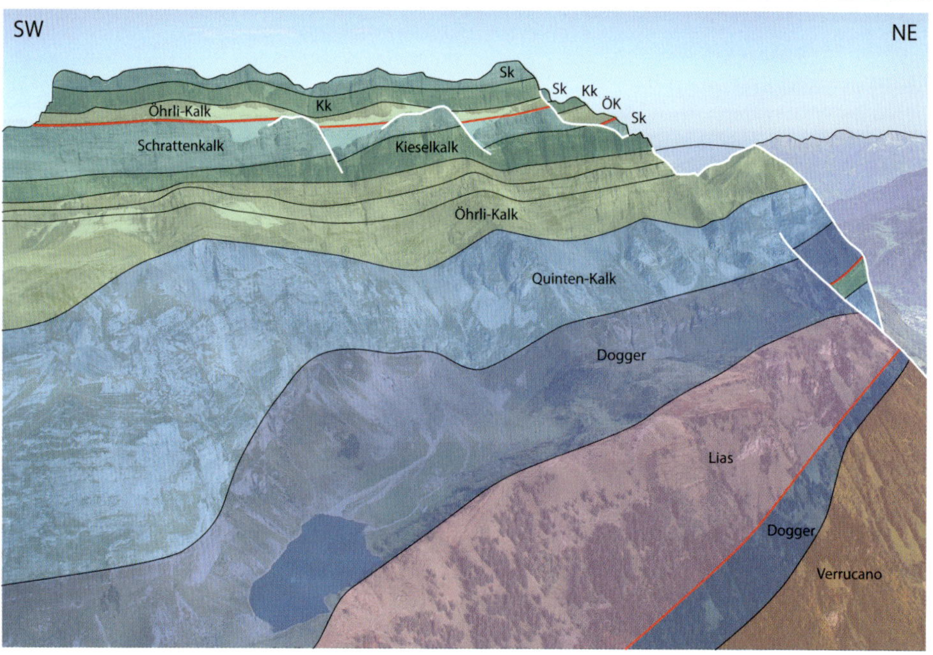
SW
NE
Sk
Sk
Kk
ÖK
Sk
Öhrli-Kalk
Kk
Schrattenkalk
Kieselkalk
Öhrli-Kalk
Quinten-Kalk
Dogger
Lias
Dogger
Verrucano

Abb. 3-5C Deckenstapel am Glärnisch (GL). Foto © IG Tektonikarena Sardona/Ruedi Homberger. Hier liegen drei Decken übereinander, getrennt durch zwei Überschiebungen (rot in der Abbildung). Die Decken bestehen aus Sedimentgesteinen. Wie der Verlauf der verschiedenen Schichten andeutet, sind die Sedimentschichten nahezu horizontal gelagert. Obschon tendenziell die ältesten Schichten (Verrucano; 250 Mio. Jahre) zuunterst und die jüngsten (Schrattenkalk; 127 Mio. Jahre) zuoberst liegen, verursachen die beiden Überschiebungen eine Repetition gewisser Schichten, wobei dann jeweils ältere auf jüngeren Schichten liegen. Bei der unteren Überschiebung liegen Gesteine des Lias (190 Mio. Jahre) auf Gesteinen des Dogger (165 Mio. Jahre). Bei der oberen Überschiebung liegen die älteren Teile der Kreidekalke (Öhrli-Kalk; 140 Mio. Jahre) auf den jüngeren (Schrattenkalk; 127 Mio. Jahre). Im Bereich der Abb. verlaufen beide Überschiebungen parallel zu den Schichtgrenzen respektive der Schichtung der Sedimentgesteine.
Der obere Teil der Glärnischkette ist aus Kalken aufgebaut und entsprechend sind hier hohe Felswände vorhanden. Beim genaueren Betrachten erkennt man aber eine Reihe von Eisfeldern unterhalb der allerobersten Felswand. Die Eisfelder markieren eine Verflachung im Berghang, welche sich längs der Untergrenze des Öhrli-Kalkes erstreckt. Lokal ist hier sogar eine Mergelschicht vorhanden (sogenannte Valanginian-Mergel), welche zurückwitterte und für die Verflachung verantwortlich ist. Diesen Mergeln folgte die obere Überschiebung, analog zur Situation bei den Palfris-Mergeln in Abb. 3-5B.
Die Verflachung unterhalb der Bildmitte beim Oberblegisee ist auf Tonsteine zuunterst im Dogger zurückzuführen. Diese sind in der mittleren der drei Decken viel mächtiger als in der unteren Decke und wittern deshalb signifikant zurück.
ÖK: Öhrli-Kalk, Kk; Kieselkalk, Sk; Schrattenkalk.

Abb. 3-5D Deckenstapel im Kandertal beim Öschinensee. Foto © A. Pfiffner. Der Deckenstapel rund um den Öschinensee enthält zahlreiche Falten im Inneren der einzelnen Decken. In der untersten Decke in der rechten Bildhälfte erkennt man sogenannte «tauchende Falten» (in der Abb. mit Pfeilen markiert). Es handelt sich dabei um Antiklinalen, welche so rotiert worden sind, dass die älteren Gesteine im Kern der Falte heute topografisch am höchsten liegen. So sind am Fründenhorn und am Öschinenhorn die Doggerschichten (165 Mio. Jahre) zuoberst und schließen mit einer Faltenumbiegung gegen unten im Quinten-Kalk (155 Mio. Jahre). Der Quinten-Kalk seinerseits wird gegen unten von den noch jüngeren Kreideschichten umschlossen. Besonders gut sieht man die Falten im Öhrli-Kalk (140 Mio. Jahre), einem Schichtglied innerhalb der Kreidekalke.
Auf der linken Bildseite erkennt man drei Decken übereinander. Die unterste zeichnet sich durch ein dünnes Band von Quinten-Kalk aus, welches auf die Gesteine des Eozäns (38 Mio. Jahre) aufgeschoben worden sind. Die Überschiebung wurde nachträglich gekippt, sodass sie heute vom Hohtürli nach Norden im Berghang herunterzieht. Die Decke besteht aus einer Normalserie mit Quinten-Kalk unten, Kreidekalken darüber und Gesteinen aus dem Eozän oben. Gegen den linken Bildrand hin liegt unter dieser Decke ein Paket von Sedimenten mit Kreide- bis Eozänalter. Die mittlere und obere Decke auf der linken Bildseite zeigt einen komplexen Bau. Die Sedimentschichten in diesen beiden Decken liegen verkehrt. In der mittleren Decke liegt der Quinten-Kalk über den Kreidekalken, in der oberen die Doggerschichten über dem Quinten-Kalk. Die obere Decke spaltet sich unter dem Dündenhorn in zwei Teildecken mit Doggerschichten und Quinten-Kalk auf. Während am Gipfel des Dündenhorns der Dogger über dem Quinten-Kalk liegt, ist an der Bire eine Normalserie vorhanden. Am Gipfel der Bire liegt Quinten-Kalk auf Dogger. Das Vorhandensein von Verkehrtserien beweist, dass es Faltungen gab, welche die Schichten auf den Kopf stellten, bevor sie von den Überschiebungen erfasst wurden. Die Normalserie an der Bire ist ein Relikt dieser Faltung.
Die Bergsturztrümmermasse vor dem Öschinensee stammt von einem jungen Bergsturz, der vom Doldenstock niederging und den See staute.

D
Dündehore
Bire
Bundstock
Hohtürli
Wildi Frau
Blüemlisalphorn
Öschinenhorn
Fründenhorn
Öschinensee

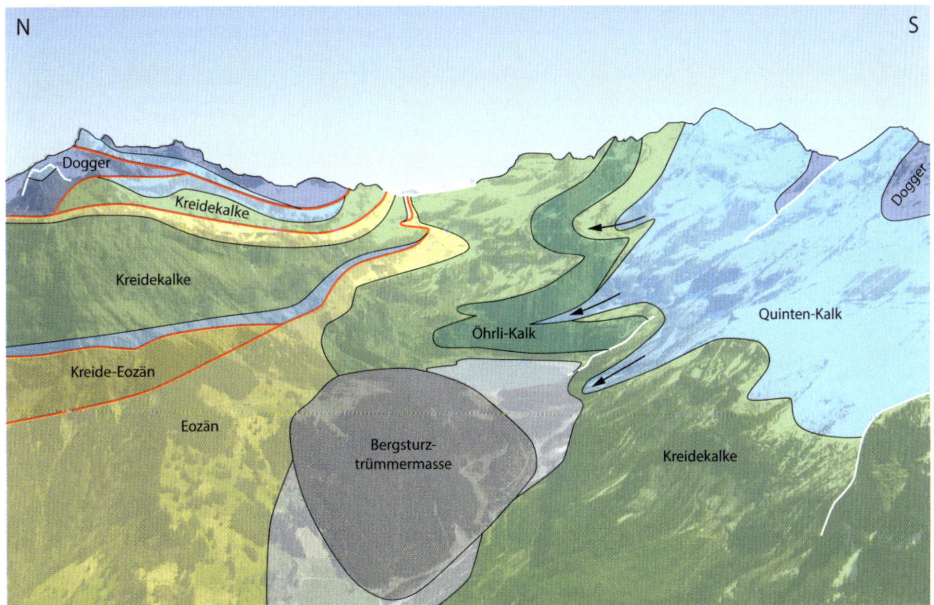
N
S
Dogger
Kreidekalke
Kreidekalke
Kreide-Eozän
Eozän
Bergsturz-
trümmermasse
Öhrli-Kalk
Quinten-Kalk
Kreidekalke
Dogger

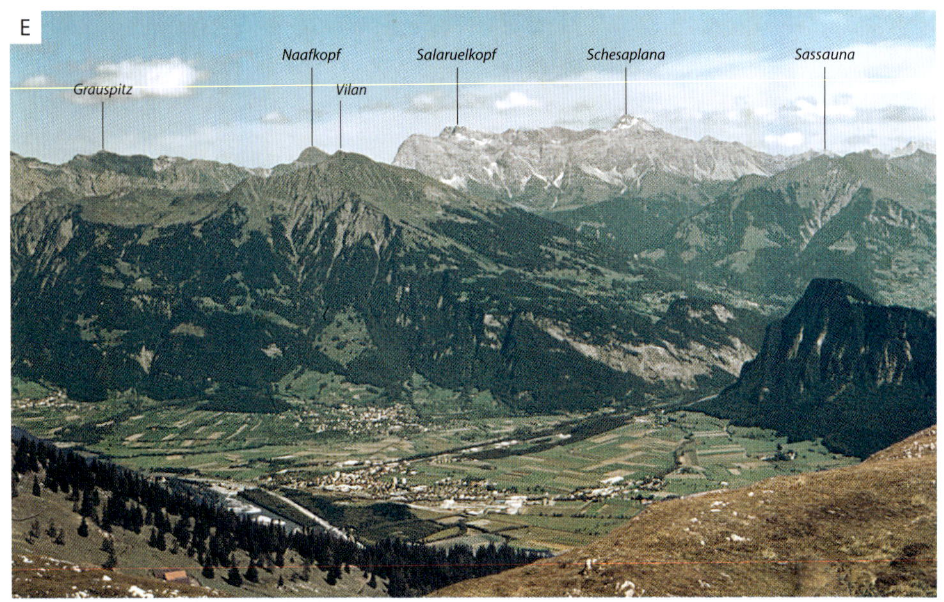
E
Naafkopf
Salaruelkopf
Schesaplana
Sassauna
Grauspitz
Vilan

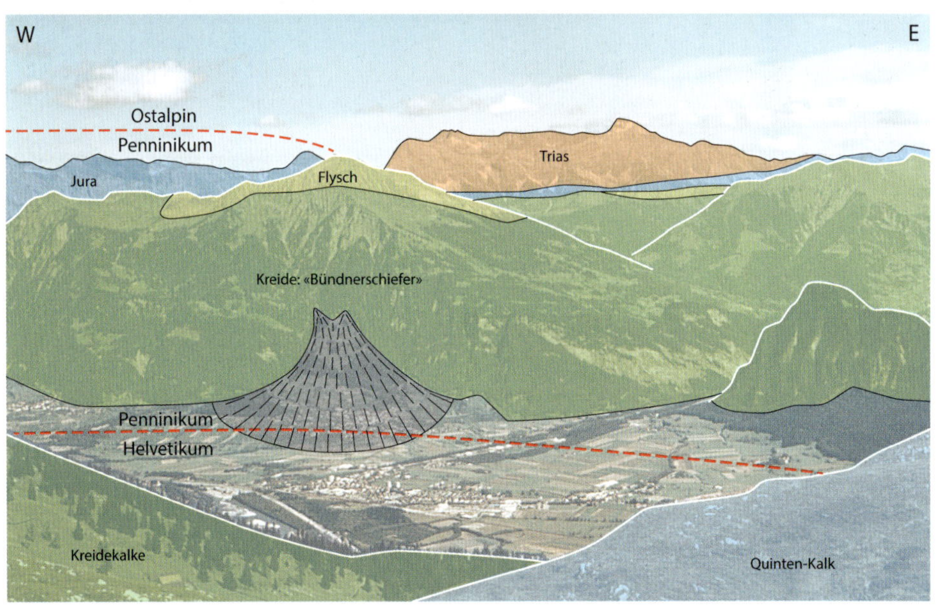
W
E
Ostalpin
Penninikum
Trias
Jura
Flysch
Kreide: «Bündnerschiefer»
Penninikum
Helvetikum
Kreidekalke
Quinten-Kalk

Abb. 3-5E Deckenstapel zwischen Rhein und Rätikon (GR). Im Rätikon findet sich ein Deckenstapel, bei dem die oberste Decke vom Adriatischen Kontinent und die unterste vom Europäischen Kontinent stammt, während die Decken dazwischen aus Sedimenten des ehemaligen Ozeans bestehen. Die oberste Decke baut den Bergrücken Schesaplana-Salaruelkopf auf. Es handelt sich dabei vorwiegend um Dolomitgesteine der Triaszeit (220 Mio. Jahre). Diese Sedimente wurden auf dem nördlichen Saum im Küstenbereich des Adriatischen Kontinentes abgelagert und werden dem Ostalpin zugeordnet. Unter den Triasgesteinen erkennt man in der Abb. 3-5E ein dünnes Band von Sedimenten der Jurazeit (170 Mio. Jahre), welches im linken Bildteil in der Kette Naafkopf-Grauspitz mächtige Felswände aufbaut. Bei diesen Gesteinen, es sind hauptsächlich Kalke und Brekzien, handelt es sich um Meeresablagerungen, die zum Teil in tiefem Wasser entstanden sind. Wie die gestrichelt gezeichnete Überschiebung andeutet, sind am rechten und linken Bildrand die Triasgesteine der obersten Decke bereits der Erosion zum Opfer gefallen. Unter der Decke mit Juragesteinen liegt ein mächtiges Paket von «Bündnerschiefern» und etwas Flysch. Die «Bündnerschiefer» wurden im Verlaufe der Kreidezeit (145–65 Mio. Jahre) abgelagert, der Flysch erst später, nämlich in der Zeit zwischen 65–48 Mio. Jahren. Beide Serien sind tiefmarine Ablagerungen. Die «Bündnerschiefer» enthalten Sandsteine, mergelige Kalke und Tonsteine (bestehen also nicht ausschließlich aus schiefrigen Gesteinen), im Flysch dominieren Sandsteine und Tonsteine. Der Flysch liegt tendenziell zuoberst auf den «Bündnerschiefern», wie dies am Vilan offensichtlich ist. Sowohl Sandsteine als auch Kalke sind dünn gebankt und getrennt durch tonige Lagen. Diese Bänke sind im Meterbereich intensiv gefaltet. Deshalb fehlen in der Landschaft dominante Felswände, welche den Schichtverlauf über viele Kilometer anzeigen. Die Talflanken sind vielmehr von zahlreichen Runsen durchschnitten, welche eine intensive Erosionstätigkeit illustrieren. Als Folge davon verzeichnet das Rheintal eine ganze Anzahl von großen Schuttfächern, welche aus den «Bündnerschiefern» gespeist werden. Ein Beispiel dazu ist im Foto hinter Landquart zu sehen und mit schwarzer Strichsignatur gekennzeichnet. Im Vordergrund sind Quinten-Kalk und Kreidekalke zu sehen, welche das Calanda-Massiv aufbauen. Diese Kalke wurden in einem seichten Meer am Südrand des Europäischen Kontinents abgelagert und werden dem Helvetikum zugeordnet. Die Grenze zwischen Helvetikum und Penninikum ist eine wichtige Überschiebung. Sie verläuft längs des Rheintales, ist aber von mächtigen Sanden und Schottern der Talfüllung verdeckt und deshalb gestrichelt gezeichnet. Foto © A. Pfiffner.

F
Haldensteiner Calanda
Felsberger Calanda
Vättis

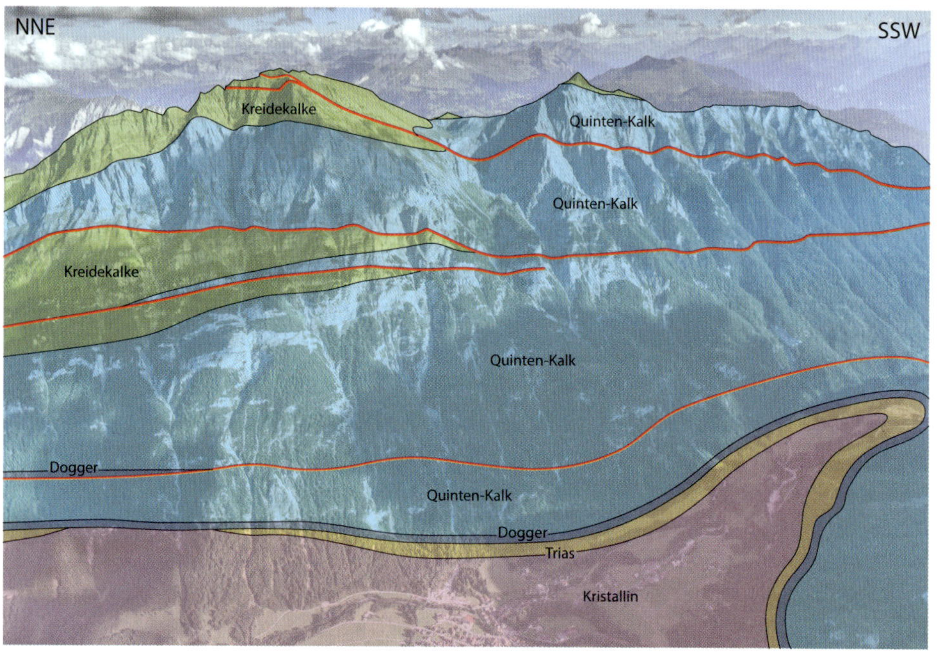
NNE
SSW
Kreidekalke
Quinten-Kalk
Quinten-Kalk
Kreidekalke
Quinten-Kalk
Dogger
Quinten-Kalk
Dogger
Trias
Kristallin

Abb. 3-5F Deckenstapel am Calanda (GR/SG). Blick auf die Westwand des Calanda. Unten im Tal, beim Dorf Vättis, sind uralte Kristallingesteine sichtbar. Über diesen folgen die Sedimente der Trias, des Dogger, der Quinten-Kalk und die Kreidekalke. Diese Sedimentabfolgen sind durch Überschiebungen mehrfach repetiert. Es liegen heute jeweils ältere Gesteine auf jüngeren Gesteinen. Zwischen Vättis und dem Felsberger Calanda ist der Quinten-Kalk fünfmal, und am Haldensteiner Calanda und dessen Felsflanke gegen Vättis die Kreidekalke viermal übereinander anzutreffen. Da sowohl Quinten-Kalk als auch die Kreidekalke sehr geringe Anteile von Mergellagen haben, entwickelte sich die Calanda-Westwand zu einer fast 2000 Meter hohen Felswand. Die durch die Erosion entblößten Kristallingesteine bei Vättis, welche rundum von Sedimentgesteinen umgeben sind, werden als Vättner Fenster bezeichnet. Foto ©IG Tektonikarena Sardona/Ruedi Homberger.

3.1.5 Beispiele von Brüchen besonderer Bedeutung

Nachstehend werden drei großräumige Brüche näher diskutiert, welche von außerordentlicher Bedeutung für das Verständnis des Alpenbaus sind. Die Auswahl enthält eine Seitenverschiebung, eine Abschiebung und eine Überschiebung. Es sind dies die Insubrische Störung, die Simplon-Störung und die Glarner Hauptüberschiebung.

Die *Insubrische Störung* verläuft im Süden der Alpen in Ost-West-Richtung (vgl. Abb. 1-13). Die Bruchfläche der Störung ist nahezu vertikal, weshalb sie fast schnurgerade durch die Karte zieht. Abb. 3-6A zeigt einen nord-südorientierten Profilschnitt, welcher die Störung östlich von Locarno quert, an derselben Stelle, wie der Profilschnitt von Abb. 1-14. Die Insubrische Störung zieht durchs Centovalli und die Magadino-Ebene, von dort über den Passo San Jorio ins Veltlin. Westlich des Lago di Como trennt die Insubrische Störung das Penninikum vom Südalpin (vgl. den Profilschnitt in Abb. 3-6A), d. h., sie bildet die Grenze zwischen der Europäischen und der Adriatischen Platte. Östlich des Lago di Como trennt sie das Ostalpin vom Südalpin. Es handelt sich bei der Insubrischen Störung um eine tiefgreifende Störung. Längs dieser Störung ist die Adriatische Platte relativ zur Europäischen über mehrere Zehner Kilometer nach Westen gewandert. Gleichzeitig wurden die penninischen Decken der Europäischen Platte um mehr als 25 km nach oben gequetscht. Dadurch liegen heute hochmetamorphe Gesteine des Penninikums neben kaum metamorphen Gesteinen des Südalpins. Das Herauspressen des Penninikums zeigt sich an der Auffaltung der Überschiebungen. Diese tauchten ursprünglich nach Süden ein, sind heute aber gewölbeartig aufgebogen. Dies ist eine Folge des Auftriebs, den die spezifisch leichten Gesteine des Penninikums erlebten. Sowohl die Seitenverschiebung des

Südalpins relativ zu den Alpen als auch die Heraushebung des alpinen Deckenstapels relativ zum Südalpin sind Zeugen der Prozesse an der Kontaktzone der beiden Platten anlässlich ihrer Kollision. Die Insubrische Störung ist somit ein direkter Ausdruck der Gebirgsbildung in den Alpen.

Das Foto in Abb. 3-6A zeigt den vermuteten Verlauf der Insubrischen Störung in der Magadino-Ebene, und dann den gesicherten Verlauf in der Valle Morobbia hinauf auf den Passo San Jorio. Die intensive Verschieferung der Gesteine längs der Störung trug dazu bei, dass die Erosion ein leichtes Spiel hatte und die Störung heute längs Talachsen verläuft.

Die *Simplon-Störung* ist im Bereich des Simplonpasses aufgeschlossen. Sie setzt sich Richtung Brig und dann im Rhonetal bis Martigny fort, und wird deshalb auch als *Rhone-Simplon-Störung* bezeichnet. Am Simplonpass ist die Störung eine Abschiebung. Das Foto in Abb. 3-6B zeigt, wo die Störung an der Erdoberläche verläuft. Zudem ist die Störung als gewölbte Fläche skizziert, welche sich über die Berggipfel des Wasenhorns, Hübschhorns und Monte Leone schwingt. Der Profilschnitt in Abb. 3-6B verdeutlicht den Abschiebungscharakter der Simplon-Störung: Sowohl unter als auch über der Abschiebung sind an der Oberfläche Decken des Penninikums aufgeschlossen, welche zur Europäischen Platte gerechnet werden. Die Gesteine der Adriatischen Platte, welche das ganze Gebiet einst bedeckten, sind der Erosion zum Opfer gefallen. Die Grenzfläche zwischen der Europäischen und Adriatischen Platte ist in der Luft schematisch dargestellt. Sie ist an der Simplon-Störung um mehr als 20 km nach WSW heruntergesetzt. Spuren dieser Abschiebung zeigt die Monte Leone-Decke in Form einer über 1 km mächtigen Schicht, in der die Gneise stark verschiefert sind (im Profilschnitt mit Strichen angedeutet). Der Abschiebungscharakter zeigt sich auch daran, dass die Gesteine unter der Abschiebung einen höheren Metamorphosegrad zeigen als jene darüber. Die entsprechend hoch metamorphen Gesteine über der Simplon-Störung sind durch die Abschiebung um einen Betrag von etwa 10 km in die Tiefe abgerutscht. Da aber beide Blöcke, jener darüber und jener unter der Störung, im Verlauf der Gebirgsbildung aus der Tiefe gehoben und durch Abtrag entblößt wurden, illustriert die Störung, wie Teile des alpinen Deckenstapels rascher herausgewuchtet wurden als andere.

Die *Glarner Hauptüberschiebung* ist das Prunkstück des UNESCO-Welterbes Tektonikarena Sardona. Längs einer deutlich sichtbaren «magischen Linie» liegen ältere Verrucano-Gesteine (250 Mio. Jahre) auf jüngeren Sedimenten (150–40 Mio. Jahre). Die «magische Linie» zeigt sich eindrücklich im Foto von Abb. 3-7A: Die Verrucano-Gesteine der Gipfel-

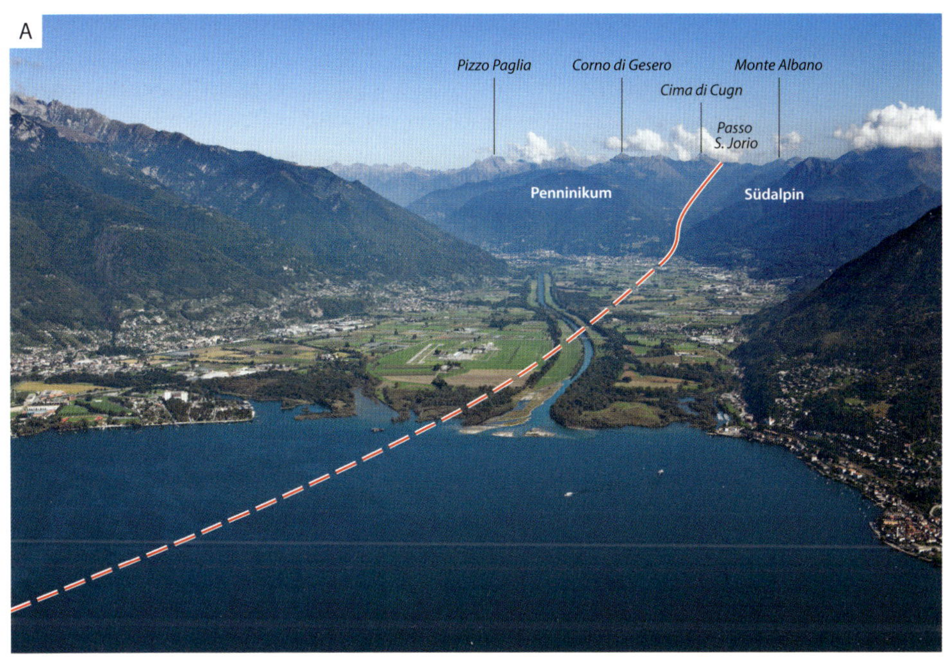

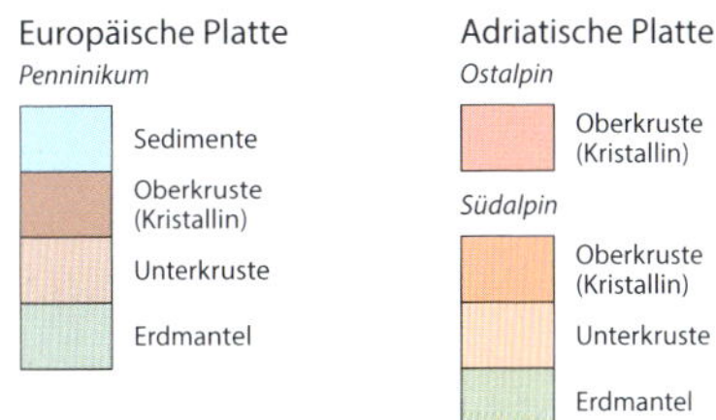

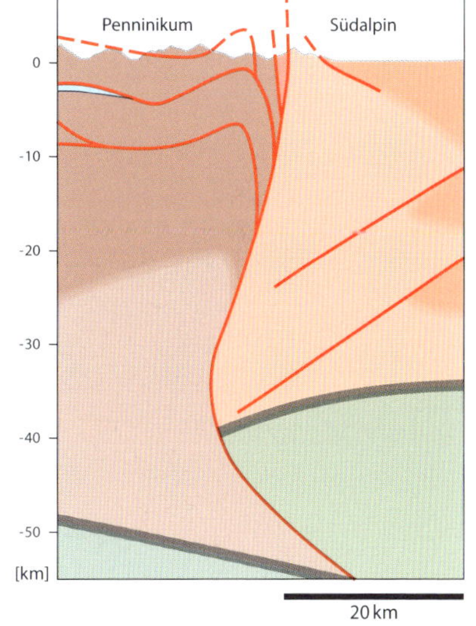

Abb. 3-6A Die Insubrische Störung nahe Locarno und in der Valle Morobbia (TI). Foto © VBS. Im Profilschnitt sieht man das steile Einfallen der Insubrischen Störung im tieferen Untergrund.

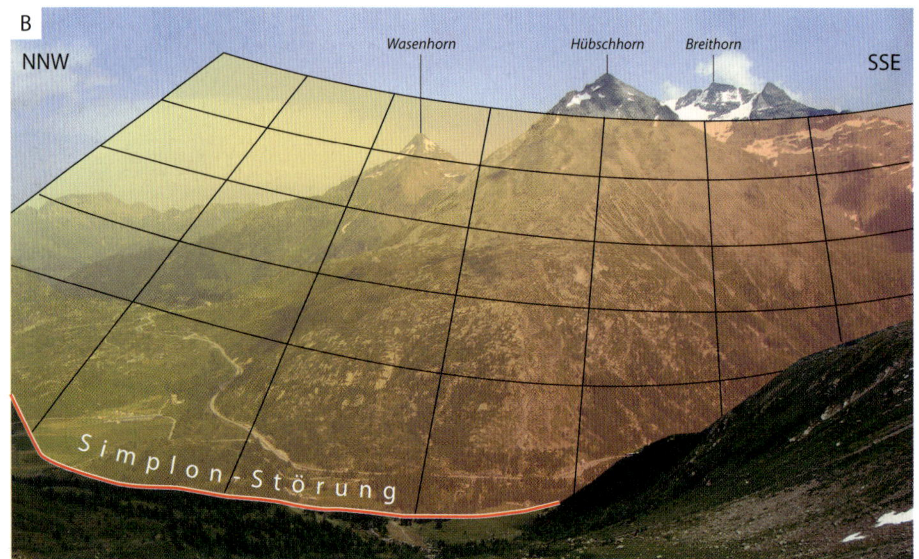

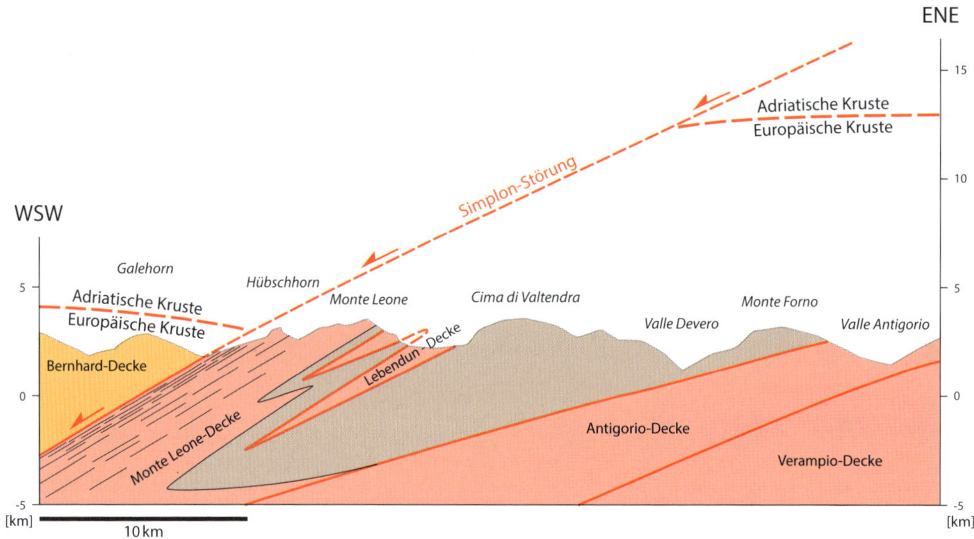

Abb. 3-6B Die Simplon-Störung am Simplonpass (VS). Foto © A. Pfiffner. Im Profilschnitt sieht man das flache Einfallen der Simplon-Störung nach WSW und den angedeuteten Versatz der Grenze zwischen der Adriatischen und Europäischen Kruste.

partien bilden unmittelbar über der Glarner Hauptüberschiebung eine steile Felswand. Darunter folgt ein schuttbedeckter Hang. Dieser Kontrast ist auf die unterschiedliche Gesteinsunterlage innerhalb des Verrucanos zurückzuführen. Die Felswand besteht aus massigen ungeschichteten Brekzien, der Schutthang hingegen aus Tonsteinen und fein geschichteten Sandsteinen, welche leichter erodierbar sind und somit zurückwittern. Die intensive Zerfurchung der Flysch-Gesteine unter der Hauptüberschiebung ist sozusagen ein Markenzeichen für Flysch: In der Abfolge aus gebankten Sandsteinen und Tonsteinen bilden die verwitterungsresistenten Sandsteinbänke kleine Steilstufen, während die Tonsteine zurückwittern. Auf dem resultierenden Steilhang fließt das Oberflächenwasser rasch ab und schneidet kleine Rinnen in den Untergrund, welche sich dann nach unten zu tieferen Runsen vereinigen. Am Fuße des Steilhangs werden dadurch kleinere und größere Schuttfächer aufgebaut. Dem aufmerksamen Beobachter wird nicht entgehen, dass unter dem Piz Grisch am rechten Bildrand unter der Hauptüberschiebung eine steile Wand vorliegt. Diese wird aus einer Schicht von Kalken aufgebaut, welche in Richtung Tschingelhörner dünner wird und dann völlig auskeilt.
Die Glarner Hauptüberschiebung bildet großräumig ein Gewölbe. Im Süden fällt sie nach Süden ein (Abb. 3-7B), im Norden nach Norden (Abb. 3-7D). Im zentralen Teil liegt sie flach auf etwa 3000 m ü. M. (Abb. 3-7C). Diese Gewölbeform ergibt sich zwangslos, wenn man die zahlreichen Erosionsreste von Verrucano (geologisch als Klippen bezeichnet) miteinander verbindet (vgl. hierzu auch Abb. 3-7E).
Die Glarner Hauptüberschiebung ist ein Beispiel, das zeigt, wie ein Gebirge durch die Aufeinanderstapelung von Krustenblöcken wachsen kann. Dabei sei vorweggenommen, dass die Krustenblöcke bergauf geschoben wurden, obschon auf der Nordseite des Gewölbes (Abb. 3-7D und 3-7E) der Gesteinsblock über der Überschiebung scheinbar nach unten gewandert ist. Die wissenschaftshistorische Bedeutung der Glarner Hauptüberschiebung sowie deren geologische Entwicklung werden in der Box 3.1 näher diskutiert.

Abb. 3-7A Die «magische Linie» am glarnerisch-bündnerischen Grenzkamm im Blick nach SE auf die Kette mit Piz Sardona, Piz Segnas, Tschingelhörner und Piz Grisch. Die älteren Verrucano-Gesteine (250 Mio. Jahre) bauen die Gipfelpartien auf und liegen links im Bild auf jüngeren Flysch-Gesteinen (40 Mio. Jahre), rechts im Bild auf Quinten-Kalk (QK) und Kreidekalken. Die Flysch-Gesteine demonstrieren mit den vielen Runsen die intensive Erosion durch das abfließende Wasser. Foto © IG Tektonikarena Sardona/Ruedi Homberger.

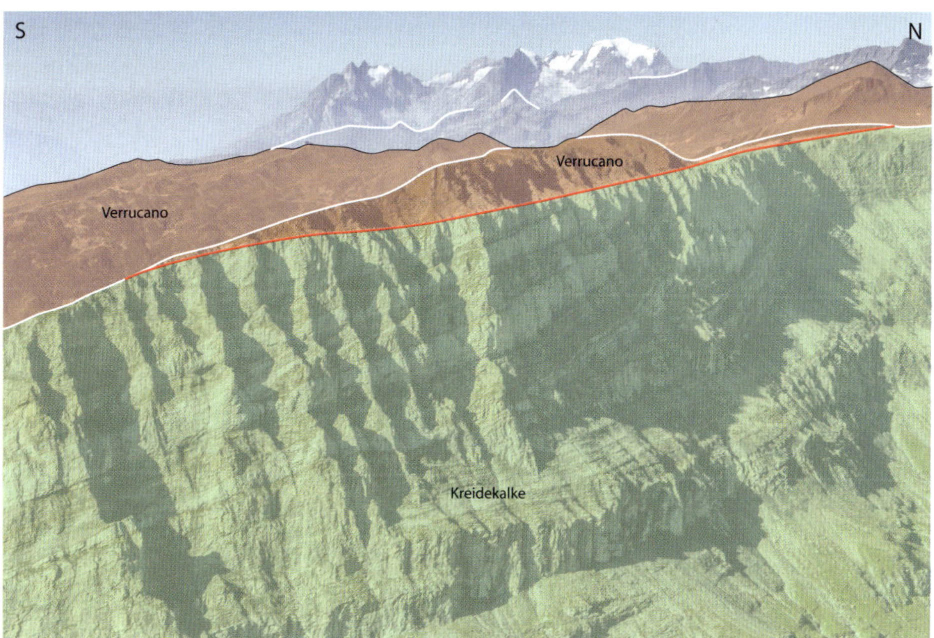

Abb. 3-7B Die Glarner Hauptüberschiebung im Süden der Tektonikarena Sardona am Flimserstein und Fil de Cassons mit Blickrichtung nach Westen. Die Hauptüberschiebung taucht nach links, also nach Süden ein. Foto © IG Tektonikarena Sardona/Ruedi Homberger.

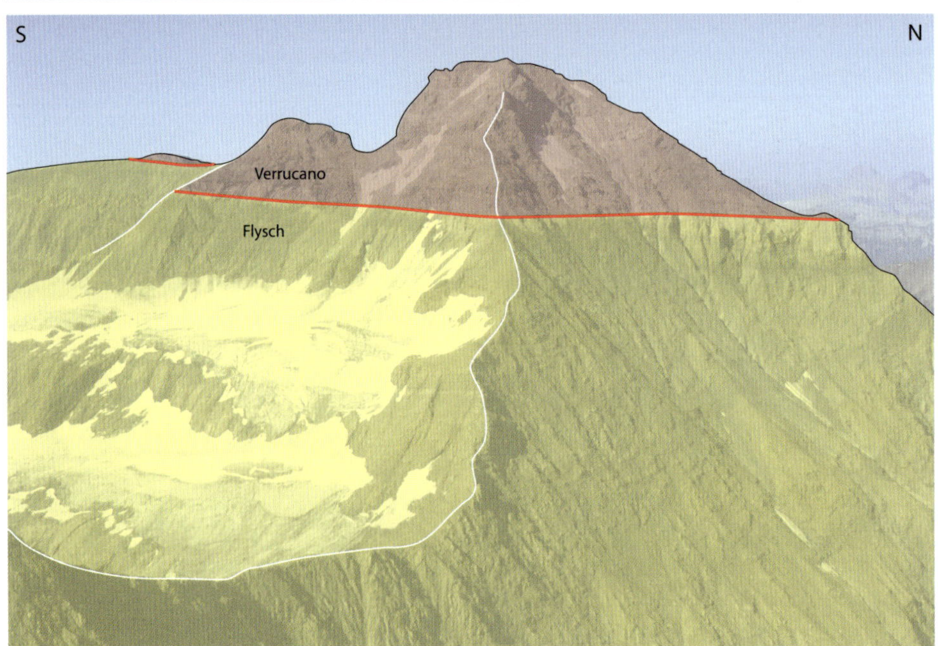

Abb. 3-7C Die Glarner Hauptüberschiebung im zentralen Teil der Tektonikarena Sardona am Hausstock mit Blickrichtung nach Westen. Die Hauptüberschiebung liegt hier relativ flach. Foto © IG Tektonikarena Sardona/Ruedi Homberger.

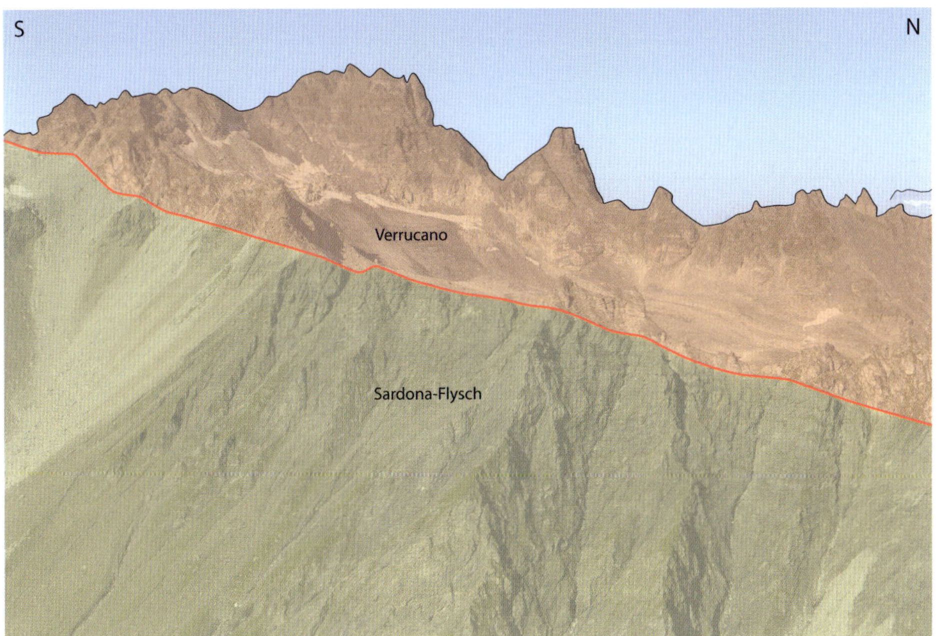

Abb. 3-7D Die Glarner Hauptüberschiebung im nördlichen Teil der Tektonikarena Sardona am Pizol, den Wildseehörnern (vorne) und den Lavtinerhörnern (hinten) mit Blickrichtung nach Westen. Die Hauptüberschiebung taucht nach rechts, also nach Norden ein. Foto © IG Tektonikarena Sardona/Ruedi Homberger.

E

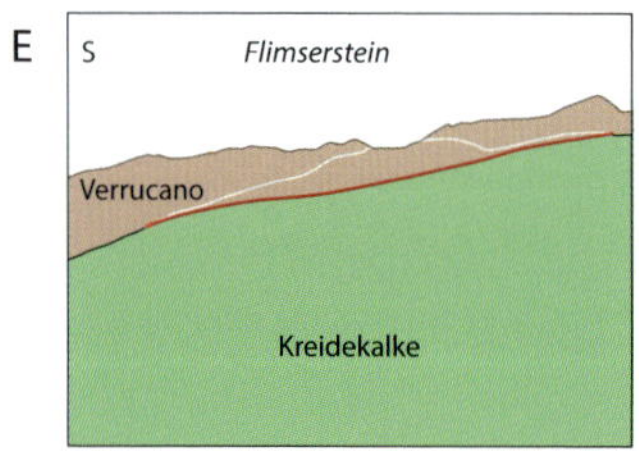

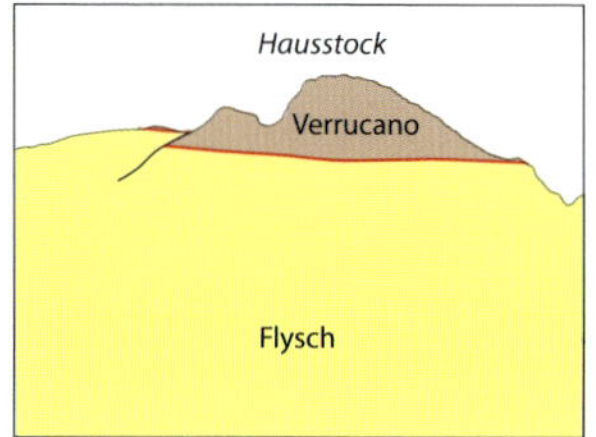

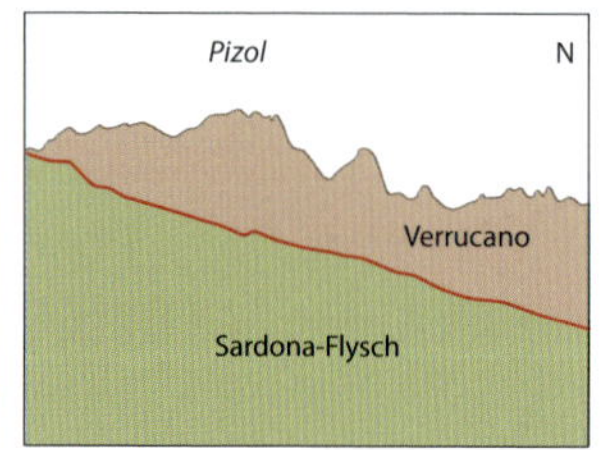

Abb. 3-7E Zusammenfassende Darstellung der geologischen Verhältnisse der Abb. 3-7B, C und D. Blickrichtung ist nach Westen. Die Darstellung zeigt die Gewölbeform der Glarner Hauptüberschiebung vom Flimserstein über den Hausstock zum Pizol. Über der Hauptüberschiebung liegt überall Verrucano, darunter sind verschiedenartige Gesteinsverbände vorhanden.

Abb. 3-7F Schematische Blockdiagramme zur Geometrie der Glarner Hauptüberschiebung. Blickrichtung ist nach Südosten. Das obere Diagramm zeigt die Topografie und in Rot den Verlauf der Hauptüberschiebung. Im mittleren Diagramm ist deren Gewölbeform dargestellt, im unteren Diagramm die geologischen Gesteinsschichten. Die Flysch-Gesteine unter der Hauptüberschiebung sind eher im Norden, die Kalke im Süden vorhanden. Im zentralen Bereich ist ein dünnes Kalkband zwischen Flysch- und Verrucano-Gesteinen angedeutet. Die Bewegung längs der Glarner Hauptüberschiebung war nach «unten links», d. h. nach Norden gerichtet.

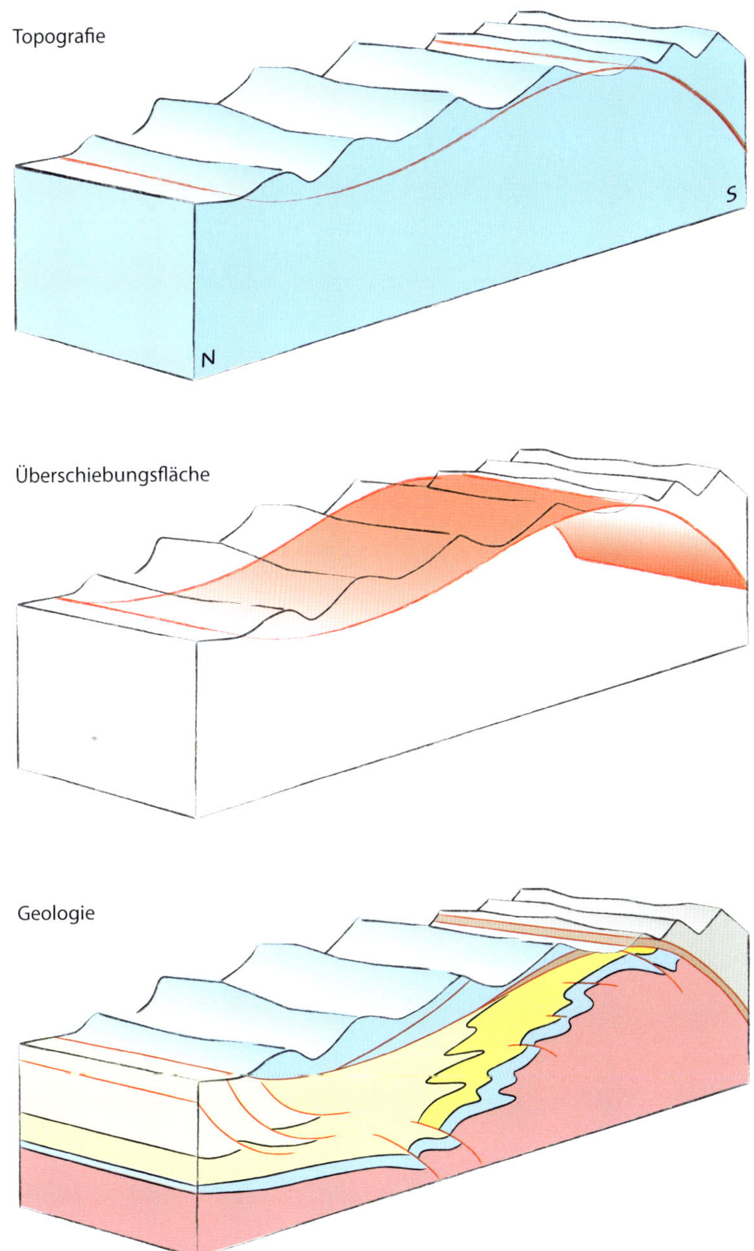
Topografie
N
S
Überschiebungsfläche
Geologie

Box 3.1 Das Phänomen Glarner Hauptüberschiebung

Die frühen Untersucher des geologischen Baus der Alpen stellten in der Zeit um 1800 fest, dass an verschiedenen Stellen in den Alpen die Gesteinsschichten etwas durcheinandergeraten sind. Allerdings waren zu dieser Zeit die Alter der Schichten nicht gesichert und wurden daher unterschiedlich interpretiert. Zusätzlich waren die Kenntnisse über den Mechanismus der Gebirgsbildung noch unbekannt. Eine weit verbreitete Ansicht war damals, dass die Sedimentgesteine sich am «Ur-Gestein», dem Kristallin, anlagerten. Später wurden Vertikalbewegungen im Zusammenhang mit dem vertikalen Aufstieg von Kristallingesteinen und dem Magma, das sich über die Sedimente legte, postuliert. Vor diesem Hintergrund ist es verständlich, dass die Beobachtung von älteren Gesteinen, die auf jüngeren liegen, schwierig zu erklären war. Schon Hans-Conrad Escher (von der Linth) erkannte um 1800–1810, dass an der Lokalität Lochsiten zwischen Schwanden und Sool verschiedenartige Gesteine (Verrucano-Gesteine und Flysch-Gesteine) übereinanderliegen, war sich aber über die Altersbeziehung nicht im Klaren. Johann-Gottfried Ebel hatte 1810 mit Leopold von Buch, einem damals bedeutenden Geologen, zusammen mit H.-C. Escher die Auflagerung von älterem «Alpenkalk» auf jüngere Molasse-Gesteine in der Gegend von Niederurnen betrachtet. Von Buch bestritt die Auflagerung und bestand auf der These, dass der ältere «Alpenkalk» nur angelagert sei. Ebel verfolgte den geologischen Kontakt von Weesen nach Westen und fand 1810 im Teuffibach-Tobel nördlich Gersau eine Schlüsselstelle, welche ihm zeigte, dass älterer «Alpenkalk» auf jüngeren Molasse-Gesteinen liegt. Diese Neuigkeit war so aufregend, dass er Hans-Conrad Escher 1811 darüber informierte. Dieser besuchte das Teuffibach-Tobel daraufhin ebenfalls. Eschers Interpretation aber war, dass der «Alpenkalk» quasi in die Molasse-Gesteine eingelagert sei. Als Folge davon konnte er annehmen, dass der «Alpenkalk» jünger als bisher angenommen sei. Die Aussagen von H.-C. Escher und L. von Buch bezüglich der Anlagerung anstatt der Überlagerung machen deutlich, wie schwer es den Geologen zu Beginn des 19. Jahrhunderts fiel, die Beobachtung von älteren auf jüngeren Sedimentgesteinen zur Kenntnis zu nehmen.

Arnold Escher, der Sohn von H.-C. Escher, verfolgte die Angelegenheit weiter. Auch er kontaktierte Spezialisten, um seine Beobachtungen im

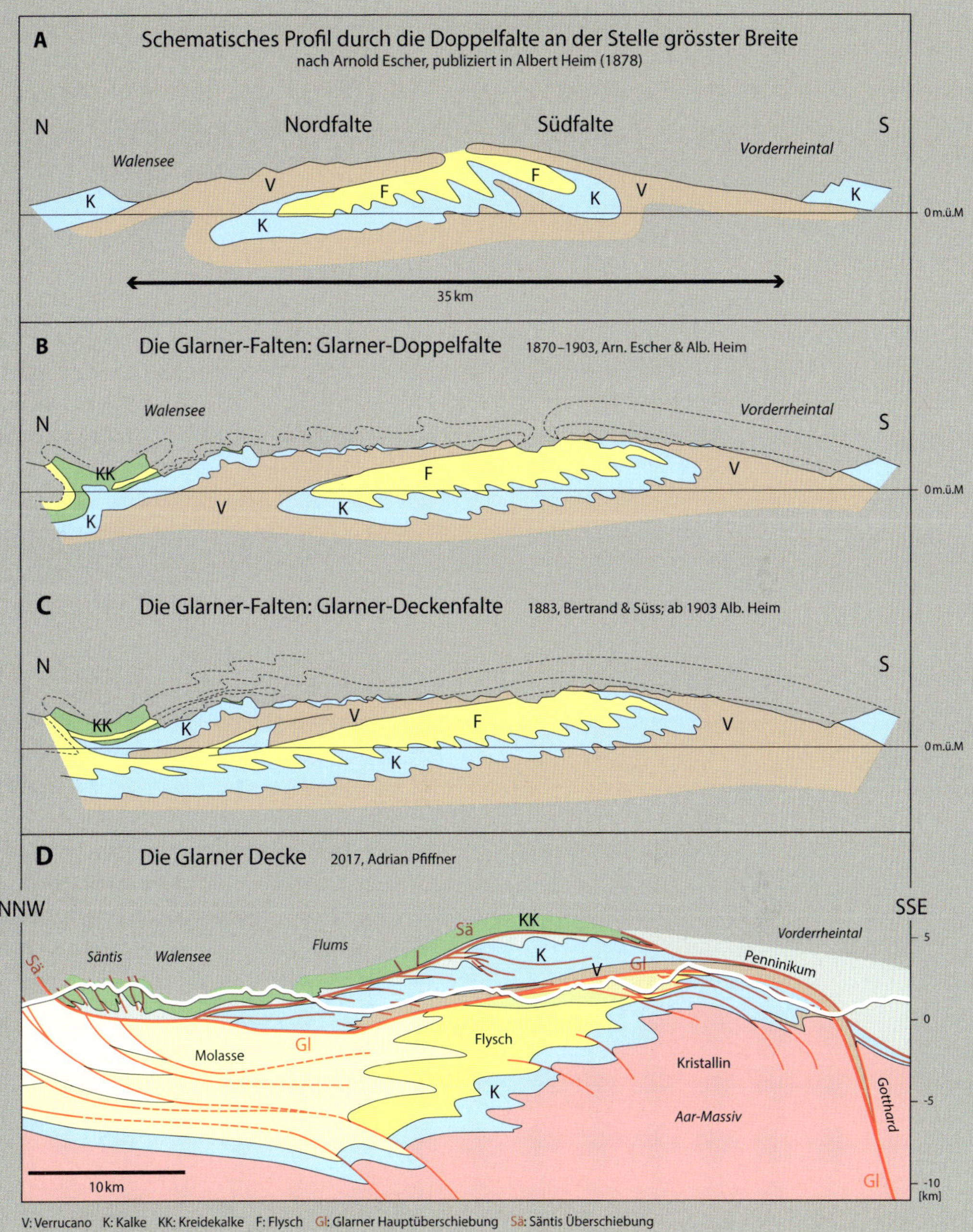

Abb. Box 3.1-1 Von der Glarner Doppelfalte zur Glarner Decke: Ein wissenschaftshistorischer Exkurs.

Glarnerland verstehen zu können. In einer geologischen Karte dokumentierte er im Jahre 1841 die Verteilung der Sedimentschichten im Kanton Glarus. Die Altersdatierung der Schichten mittels Fossilien hatte in der Zwischenzeit Fortschritte gemacht, sodass Arnold Escher eine Anomalie mit alten auf jungen Schichten kartografisch eindeutig belegen konnte. Im Jahre 1848 begab er sich mit Sir Roderick Impey Murchison auf den Segnespass. Murchison beschäftigte sich in Schottland mit einer ähnlichen Situation, wo über Dezennien ein Streit über die Interpretation der Alter von Gesteinsschichten über und unter einem klaren geologischen Kontakt bestand. Murchison behauptete, dass die Schichten über dem Kontakt jünger seien als jene darunter, während andere das Gegenteil vermuteten und somit ebenfalls eine Anomalie postulierten. Interessanterweise bestätigte dieser Murchison nun aber Arnold Escher auf dem Segnespass, dass dort wohl der Verrucano tatsächlich an einer gewaltigen Überschiebung auf die jüngeren Sedimentschichten aufgeschoben sei. Offenbar war die Situation am Segnespass für Murchison viel eindeutiger als jene in Schottland. Für Arnold Escher schien diese (heute als richtig erkannte) Erklärung zu revolutionär, worauf er in der Folge ein Modell konstruierte, wonach zwar sehr wohl ältere auf jüngeren Schichten liegen, diese Anomalie aber dadurch erklärt wurde, dass sie durch eine gewaltige Falte mit Verkehrtschenkel zustande kommt. Damit er die Situation im Glarnerland durch eine solche Faltung erklären konnte, war er gezwungen, eine Doppelfalte zu postulieren. Abb. Box 3.1-1A ist eine maßstabsgetreue Nachzeichnung der Doppelfalte, wie Escher sie sich vorstellte. Die dünne Lage von Kalk, welche beispielsweise an der Lokalität Lochsiten zwischen Verrucano- und Flysch-Gestein vorhanden ist, wurde gemäß seiner Doppelfalte-These als extrem ausgedünnter Verkehrtschenkel gedacht (ähnlich der Situation, wie sie in Abb. 3-4A für das Modell D skizziert ist). Die sonst viele hundert Meter mächtigen Kalke wären in dieser Erklärung also auf ein lediglich einen Meter dünnes Band reduziert.

Albert Heim, ein Schüler von Arnold Escher und ebenfalls Professor an der ETH in Zürich, beschäftigte sich in seinen Forschungen mit der Deformation von Gesteinsschichten im Tödi-Windgällen-Gebiet. Seine dortigen Beobachtungen passten sehr gut zur Idee einer Doppelfalte mit extrem ausgedünntem Verkehrtschenkel. Er modifizierte und ergänzte daher die Geometrie der Doppelfalte (möglicherweise in Zusammenarbeit mit Escher). Das Resultat dieser Anstrengung ist in Abb. Box 3.1-1B maßstabgetreu wiedergegeben: Neu wurden nun mehrere Falten in den Kalken auf der Nordfalte postuliert, und innerhalb der Kalke wurden die jüngeren, die Kreidekalke, getrennt dargestellt.

Die Doppelfalte war aber nicht unumstritten: Der französische Geologe Marcel Bertrand, Professor an der berühmten Ecole Normale, erklärte

1883 die Anomalie in der Schichtabfolge im Glarnerland (ohne dieses je besucht zu haben) als Resultat einer Überschiebung. Er wurde dabei von einem weiteren eminenten Geologen, Eduard Süß, sekundiert, welcher die Gebirgsbildung nicht durch vertikale, sondern durch horizontale Einengung zu erklären versuchte. In der Schweiz wurde die Deckentheorie von Maurice Lugeon, Professor an der Universität Lausanne, angenommen und 1901 auf die Voralpen der Westschweiz und Savoyens übertragen. Albert Heim widersetzte sich der Überschiebungs- respektive Deckentheorie jedoch aufs Heftigste. Erst 1903 vollzog er den Paradigmenwechsel und anerkannte die Überschiebung, um dann gleich viele weitere Überschiebungen in den Alpen zu postulieren. Insgesamt dauerte es also gut hundert Jahre, bis die ungewöhnlichen Beobachtungen von H.-C. Escher im Glarnerland befriedigend erklärt werden konnten. Die Version von Bertrand ist in Abb. Box 3.1-1C dargestellt: Anstelle der Verkehrtschenkel tritt eine durchgehende Bruchfläche, bei welcher ältere Verrucano-Gesteine als überschoben auf Flysch-Gesteine angenommen werden. In Schottland wurde der Überschiebungscharakter der bislang umstrittenen Moine-Überschiebung übrigens erst 1907 generell anerkannt. Die Alpengeologie im Allgemeinen und die Glarner Hauptüberschiebung im Speziellen können also als Wiege der Deckentheorie betrachtet werden – mit ein Grund für die Anerkennung der Tektonikarena Sardona als UNESCO Welterbe.

Über die nächsten hundert Jahre, also im Verlaufe des 20. Jahrhunderts, haben Generationen von Geologinnen und Geologen die Alpen in großem Detail kartiert und viele neue Beobachtungen zusammengetragen. Das heute vorherrschende Bild ist in Abb. Box 3.1-1D zu sehen. Es ist untermauert durch die Resultate eines Nationalen Forschungsprogrammes (NFP 20), in dessen Rahmen von 1987 bis 1997 die Architektur der Schichten im tiefen Untergrund der Schweiz mittels Echolotverfahren (Reflexionsseismik) ausgeleuchtet wurde. Im Profilschnitt Box 3.1-1D nehmen die Flysch-Gesteine und die Molasseschichten im nördlichen Teil einen viel größeren Raum ein als früher angenommen. Im untersten Teil des Profilschnitts wird klar unterschieden zwischen Kristallin («Urgestein»; viel älter als 250 Mio. Jahre) und den darauf abgelagerten jüngeren Verrucano-Gesteinen (250 Mio. Jahre). Zusätzlich ist über dem Verrucano eine zweite wichtige Überschiebung vorhanden: die Säntis-Überschiebung. An dieser sind die Kreidekalke um mehr als 10 km nach Norden geschoben worden. Sie liegen heute im Säntisgebirge, ihre Unterlage aus Kalken der Jurazeit (Quinten-Kalk) blieb hingegen am Walensee zurück. Beeindruckend ist auch, dass die gesamte Glarner Decke ursprünglich südlich des Vorderrheintales beheimatet war, dass also an der Glarner Hauptüberschiebung Verrucano und Kalke über eine

Abb. Box 3.1-2 Die zeitliche Entwicklung der Glarner Hauptüberschiebung.

Distanz von 50 km nach Norden über die Flysch-Gesteine verfrachtet worden sind. Des Weiteren ist der reine Faltencharakter, wie er in den Abb. Box 3.1-1A bis C vorherrscht, durch kleinräumigere Überschiebungen ersetzt worden. Falten sind aber trotzdem auch hier vorhanden.
Man wird sich nun die berechtigte Frage stellen, wie denn eine Decke über die gewölbte Überschiebungsfläche geschoben werden kann. Die Lösung dieses Problems ist in den Profilschnitten von Abb. Box 3.1-2 skizziert. Diese Profilschnitte sind Momentaufnahmen der geologischen Entwicklung über die letzten 30 Millionen Jahre. Sie zeigen, dass die gewölbte Form der Glarner Hauptüberschiebung erst in der späten Phase der Entwicklung entstand. Vor 30 Millionen Jahren entsprach die Hauptüberschiebung noch einer flach nach Süden einfallenden Fläche. Auf dieser wurden die helvetischen Decken samt Verrucano nach oben und Norden geschoben. Der Verrucano und die darüberliegenden Sedimente der helvetischen Decken bildeten ursprünglich die Bedeckung des Kristallins von Gotthard und Tavetsch. Letztere wurden vor etwa 20 Mio. Jahren ebenfalls überschoben und dabei wurden die helvetischen Decken noch weiter gegen Norden geschoben. Anschließend wurden Tavetsch und Gotthard auch noch gemeinsam auf das Aar-Massiv überschoben. Dieses wurde dabei zuerst leicht aufgewölbt, später intensiv verfaltet und, relativ zum Kristallin des Vorlandes, weiter angehoben. Dadurch wurde auch die Glarner Hauptüberschiebung aufgewölbt und konnte so als Deckenüberschiebung nicht mehr funktionieren. In den letzten 10 Mio. Jahren wurden die Kristallinblöcke dann weiter angehoben und gelangten schließlich dank dem Abtrag der darüberliegenden penninischen Decken an die Erdoberfläche.
Für die Konstruktion der Profilschnitte von Abb. Box 3.1-2 wurden zahlreiche geologische Informationen benutzt. Zum Beispiel lassen sich aus dem Grad der metamorphen Überprägung der Gesteine die Druck- und Temperaturbedingungen bestimmen, die zum Zeitpunkt ihrer Metamorphose herrschten, und daraus ableiten, in welcher Tiefe sich die Gesteine dazumal befunden haben. Die Informationen sind alle mit einem gewissen Fehler behaftet. Aber mit Berücksichtigung vieler verschiedener Informationen über Alter und Metamorphose ergibt sich dennoch ein einigermaßen kohärentes Bild, so, wie es in Abb. Box 3.1-2 dargestellt ist.

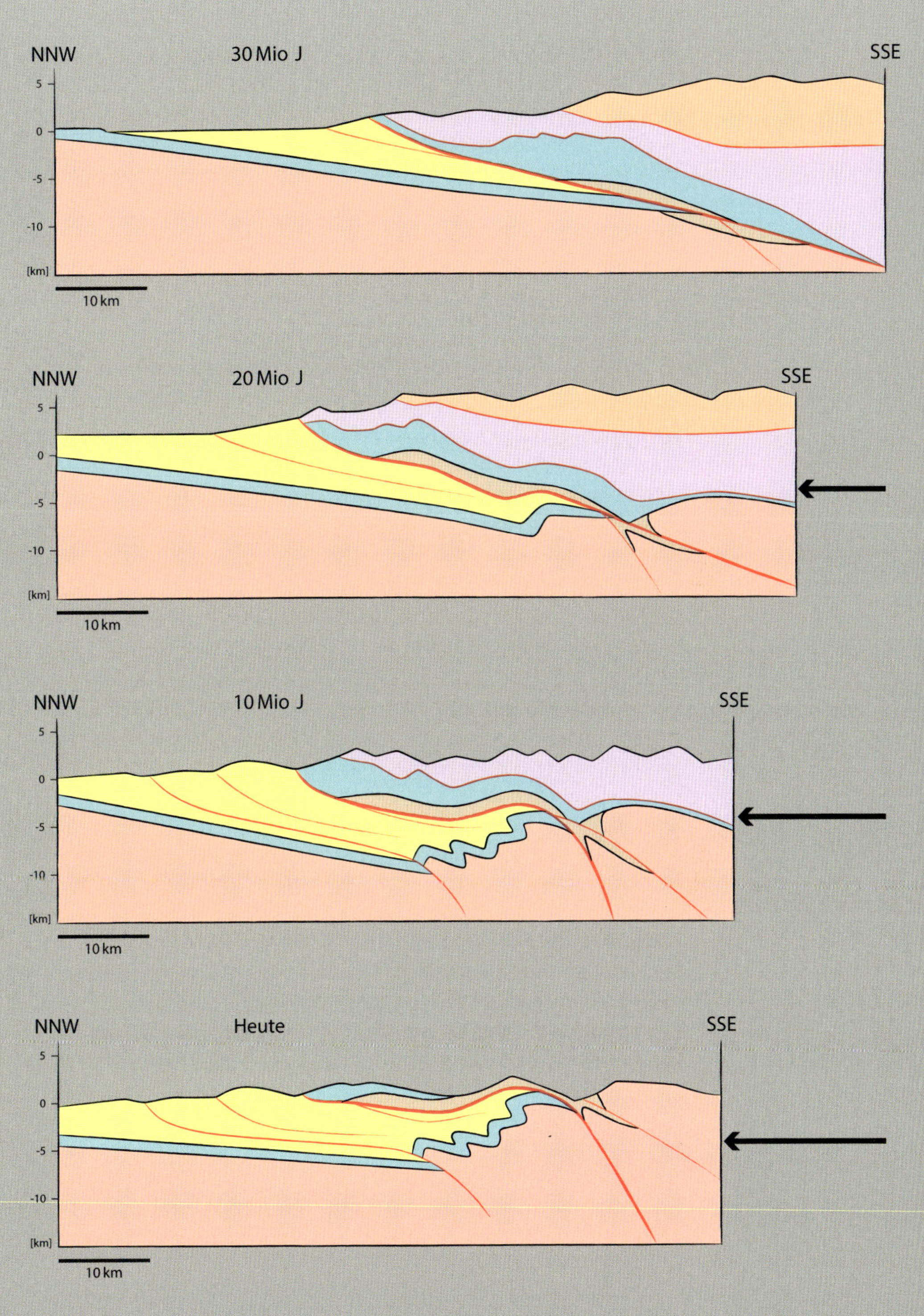
NNW
30 Mio J
SSE
5
0
-5
-10
[km]
10 km
NNW
20 Mio J
SSE
5
0
-5
-10
[km]
10 km
NNW
10 Mio J
SSE
5
0
-5
-10
[km]
10 km
NNW
Heute
SSE
5
0
-5
-10
[km]
10 km

3.2 Abtrag

Der Abtrag, der die Gebirgsbildung begleitet und überdauert, erfolgt durch fließendes Wasser und gravitative Hangbewegungen, durch Gletscher und durch Lösung. Diese Prozesse laufen zwar gleichzeitig ab, sind aber abhängig von der Beschaffenheit des Felsuntergrundes. Ihre Wirkung und die Formen, die daraus entstehen, werden im Folgenden einzeln behandelt.

3.2.1 Fließendes Wasser

Eine Voraussetzung für den Abtrag im Gebirge durch fließendes Wasser ist die Verwitterung der Gesteine. «Verwitterung» bedeutet eine Auflockerung der Gesteine des Felsuntergrundes und beschränkt sich auf die oberste Schicht. Durch Verwitterung wird das Gestein in Trümmer zerlegt, welche dann vom fließenden Wasser abtransportiert werden können. Vom Wasser transportierte Trümmer erhöhen die erosive Wirksamkeit des fließenden Wassers durch deren Scheuerwirkung. Die Verwitterung kann durch Temperaturschwankungen hervorgerufen werden. Temperaturschwankungen im Tagesrhythmus dringen nur wenige Zentimeter ins Gestein, während jahreszeitliche Schwankungen meterweit eindringen können. Wasser in den Poren der Gesteine erhöht die Wirksamkeit der Verwitterung durch Frostsprengung. Wasser fördert aber auch die chemische Umwandlung von Gesteinen. Beispielsweise werden Feldspat-Minerale in Kaolinit, ein Tonmineral, umgewandelt, welches fragil ist und sofort abtransportiert werden kann.

Talformen

Der Abtrag durch fließendes Wasser erfolgt in einem Netzwerk von Rinnen und Runsen. Rinnen (oder Spülrinnen) sind kleine metergroße Gebilde. Sie vereinigen sich zu Runsen, welche typischerweise mehr als 10 m tief sind; diese wiederum vereinigen sich zu Tälern, welche über 100 m tief sind. In den Rinnen und Runsen fließt Wasser mit unterschiedlicher Beimengung von kleinen Tonpartikeln und/oder Geröllen. Da die Rinnen sich vereinigen, gelangt immer mehr Wasser in die Abflussrinnen. Der Abtrag wird dadurch gefördert, sodass die Rinnen sukzessive tiefer eingeschnitten werden. In Abb. 3-8A ist dieser Prozess illustriert.
Die Vertiefung von Rinnen und Runsen wird durch zwei Prozesse gesteuert: Einerseits scheuert das abfließende Wasser mit seiner Geröllfracht den Felsuntergrund auf und transportiert diese Partikel talab, andererseits wird auf den Seitenwänden durch Verwitterung Schutt gebildet, der durch die Schwerkraft abgleitet und ins abfließende Wasser gelangt. Man bezeichnet diesen Vorgang als *Hangprozess*. Der Schutt erhöht die

Scheuerwirkung des abfließenden Wassers auf den Felsuntergrund und beschleunigt damit die Tiefenerosion. In der Folge wird nicht nur der Grund der Rinnen und Runsen mit der Zeit tiefergelegt, sondern auch die Seitenwände und damit der gesamte Hang. Bezieht man sich in einem Hangabschnitt auf eine bestimmte Höhe über Meer, so verlagert sich dieser mit der Zeit flussaufwärts, was man als *Rückverlegung* bezeichnet. Es gilt nun zu beachten, dass sowohl die Scheuerwirkung auf den Felsuntergrund als auch der Hangprozess mit der Bereitstellung von Schutt auf den Hängen durch Verwitterung direkt von der Gesteinsart des Felsuntergrundes abhängig sind. Quarzhaltige Gesteine erhöhen die Scheuerwirkung, tonige Gesteine erleichtern die Schuttbildung und damit die Hangprozesse.
Wenn nun die Tiefenerosion dominiert, am Hang sich kein Schutt ansammelt und der Talboden nur vom Fluss oder Bach eingenommen wird, so spricht man von einer *Schlucht* (vgl. Abb. 3-8B). Bei einer *Klamm* hat sich das fließende Gewässer tief in den Felsuntergrund eingeschnitten, sodass vertikale oder überhängende Felswände entstanden. Herabstürzende Blöcke in Schluchten oder Klammen verursachen lokale Stufen im Wasserlauf.
Bei Talformen wird häufig zwischen *V-Tälern* und *U-Tälern* unterschieden. V-förmige Täler (auch *Kerbtäler* genannt) entstehen, falls die Tiefenerosion des Flusses im Gleichgewicht mit der Rückverlegung der Hänge durch die Oberflächenprozesse steht (vgl. Abb. 3-8C). U-Täler können hingegen auf unterschiedliche Arten entstehen. Vom Gletscher geformte Täler sind U-förmig und entstehen durch die Scheuerwirkung des Eises. Solche Täler werden als *Trogtäler* bezeichnet. Typisch für Trogtäler ist, dass sowohl auf den Flanken als auch im trogförmigen Talboden der Felsuntergrund zutage tritt. U-Täler können sich aber auch aus Kerbtälern oder Trogtälern entwickeln, wenn der Talboden durch die Geröllfracht des Flusses eingeebnet wird. Derartige Täler werden als *Sohlentäler* bezeichnet. Insbesondere dort, wo der Gletscher den Felsuntergrund übertieft hat, entstehen Mulden, die nach dem Abschmelzen der Gletscher mit Schutt gefüllt werden und dadurch einen breiten, flachen Talboden bilden. Die Felsoberfläche im Untergrund eines Sohlentales kann V-förmig oder U-förmig sein.
Die in den Abb. 3-8B und C skizzierten Täler sind symmetrisch: beide Talhänge besitzen dieselbe Neigung. Asymmetrische Talformen mit unterschiedlich steilen Hängen können durch zwei Faktoren bedingt sein. Der Felsuntergrund der beiden Hänge kann beispielsweise verschieden beschaffen sein, weil ein Bruch Gesteine unterschiedlicher Verwitterungsresistenz nebeneinandergebracht hat. Eine andere Möglichkeit sind geneigte Schichten. In diesem Fall können die Fugen zwischen den

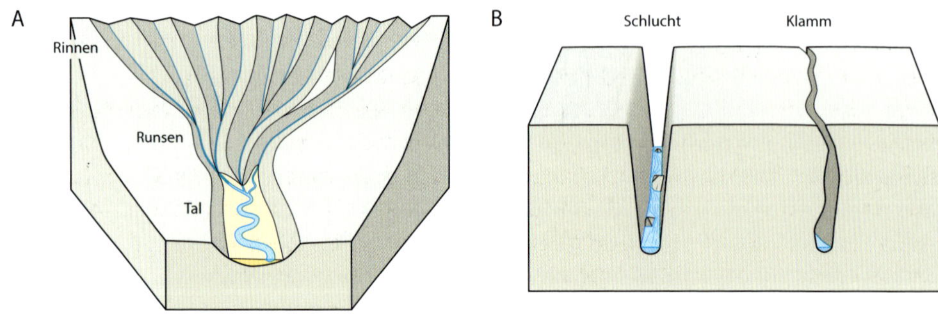

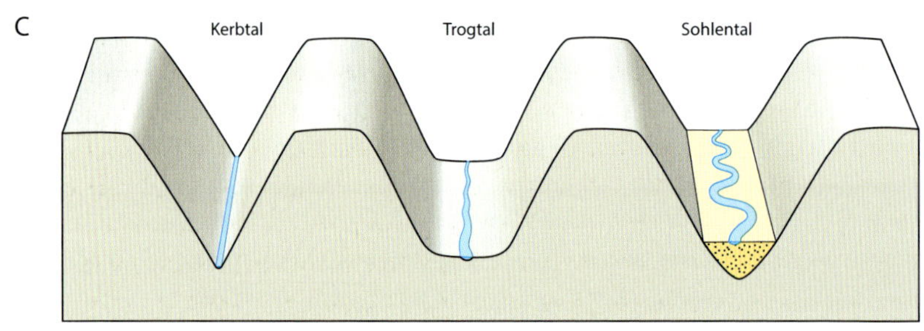

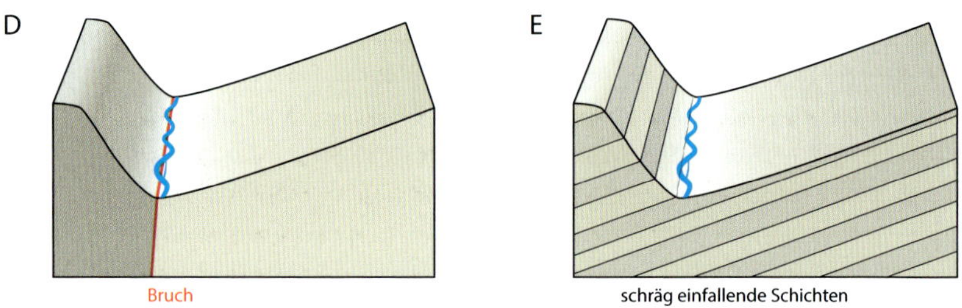

Abb. 3-8 Talformen.

A Rinnen vereinigen sich zu Runsen, Runsen zu einem Tal.

B Schlucht und im Festgestein eingeschnittene Klamm.

C Von fließenden Gewässern eingeschnittenes Kerbtal, vom Gletscher ausgehobeltes Trogtal und vom fließenden Gewässer aufgefülltes Sohlental.

D Asymmetrisches Tal, hervorgerufen durch unterschiedliche Gesteinstypen beidseits eines Bruches.

E Asymmetrisches Tal, hervorgerufen durch geneigte Schichten.

Schichten die Verwitterung begünstigen und dazu führen, dass die Schichten paketweise abgetragen werden. Eine der Talflanken entwickelt sich dadurch parallel zu diesen Schichtfugen. Beide Möglichkeiten sind in den Abb. 3-8D und E grafisch dargestellt.

Im Folgenden werden die in Abb. 3-8 diskutierten Talformen anhand von Beispielen aus der Natur erläutert. Das erste Beispiel zeigt die Wirkung des fließenden Wassers auf einem Hang. In Abb. 3-9A ist der oberste Hang extrem ziseliert. Die feinen Rinnen vereinigen sich nach unten zu Runsen und enden in einem tiefen Tobel (dem Mülitobel). An der Tiefe der Erosionsrinnen erkennt man, dass mit mehr Abfluss die Tiefenerosion zunimmt. Da die Flysch-Gesteine aus einer Abfolge von Sandsteinen und Tonsteinen bestehen, sind sowohl die Hangprozesse (Bereitstellung von Schutt und dessen Abgleiten) als auch die Tiefenerosion in den Rinnen und Runsen begünstigt. Der Hang wird somit rasch abgetragen. Nur ganz oben, am Pizol, sitzen Verrucano-Gesteine auf den Flysch-Gesteinen, getrennt durch ein dünnes Kalkband, welches die deutlich sichtbare gelbe Schutthalde verursacht. Der Deckel aus erosionsresistenten Verrucano-Gesteinen wirkt dem Abtrag der Flysch-Gesteine entgegen, lässt die Rinnen und Runsen steil werden und verlangsamt die Rückverlegung des Hanges.

Ganz anders sieht es in der Westflanke des Rheintales bei Trimmis (GR) aus. Hier hat die Tiefenerosion der Bäche im unteren Teil des Berghanges tiefe Schluchten in den Felsuntergrund geschnitten. Im Foto von Abb. 3-9B erkennt man über dem Dorf Trimmis das Valtannatobel (links) und das Valturtobel (rechts). Bei beiden besteht der Felsuntergrund aus metamorphen Sandsteinen und Tonsteinen («Bündnerschiefer»). Da auch der höhere Hang aus denselben Gesteinen besteht, steht dem abfließenden Wasser genügend Schutt und insbesondere Quarz zur Verfügung, um sich in den Felsuntergrund einzuschneiden.

Ein ähnliches Bild zeigt sich in der Aare-Schlucht in Abb. 3-9C. Die Kalkwände der Aare-Schlucht sind erosionsresistent und verhindern so die Bildung von Schutt. Auf der anderen Seite liefern die Kristallingesteine im Hinterland der Aare genügend Quarzkörner, um die Tiefenerosion zu beschleunigen. Als Resultat entstand ein tiefer Einschnitt, eine sogenannte Klamm. Herabgestürzte Gesteinsblöcke beschaffen der Klamm den Charakter einer Schlucht.

Kerbtäler entstehen bevorzugt dann, wenn der Felsuntergrund aus leicht verwitterbaren Gesteinen besteht. Durch die Verwitterung entsteht der Schutt auf den Talhängen, welcher sich rasch hangabwärts bewegt und vom fließenden Wasser weggespült wird. Die Fotos in Abb. 3-10 zeigen eine Auswahl von Kerbtälern.

Das hintere Avers (Abb. 3-10A) ist ein Kerbtal mit relativ flach einfallenden Talhängen. Der Felsuntergrund besteht hier aus einer Abfolge von

Sandsteinen, Kalken und Tonsteinen (Avers-«Bündnerschiefer»). Im obersten Teil des Hanges auf der linken Bildseite sind kompakte Kalke für die stotzigen Felsen zuoberst auf dem Hang verantwortlich. Der Hang auf der rechten Bildseite verläuft parallel zu den Schichten innerhalb der «Bündnerschiefer», wie dies durch die kleineren Felsrippen angedeutet ist. Das flache Einfallen dieser Schichten gab dem Hang seine Neigung.

Das Foto in Abb. 3-10B zeigt den beeindruckenden Einschnitt des Illgrabens. Die Tiefenerosion ist in diesem Beispiel durch besonders weiche Gesteine im Felsuntergrund begünstigt. Dasselbe Gestein in den Flanken des Grabens wird rasch in Schutt umgewandelt, welcher sich sofort hangabwärts bewegt. Die fehlende Vegetationsdecke ist ein Hinweis auf einen sehr effizienten Abtrag. Der Illgraben ist bekannt dafür, dass bei jedem Gewitter gewaltige Schuttmassen als Schlammlawinen zu Tale donnern.

Bei Sedrun sind auf kleinstem Raum zwei Kerbtäler und ein Sohlental zu beobachten (vgl. Abb. 3-10C). Das größte Tal, die Val Strem, besitzt zuoberst eine Trogform, während der untere Teil leicht V-förmig ist. Grund dafür ist, dass die ursprünglich vom Gletscher geformte Trogform vom beidseitigen Gehängeschutt sukzessive zugedeckt wird. Der Felsuntergrund dieses Tales besteht aus erosionsresistenten Kristallingesteinen (Aar-Massiv). Granitische Gesteine innerhalb des Kristallins sind für die charakteristischen morphologischen Formen der Berggipfel,

Abb. 3-9A Rinnen und Runsen im Mülitobel und am Pizol (SG). Foto © IG Tektonikarena Sardona/Ruedi Homberger.

Abb. 3-9B Zwei Schluchten bei Trimmis (GR): Valtanna- und Valturtobel. Foto © A. Pfiffner. Die Schluchten können auch als Klamm angesprochen werden.

Abb. 3-9C Die Aare-Schlucht zwischen Innertkirchen und Meiringen (BE). Foto © www.wandersite.ch. Die Aareschlucht kann auch als Klamm bezeichnet werden.

wie etwa jenen des Oberalpstocks, verantwortlich. Im Unterschied dazu besteht der Felsuntergrund des Cuolm da Vi auf der rechten Bildhälfte aus weicheren, verschieferten Gneisen. Entsprechend bildeten sich hier zwei Kerbtäler, in der Bildmitte der Drun (deutsch: Wildbach) und, rechts im Bild, die Val Bugnei. Analog zum Illgraben erfolgt der Abtrag dieser Gesteine derart rasch, dass sich an diversen Stellen auf den Talflanken keine Vegetationsdecke bilden kann. Im Bild fallen diese Stellen durch ihre gelbliche Farbe auf. Im März 2016 lösten sich in der Val Strem über 200 000 m³ Gestein vom Osthang, stürzten auf die Talsohle und bewegten sich talabwärts Richtung Sedrun (vgl. Abb. 3-10D). Dieses Beispiel verdeutlicht, wie das ursprüngliche glazial geformte Trogtal durch die Hangprozesse zu einem V-förmigen Tal modifiziert wird. Da sich weitere Gesteinsmassen zu lösen drohen, musste die Val Strem gesperrt werden.

Zwei Kerbtäler sind in Abb. 3-10E zu erkennen, links das Turtmanntal, rechts der Illgraben. Das Turtmanntal verläuft im sichtbaren Abschnitt durch ein inniges Gemisch von kristallinen Schiefern. Das kleinräumige Durcheinander von unterschiedlichen Gesteinen ist stark zerrüttet; in der Folge rutschen die Hänge talwärts. Im Falle des Illgrabens (rechts im Bild) fällt der riesige Schuttkegel ins Auge, welcher die Ill im Rhonetal bei Leukergrund aufgebaut hat. Dessen rechte Hälfte ist vom Pfynwald bedeckt.

Abb. 3-10A Blick talauf in das Kerbtal des hinteren Avers (GR). Foto © A. Pfiffner.

Abb. 3-10B Blick talab durch das Kerbtal des Illgrabens (VS). Foto © A. Pfiffner.

Die Größe des Schuttkegels von Leukergrund, welcher in den letzten 12 000 Jahren nach dem Abschmelzen der Gletscher der letzten Eiszeit entstanden ist, belegt den sehr aktiven Abtrag. Im Falle des Turtmanntals war der Abtrag während derselben Zeitspanne offensichtlich viel moderater. Der Unterschied ergibt sich aus der unterschiedlichen Zusammensetzung des Felsuntergrundes: bröckelige, sehr leicht zerfallende Gesteine im Illgraben und erosionsresistentere, verschieferte Gneise und Schiefer im Turtmanntal.
Bei U-Tälern können zwei grundsätzlich verschiedene Typen unterschieden werden. Vom Gletscher geformte Täler sind trogförmig bzw. U-förmig)

C

D

in den kompakten Felsuntergrund eingeschnitten. Ein klassisches Beispiel dafür ist die oben besprochene Val Strem in Abb. 3-10C. U-Täler entstehen aber auch durch Aufschüttung von Sand und Kies durch Flüsse. Dadurch wird die heute sichtbare Talsohle flach – es entsteht ein Sohlental. Aber das durch den Fels definierte Tal reicht viel tiefer und kann V- oder U-förmig sein. U-Täler können sich also entweder aus vom Gletscher oder vom fließenden Wasser geformten Tälern entwickeln.

Im Beispiel der Leventina (Abb. 3-11A) sind die steilen Talflanken durch Kristallingesteine aufgebaut, während der flache Talgrund bei Rodi-Fiesso und Ambrì-Piotta aus Sand und Kies besteht, welche vom Fluss Ticino und den Seitenbächen abgelagert worden sind. Die Felsoberfläche reicht unter diesen Ablagerungen mehr als 100 Meter tief in den Untergrund. Weiter talabwärts, in der Magadinoebene bei Bellinzona, liegt die Felsoberfläche sogar unter dem Meeresniveau, wie seismische Messungen zeigten.

Ein komplexeres Beispiel liegt im Rhonetal vor. Auf dem Foto von Abb. 3-11B sieht man unten links den Schuttfächer des Illgrabens, dessen eine Hälfte vom Pfynwald bedeckt ist. Weiter talabwärts schlängelt sich der Rotten (bzw. die Rhone) durch die hügelige bewaldete Landschaft des Bergsturzes von Sierre/Siders. Hier bildet die Trümmermasse des Bergsturzes die Talsohle. Flussabwärts von Siders ist die Talsohle wieder flach, aber, wie die seismischen Untersuchungen des NFP20 auch hier zeigten, liegt die Felsoberfläche unter der Talsohle ungefähr auf Meereshöhe. Grund dafür ist, dass das Rhonetal vom Rhonegletscher übertieft wurde. Während und nach dem Abschmelzen des Eises der riesigen eiszeitlichen Gletscher wurde die übertiefte Wanne von der Rhone und deren Seitenbächen mit Sand und Kies aufgefüllt, wodurch allmählich die heutige flache Sohle entstand. Zusammenfassend lässt sich sagen, dass die flache Sohle des Rhonetals auf kurzer Distanz auf verschiedene Art zustande kam: durch einen Schuttfächer eines Zuflusses (Illgraben), einen Bergsturz (Sierre/Siders) und schließlich durch Aufschotterung des Hauptflusses und seiner Zuflüsse. Interessant ist die Tatsache, dass die Talsohle flussaufwärts des Bergsturzes auf 620 m ü. M. liegt, während sie flussabwärts von Sierre/Siders etwa 100 m tiefer liegt. Offenbar staute der Bergsturz den Rotten und den Zufluss aus dem Illgraben, sodass ihre Frachten hinter dem Bergsturzriegel sofort abgelagert wurden und eine höherliegende Talsohle verursachten.

Anlass zu viel Diskussion gab das Gasterntal. Das Foto in Abb. 3-11C zeigt die steilen Felswände, welche die flache Sohle des Tals umranden. Quer unter dem Tal verläuft der NEAT-Basistunnel Lötschberg; und auch beim

Abb. 3-10C Zwei Kerbtäler, Drun und Val Bugnei, und ein Trogtal, Val Strem, bei Sedrun (GR). Im Hintergrund der Oberalpstock/Piz Tgietschen. Foto © VBS.

Abb. 3-10D Val Strem nach dem Felssturz vom März 2016. Foto © Susi Rothmund.

Abb. 3-10E Blick talauf in die Kerbtäler Turtmanntal und Illgraben (VS). Foto © VBS.

alten Lötschberg-Scheiteltunnel hatten die Tunnelbauer ursprünglich vorgesehen, das Tal an der im Bild mit X markierten Stelle zu queren. Eine wichtige Frage, die sich den Ingenieuren dabei aber stellte, war, auf welcher Höhe denn die Felsoberfläche im Untergrund des Tales verläuft. Im Expertenstreit schwang die (falsche) Ansicht obenauf, dass hier keine glazial bedingte Übertiefung vorliege. Beim Bau stießen die Bergleute beim Vortrieb dann aber trotzdem auf ein Gemisch von Sand und Wasser, welches den Tunnel mitsamt den Arbeitern verschüttete. Der zugeschüttete Tunnel wurde samt den verschütteten Bergleuten zugemauert und der Tunnel so weiter vorgetrieben, dass er das Gasterntal weiter hinten (bei Selden) unterquert. Beim Bau des tieferliegenden NEAT-Basistunnels wurden die Verhältnisse daher nochmals sorgfältig geprüft. Die Felsoberfläche konnte aufgrund seismischer Untersuchungen und Bohrungen auf einem Niveau von rund 400 m unter der Talsohle festgelegt werden. Da der Basistunnel rund 600 m unter der Talsohle liegt, konnte der Vortrieb entsprechend problemlos in Angriff genommen und abgeschlossen werden.

Das glazial übertiefte Tal wurde während und nach dem Abschmelzen der Gletscher mit Lockergesteinen gefüllt und eingeebnet, denn vorne am Ausgang des Tales staute ein kleiner Bergsturz den Abfluss der Kander. Im Anschluss bildeten sich aber am Fuße der Felswände die aus Kalken bestehenden Geröllhalden, welche bis fast Mitte der Talachse hineingewachsen sind.

Ein weiterer Faktor zur Analyse der Formen von Tälern ist deren Symmetrie. Die bisher besprochenen Täler sind relativ symmetrisch, d. h. beide Talhänge besitzen eine ähnliche Neigung. Die Fotos in den Abb. 3-12A & B zeigen nun Beispiele von Tälern mit unterschiedlich geneigten Talflanken. Im Safiental (Abb. 3-12A) ist der dem Betrachter gegenüberliegende Hang relativ flach einfallend. Der Einfallswinkel ist parallel zur Schichtung im Felsuntergrund, der aus einem Wechsel von Sandsteinen und Tonsteinen besteht («Bündnerschiefer»). Demgegenüber ist der Hang zu Füßen des Betrachters viel steiler, obschon der Felsuntergrund aus denselben Gesteinen besteht.

Anders beim Beispiel von Abb. 3-12B: Hier ist der Felsuntergrund rechts (bzw. nördlich) des Walensees aus massiven Kalken aufgebaut, welche steile Felswände bilden, während auf der linken (südlichen) Seite des Sees eine wechselvolle Abfolge vorliegt, die auch Lagen von Tonsteinen enthält. Die Anlage des flachen Südhanges wurde durch das flache Einfallen der Schichten begünstigt.

Abb. 3-11A Blick flussaufwärts auf das Sohlental der Leventina (TI). Foto © VBS.

Abb. 3-11B Blick talabwärts auf das Rhonetal-Pfyn (VS). Foto © VBS.

Abb. 3-11C Blick ins Gasterntal (BE), ein klassisches Sohlental, bei welchem aber der Felsuntergrund ein Kerbtal bildet. Die Einbruchstelle des Scheiteltunnels ist mit X markiert. Foto © A. Pfiffner.

Hangformen

Die im vorangehenden Kapitel besprochenen Talformen können auch in Bezug auf die Glätte der Hänge und deren Neigungen diskutiert werden. Zugrunde liegen diesen Unterschieden die aktiven Hangprozesse, also vor allem die Schwerkraft und das fließende Wasser. In Abb. 3-13 sind die beiden Haupttypen, konvexe und konkave Hangformen, skizziert.
Konvexe Hänge (Abb. 3-13A) sind oben flach und unten steil. Sie bilden sich, wenn die oberste verwitterte Schicht, der sogenannte Regolith, unter der Schwerkraft hangabwärts gleitet. Man bezeichnet diesen Prozess als *Kriechen,* weil er langsam und stetig aktiv ist. Der Regolith wird im unteren Hang akkumuliert und dadurch anfällig für tiefgründige Hanginstabilitäten, was weiteres Kriechen nach sich zieht.
Konkave Hänge (Abb. 3-13B) sind hingegen oben steil und unten flach. Sie sind typisch für Geröllhalden oder Schutthalden, welche durch die Anreicherung von herabfallendem Schutt entstehen. Die einzelnen Bruchstücke können beim Aufprall in kleine Stücke zerschellen. Dieses feine Material bildet dann einen Hang mit dem natürlichen, flacheren Böschungswinkel. Eckige Trümmer mit rauer Oberfläche, welche sich oben im Hang ansammeln, ergeben einen höheren Böschungswinkel als runde, glatte Trümmer. Aber große Blöcke, die auf eine Ansammlung von feinerem Schutt fallen, schwimmen auf und werden rollend und hüpfend weiter weg transportiert. Dadurch entsteht am Fuß der flachen Geröllhalde eine Ansammlung von gröberen Bruchstücken.
Konkave Hänge entstehen aber auch durch das abfließende Wasser (*Spüldenudation* in der Fachsprache). Ist der Hang gleichmäßig beregnet (vgl. Abb. 3-13B), sammelt sich das abfließende Wasser in den Rinnen und Runsen so, dass im unteren Teil in den größeren Runsen mehr Wasser abfließt. Dadurch kann auch mehr Schutt vom Wasser bewegt und weiter vom Hang weggetragen werden. Als Folge davon wird der Hang nach unten zusehends flacher.
Konvexe und konkave Hangformen sind zwei Grundtypen. In der Natur entstehen vielfach komplexere Formen durch das Zusammenspiel von Kriechen und Spüldenudation.
Nachstehend werden die verschiedenen Hangformen anhand von Fotoaufnahmen verdeutlicht. Das Foto in Abb. 3-14A zeigt aktive Kriechbewegungen in der Nordflanke des Flimsersteins/Fil de Cassons (GR). Zahlreiche Schuttzungen bewegen sich dabei hangabwärts. Die älteren davon sind bereits vegetationsbedeckt.
Im Urserental (Abb. 3-14B) sieht man anhand der unterschiedlichen Hangneigung im untersten Teil des Hanges deutlich eine Wölbung. Ähnliche Wölbungen sind auch weiter oben im Hang, aber noch unter der

Abb. 3-12A Das asymmetrische Safiental (GR) mit Blick gegen Westen. Ganz links am Horizont der Piz Tomül, rechts davon das Tällihorn und der Crap Grisch. Foto © A. Pfiffner.

Felswand, zu beobachten. Diese Wölbungen werden durch tiefgründiges Kriechen im Hang hervorgerufen. Unabhängig davon hat das abfließende Wasser Runsen in den Hang geschnitten. Zuunterst im Tal wird der Hang wieder flacher, was auf die Wirkung der Spüldenudation zurückzuführen ist. Der Felsuntergrund des kriechenden Hanges besteht aus verschieferten Gneisen, während die Felswand darüber aus granitischen Gesteinen aufgebaut ist.

Abb. 3-12B Blick auf den Walensee (SG) mit Blickrichtung gegen Westen. Die Nordflanke des Walensees ist viel steiler als die Südflanke. Im Vordergrund das Städtchen Walenstadt, rechts die markanten Gipfel der Churfirsten. Foto © IG Tektonikarena Sardona/Ruedi Homberger.

Die Nordflanke des Piz Palpuogna bei Preda (Abb. 3-14C) ist von zahlreichen Runsen durchsetzt, welche unten in Schutthalden einmünden. In den Runsen, welche durch Spüldenudation verursacht worden sind, rollen Bruchstücke des verwitterten Granitgesteins zu Tal. Immer wieder fließen Murgänge auf die Schutthalden und belegen so, dass der Transport durch Wasser (Spüldenudation) und durch die Schwerkraft gemeinsam wirken.

Konvexer Hang: Massenbewegung / Kriechen

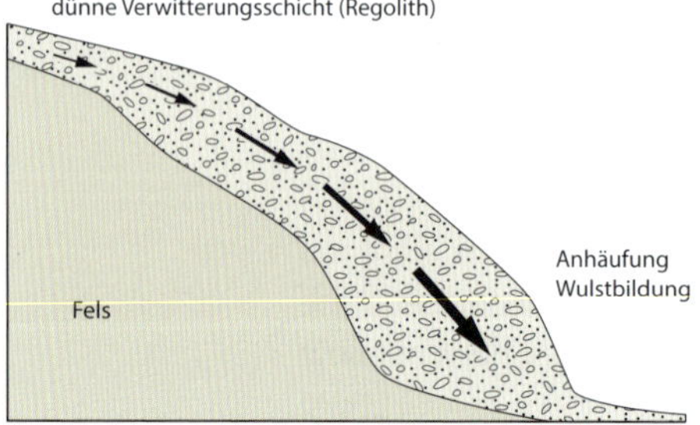

Konkaver Hang: Spüldenudation

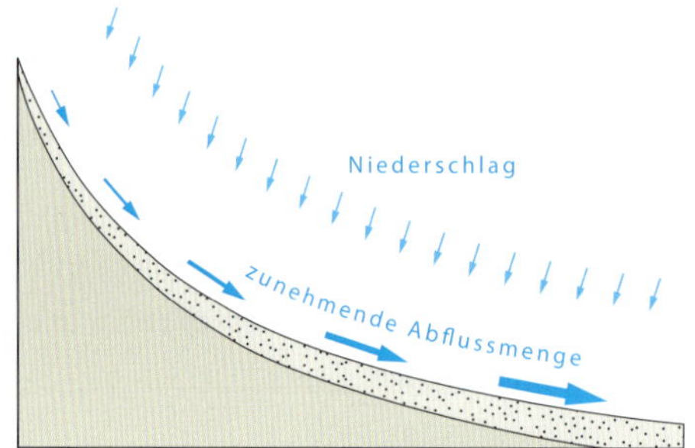

Abb. 3-13 Konvexe und konkave Hangformen mit den relevanten Hangprozessen.

Abb. 3-14A Schuttzungen auf der Nordflanke des Flimsersteins/Fil de Cassons (GR). Foto © A. Pfiffner.

Im Turbachtal (Abb. 3-14D) ist eine Verflachung der beidseitigen Hänge nach unten feststellbar. Die Hänge bestehen durchgehend aus Schutthalden. Vom Giferspitz sind einige davon punktuell durch Runsen in den Felswänden bevorzugt beliefert worden, sodass sie eigentliche Schuttfächer bilden, die bis in die Talachse reichen. Der Felsuntergrund beider Hänge besteht aus Sandsteinen und Tonsteinen.

Schichtstufen

Nebst den oben beschriebenen Hangformen, die allesamt gleichförmig waren, gibt es Bergflanken mit abrupten Wechseln in der Hangneigung. Steile Felsstufen, Schichtstufen genannt, wechseln dabei mit flacheren Partien ab. Schichtstufen entstehen beispielsweise in Sedimentabfolgen mit einer Wechsellagerung von verwitterungsresistenten und leicht verwitterbaren Gesteinsschichten. Einzelne Schichtstufen gibt es auch bei Überschiebungen, wenn erosionsresistente auf leicht erodierbaren Gesteinspaketen liegen. Schichtstufenlandschaften sind sehr unterschiedlich, je

Abb. 3-14B Blick nach Osten, talabwärts auf das Urserental (UR). Foto © A. Pfiffner.

Abb. 3-14C Spüldenudation in der Nordflanke des Piz Palpuogna bei Preda (GR). Blickrichtung ist gegen Süden. Foto © A. Pfiffner.

nachdem, ob die Sedimentschichten horizontal liegen oder geneigt sind (vgl. Abb. 3-15).

Abb. 3-15A zeigt den Fall von horizontalen Schichten. Die erosionsresistenten Schichten werden als *Stufenbildner* bezeichnet, die leicht erodierbaren als *Sockelbildner*. Typische Stufenbildner sind Kalke, Dolomit und Sandsteine. Als Sockelbildner können Tonsteine und Mergel angeführt werden. Über längere Zeit gesehen verändern sich solche Landschaften, indem die Stufen durch Erosion langsam zurückverschoben werden. Die vom Stufenhang abgebrochenen Gesteinsfragmente sammeln sich dabei am Fuß des Stufenhanges und werden dann vom fließenden Wasser weggespült. Der Sockelbildner wird rascher abgetragen durch Spüldenudation, aber der Abtrag hört dort und dann auf, wenn der tieferliegende Stufenbildner an der Erdoberfläche erscheint.

Ganz ähnlich läuft die Erosion bei geneigten Schichten ab (vgl. Abb. 3-15B), nur bilden sich hier Tälchen parallel zu den Schichtstufen. Im Juragebirge verlaufen diese parallel zu den Faltengewölben und werden als *Combe* bezeichnet, die Schichtstufen als *Schichtkamm* (oder Cuesta bzw. crête). Sowohl Combes als auch Schichtkämme sind asymmetrisch, mit einer sanft einfallenden Flanke parallel zur Schichtung im Stufenbildner und einer steil einfallenden Erosionsstufe im erosionsresistenten Stufenbildner.

Nachstehend werden in Abb. 3-16 Schichtstufenlandschaften anhand von Fotos dokumentiert. Berühmt dafür ist das Juragebirge, in welchem harte Kalkformationen morphologisch in Erscheinung treten. Das Foto von Abb. 3-16A zeigt einen Schichtkamm, der vom Signalmast des Chasseral nach ENE in den Hintergrund zieht. Die Schichten fallen nach rechts (SSE) parallel zum Grashang unten rechts im Bild ein. Die steile Stufe auf der linken Seite des Schichtkamms liegt im Schatten und ist teilweise bewaldet. Der längliche, buckelförmige Rücken links davon ist das Abbild einer Falte (einer Antiklinalen). Die Geländeform wird durch ein Gewölbe im nächsttieferen Sockelbildner hervorgerufen. Am linken Bildrand erkennt man dann den nächsten Schichtkamm. Dessen steile Stufe ist bewaldet und kann nach rechts in den Hintergrund verfolgt werden. Die flache Seite dieses Schichtkammes ist für den Betrachter nicht einsehbar. Insgesamt lassen sich die beiden Schichtkämme und die sie begleitenden Combes problemlos vom Vordergrund nach oben rechts in den Hintergrund verfolgen.

Abb. 3-14D Blick nach Süden talaufwärts in das Turbachtal (BE). Links das Wistätthore, rechts der Giferspitz. Foto © A. Pfiffner.

Schichtstufenlandschaft

A Horizontale Lagerung

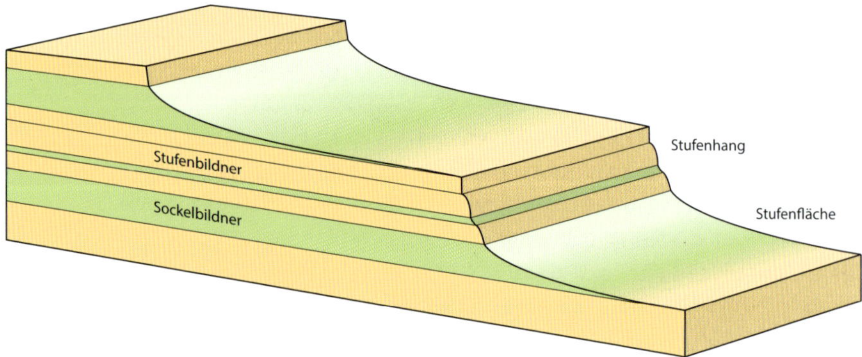

B Geneigte Schichten

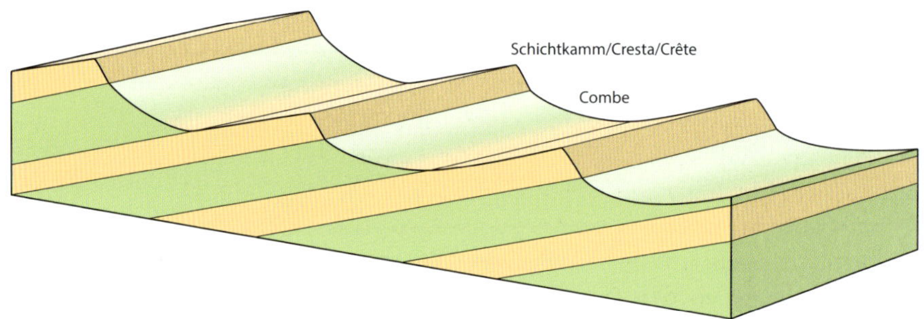

Abb. 3-15 Skizze typischer Schichtstufenlandschaften.
A) Horizontal gelagerte Schichten mit Sockelbildnern und Stufenbildnern.
B) Geneigte Schichten mit Schichtkämmen und Combes.

Das Foto in Abb. 3-16B zeigt den Hohgant (Blickrichtung nach Norden) mit zwei deutlichen Stufenbildnern. Der obere Stufenbildner besteht aus einem massigen Sandstein. Der untere ist ein massiger Kalkstein, welcher die hellen Geröllhalden beliefert. Ein vertikaler Bruch trennt die Kalke des

unteren Stufenbildners von den Grashängen und bewaldeten Partien davor und darunter. Wälder und Weiden sind von leichter verwitterbaren Flysch-Gesteinen unterlagert, die an diesem Bruch um mehrere hundert Meter nach unten versetzt worden sind.
Im Beispiel der Kreidekalke bauen die kompakten Kalkformationen steile Felswände auf, während die mergeligeren Partien zurückwittern und eine Vegetationsbedeckung aufweisen. Im Vordergrund von Abb. 3-16C ist dies am Nüenchamm besonders deutlich zu sehen. Im Mittelgrund sind dieselben Kalke unter dem Rautispitz durch eine Überschiebung verdoppelt und zeigen ein ähnliches Bild. Aber die Sockel zwischen den Stufen sind vergleichsweise sehr steil und wenig zurückgewittert. Dies liegt daran, dass hier die Unterschiede zwischen Kalken der Stufen- und mergeligen Kalken der Sockelbildner relativ gering sind.
Die Südwand des Diepen wird ebenfalls aus Kreidekalken und -mergeln aufgebaut (Abb. 3-16D). Unter dem Gipfel zieht ein hellbeiges Kalkband nach links an den Bildrand (das Kalkband entspricht dem sogenannten Öhrli-Kalk, benannt nach dem Öhrli im Säntisgebirge). In den grasbedeckten Mergeln darunter sieht man die Spuren der Erosion durch das abfließende Wasser. Zahlreiche Rinnen vereinen sich nach unten und fallen in einer Runse über den unteren Stufenbildner aus grauem Kalk. Auf den Kalkbändern können Bäume wachsen, während die Grasplanggen baumfrei sind: Die Erosion hätte Bäume umgehend weggespült.
Der Firzstock in Abb. 3-16E ist ein Beispiel, das zeigt, wie die leichter erodierbaren Sedimentschichten über einem geneigten Stufenbildner völlig abgetragen werden. Die nach rechts einfallenden Alpweiden (mit Alphütten) über den grauen Felsen verlaufen exakt parallel zur Schichtung. Dadurch ergibt sich ein perfekter Schichtkamm. Der Schichtkamm wird aus hellen massigen Kalken (Quinten-Kalk) und, darunter, roten und gelben Sedimenten der Triaszeit aufgebaut.
Eine Schichtstufenlandschaft besonderer Art ist am Stockhorn zu beobachten. Hier sind die Sedimentschichten durch Faltung vertikal gestellt. In Abb. 3-16F sieht man die vertikalen massiven Kalke, die den Gipfel des Stockhorns aufbauen. Die erosionsresistenten Kalke des Stockhorngipfels stehen wie ein Zahn in der Landschaft. Links davon sind jüngere, in dünne Platten zerfallende Kreidekalke anzutreffen, rechts fein geschichtete Kalke und Tonsteine sowie fein geschichtete Dolomite und Evaporite. Die Serien rechts des Gipfels sind großenteils abgetragen, was sich morphologisch durch den Passübergang äußert.

Abb. 3-16A Schichtstufenlandschaft am Chasseral (BE) mit Blick nach ENE. Foto © VBS.

Abb. 3-16B Schichtstufenlandschaft am Hohgant (BE) von Süden aus gesehen. Foto © A. Pfiffner.

Abb. 3-16C Schichtstufenlandschaft im Glarnerland mit Blick nach Westen. Im Vordergrund Nüenchamm, im Mittelgrund Rautispitz. Foto © A. Pfiffner.

Abb. 3-16D Schichtstufenlandschaft am Diepen (UR) mit Blick nach Osten. Foto © VBS.

Abb. 3-16E
Schichtstufenlandschaft am Firzstock (Vordergrund) und dahinter am Mürtschenstock (GL), mit Blick nach SW. Foto © A. Pfiffner.

Abb. 3-16F
Schichtstufenlandschaft am Stockhorn (BE) mit Blick nach Westen. Foto © VBS.

3.2.2 Massenbewegungen

Unter «Massenbewegung» versteht man das Abwärtsbewegen von Gesteinspaketen unter dem Einfluss der Schwerkraft. Die Geschwindigkeit des Gleitens kann dabei unterschiedlich sein. Bei langsamen Bewegungen (cm bis m pro Jahr) spricht man von *Kriechen*, bei höheren Geschwindigkeiten (cm bis m pro Minute) von *Gleiten*. Rasche Bewegungen (cm bis m pro Sekunde) herrschen bei *Fließen*, insbesondere, wenn Wasser im Spiel ist. Sehr hohe Geschwindigkeiten (10 m pro Sekunde) ergeben sich bei *Fels-* und *Bergstürzen*. In Bewegung geraten Hangschutt, verwitterte Felspartien (Regolith) oder ganze Felsblöcke und Schichtpakete. Massenbewegungen tragen wesentlich zum Abtrag eines Gebirges bei.

Beim Hanggleiten können nur die obersten 1–2 m in Bewegung sein oder aber es liegt eine tiefgründige Rutschung vor, bei welcher ein 10–100 m mächtiges Paket gleitet. Die Profilskizze in Abb. 3-17A illustriert die Rutschung am Heinzenberg (GR). Hier kriecht der gesamte Hang mit den Dörfern darauf talwärts. Die Bewegung erfolgt in einer mächtigen Schicht aus metamorphen Tonschiefern (Nolla-Tonstein in der Abbildung). Diese Gesteine sind wasserundurchlässig und stauen somit das eindringende Regenwasser. Auf dieser durchnässten Zone ist der Reibungswiderstand reduziert, wodurch die Schicht ins Gleiten kommt. Zuoberst, am Glaser- und Lüschgrat, wird die durchnässte Schicht auseinandergerissen. Dadurch bilden sich Tälchen, sogenannte Nackentälchen, die parallel zum Grat verlaufen (vgl. Abb. 3-17B). Diesen Prozess bezeichnet man als *Bergzerreißen*. Am Fuß des Hanges werden die abgleitenden Schichten zusammengestaucht, sodass der Hang dort viel steiler ist und einen Wulst bildet (vgl. Abb. 3-17C). Die Bildung solcher Wülste wird *Talzusammenschub* genannt.

Im Falle von Brinzauls/Brienz (GR) bewegt sich ein ganzer Hang samt dem Dorf gegenwärtig mit 1 Meter pro Jahr hangabwärts (vgl. Abb. 3-17D). Durch die Bewegung ist der Kirchturm inzwischen schief geworden und einzelne Gebäude mussten abgerissen werden. Die Kantonsstrasse wird am Rande der Sackung laufend beschädigt und war in der Vergangenheit zeitweise gesperrt. Ein Felssturz im Juni 2023 hat sie verschüttet und unpassierbar gemacht (vgl. Abb. 5-29). Mithilfe von Bohrungen ausgehend von einem Horizontalstollen versucht man gegenwärtig den Gleithorizont zu entwässern und damit die Rutschung zu verlangsamen.

Bei einem Bergsturz donnert ein größeres Paket von Fels und Schutt in einem Ereignis zu Tal. Ist das abgestürzte Volumen klein, so spricht man von einem Felssturz. Bergstürze weisen normalerweise eine Abrisskante auf (vgl. Abb. 3-18A). In Ausnahmefällen kann auch der gesamte Oberteil eines Berges abstürzen. Die Trümmermasse kann ein Tal auffüllen oder aber sie fließt zungenartig zu Tal. Fallbeispiele zu Bergstürzen sind in

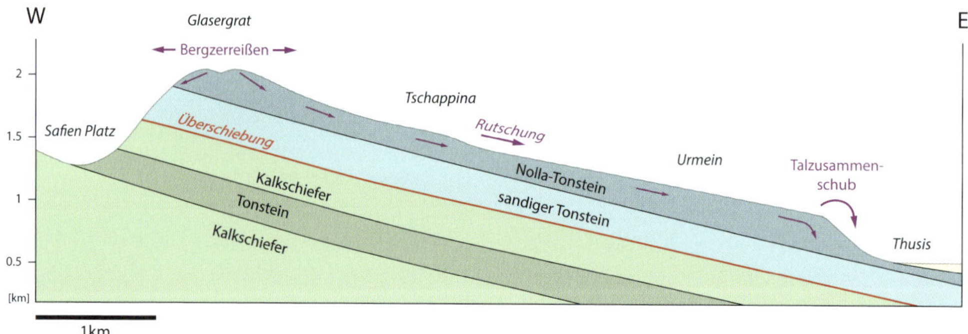

Abb. 3-17A Profilschnitt durch den Heinzenberg vom Glasergrat nach Thusis. Die Schichten fallen nach Osten ein. Die Rutschung erfasst den gesamten Hang innerhalb der Schicht des Nolla-Tonsteins. Infolge der flach einfallenden Schichten hat der Heinzenberg analog dem Safiental eine asymmetrische Form, mit einer steilen Flanke im Westen und einer sanften im Osten.

Abb. 3-17B Blick nach Norden auf den Hoch Büel, Glaspass (mit Gebäuden) und den Glasergrat (GR). Unruhige Topografie mit Depressionen und Rücken, hervorgerufen durch Bergzerreißen. Einige der Depressionen beherbergen kleine Tümpel. Foto © Naturpark Beverin.

Kapitel 4.2 (Arth/Goldau) und 5.5.2 (Tamins, Flims, Kandersteg, Elm, Randa und Bondo) näher beschrieben. Als Auslösungsmechanismus von Bergstürzen sind mehrere Faktoren möglich. In einer steilen Bergflanke kann die Stabilität beeinträchtigt werden, wenn die Verwitterung und Auflockerung den inneren Halt des Felsens reduziert. Das Schmelzen des Permafrosts ist eine Möglichkeit dafür, weil das Eis des Permafrosts

Abb. 3-17C Blick nach Westen auf den Heinzenberg (GR). Der flache Talhang des Heinzenbergs mit den Dörfern Tschappina, Urmein, Flerden und Sarn, die gesamthaft am Rutschen sind. Der Fuß des Hanges, unterhalb Masein und Tartar ist steiler infolge rutschungsbedingter Wulstbildung. Foto © VBS.

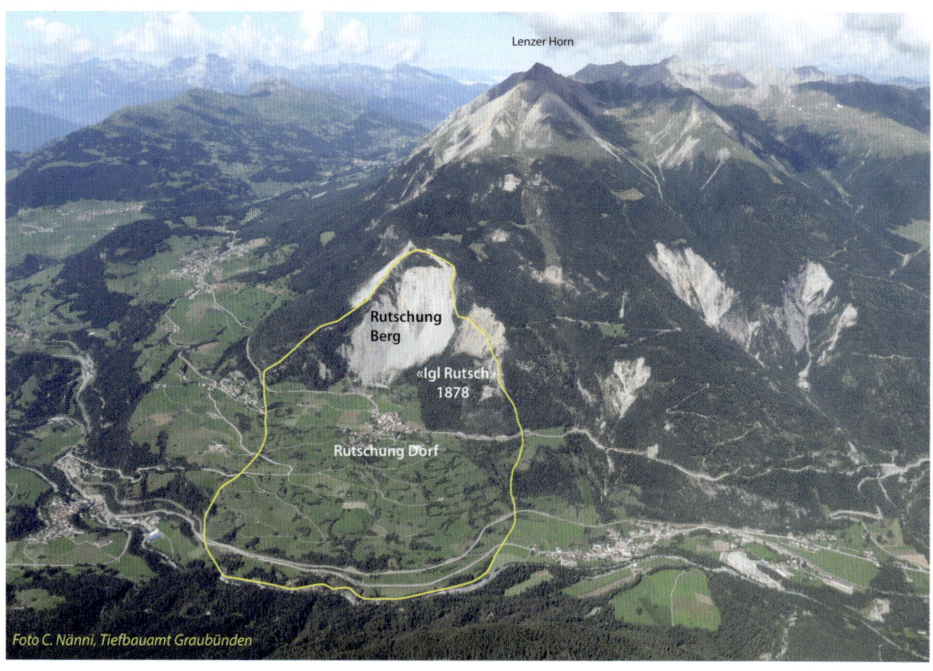

Abb. 3-17D Blick auf die Rutschmasse von Brinzauls/Brienz (GR). Die Rutschmasse ist gelb umrandet. Ein Teil war schon 1878 in Bewegung, das Dorf bewegt sich mit 1 m/Jahr, die beiden Flanken der Rutschung Berg mit mehr als 2 m/Jahr. Foto C. Nänni, Tiefbauamt Graubünden

quasi die Felsmassen zusammenhält. Beim Abschmelzen dringt Wasser in die nun offenen Spalten und kann damit die Reibung reduzieren. Beim erneuten Gefrieren dieses Wassers erfolgt dann eine Volumenzunahme, was die Spalten erweitert und die Stabilität weiter reduziert. Ein Erdbeben kann schließlich den Sturz auslösen. Aber auch andauernde starke Niederschläge können Auslöser sein: Wenn das Wasser versickert und im Bergesinneren auf talwärts gerichteten Fugen die Haftreibung reduziert, kann der Hang instabil werden und – mit oder ohne Hilfe eines Erdbebens – zu Tale fahren.

An dieser Stelle werden die morphologischen Eigenschaften von Bergstürzen am Beispiel des Bergsturzes vom Tödi im Bild vorgestellt (Abb. 3-18B). Die graue Masse des Trümmerstroms bedeckt die rötlichen Felsen unter dem aus massiven Kalken aufgebauten Klotz des Tödi. Der Flurname der verschütteten Lokalität, die Röti, leitet sich von der ockergelben bis orangen Farbe der Felsen ab (hauptsächlich Dolomit aus der Triaszeit). Der Abbruch erfolgte im Jahre 1965 aus der Wand rechts unter dem Gipfelfirn (Sandgipfel). Ein Teil der Trümmermasse blieb am Fuß der Felswand liegen. Aber der Großteil bewegte sich über die orange Felswand hinunter und sammelte sich in der Mulde der Röti an. Die Oberfläche des Trümmerstroms ist dort unregelmäßig mit Wülsten und Depressionen. Ein Teil der Trümmermasse floss schließlich unten rechts weiter und erreichte den flachen Boden der Sandalp.

Murgänge oder Hangmuren sind Schlammströme, bei denen ein Gemisch von Wasser und Gesteinstrümmern nach heftigen Regenfällen bergab bewegt wird. Die Dichte des Wasser-Schutt-Gemischs nimmt dabei stetig zu, sodass immer größere Gesteinsfragmente mitgerissen werden. Murgänge schneiden sich in den Untergrund und hinterlassen tiefe Gräben, flankiert von seitlichen Wällen. Verlaufen Murgänge immer wieder am selben Ort, so bauen sie unten im Tal Schuttfächer auf. Ein Beispiel dafür ist der große Schuttfächer im Rhonetal in Abb. 3-11B.

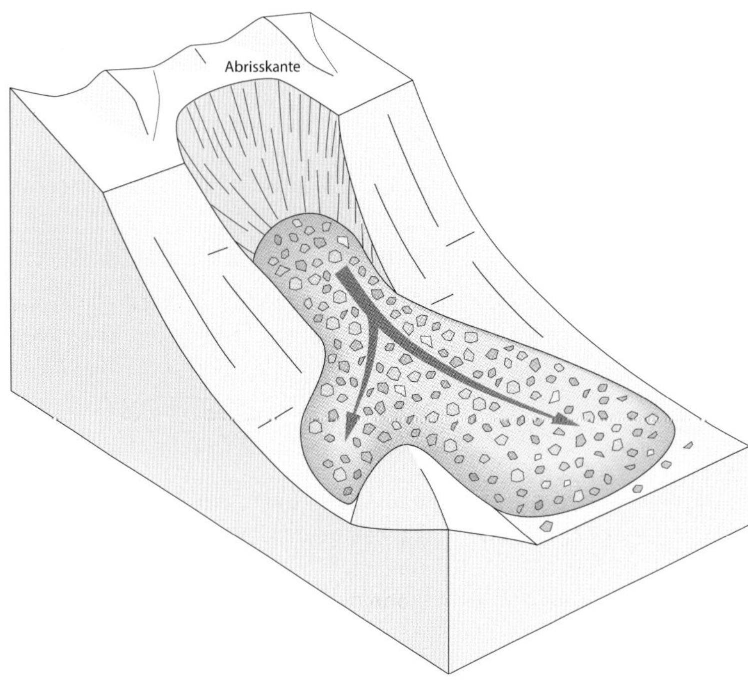

Abb. 3-18A Skizze eines Bergsturzes mit Abrisskante und Trümmerstrom.

Abb. 3-18B Foto des Bergsturzes am Tödi (GL) mit Blickrichtung gegen SSW. Foto © IG Tektonikarena Sardona/ Ruedi Homberger.

Malm
Dogger
Trias
Kristallin
Karbon
Bifertengrätli
Kristallin
Sandfirn
Malm
Bergsturztrümmermasse
Malm
Dogger
Trias
Kristallin
Malm

Abb. 3-19A Murgänge als Einzelereignis im Avers (Eingang Val Madris) bei Cröt (GR). Blickrichtung nach Osten. Foto © A. Pfiffner.

Abb. 3-19B Murgangsystem in der Val Bedretto (TI). Blickrichtung nach Süden. Foto © A. Pfiffner.

Abb. 3-19C Murgangsystem im Lammbachgraben bei Brienz (BE). Blickrichtung nach SSE. Foto © A. Pfiffner.

In Abb. 3-19 sind Murgänge als Einzelereignisse und als Mehrfachereignisse abgebildet. Die beiden Muren in Abb. 3-19A zeigen die Dämme, welche sich am Rand des Schlammstromes bildeten. Da die Geschwindigkeit des Schlammstromes seitlich abnimmt, können die größeren Fragmente dort nicht mehr transportiert werden und setzen sich ab. Die Rinnenbildung ist bei den beiden Muren nur ansatzweise sichtbar. Demgegenüber haben die Muren in Abb. 3-19B tiefe Rinnen verursacht. Die deutlich sichtbare Rinne in der Bildmitte ist die jüngste, die vegetationsbedeckten beidseits davon sind momentan inaktiv. Auf der Geröllhalde oben sieht man die Spuren zahlreicher Muren, welche innerhalb der Geröllhalde links im Bild einen Fächer aufgebaut haben. Die aktive Rinne zeigt schon in der Geröllhalde eine Rinne, welche sich nach unten vertieft. Zuunterst ist ein kleiner Fächer im Aufbau. Nebst den von Muren verursachten Rinnen erkennt man auf dem Foto unterhalb der Geröllhalde auch fast horizontal verlaufende Dellen, sogenannte Nackentälchen. Diese sind das Resultat einer Rutschung, die den ganzen Hang erfasst. In Abb. 3-19C schauen wir von oben in einen Erosionskessel, in welchem Murgänge ihren Anfang nehmen. Nach unten vereinigen sie sich und haben eine tiefe Kerbe in die Landschaft geschlagen.

3.2.3 Wirkung der Gletscher

Der dicke Eispanzer und die davon ausströmenden Talgletscher der letzten Eiszeit haben die Landschaftsformen der Alpen und des Mittellandes nachhaltig geprägt. Zu den typischen glazialen Phänomenen zählen Kare, Hörner, die Schliffgrenze der Gletscher, Trogtäler, Trogwannen, Moränen, Rundhöcker und Drumlins. Wenn wir diese Formen heute in der Landschaft sehen, so muss man bedenken, dass sie im Wesentlichen auf die letzte Eiszeit zurückgehen. Die Schweiz hat aber vorher rund ein Dutzend weiterer Eiszeiten erlebt, von denen nur Relikte als Spuren erhalten sind; die meisten Zeugen davon sind durch die Gletscher der später anschließenden Eiszeiten beseitigt worden.

Im Hochgebirge beobachtet man vom Gletscher ausgehobelte Hohlformen, sogenannte Kare. Die Entstehung von Karen ist in Abb. 3-20 skizziert. Am Grunde des Gletschers wird durch Frostsprengung und direktes Schleifen des Eises der Fels abgehobelt. Bestehende Depressionen werden dadurch vertieft. Am Kontakt Eis-Fels, dem *Bergschrund,* lösen sich Bruchstücke vom Fels, fallen in den Schrund und werden dann vom Gletscher mitgerissen und zermalmt. Mit der Zeit wandert der Bergschrund durch den laufenden Abtrag nach hinten, da im Fels laufend neue Bruchflächen entstehen (vgl. Abb. 3-20). Der Bergschrund erhält dadurch die typische rundliche Hohlform. Im Untergrund der Depression fließt das Eis

schneller und hobelt sich immer tiefer ein. Dadurch entsteht aktiv eine Karmulde und vor dieser passiv eine Schwelle. Die mitgerissenen Gesteinsbruchstücke werden an der Front des Gletschers zu länglichen Gebilden, den Endmoränen angehäuft.
Das Foto in Abb. 3-21A zeigt eine Reihe von Karen auf der Flanke des Bifertenstocks. Das Eis in einigen dieser Kare ist bereits abgeschmolzen. Die Kare münden steil in ein Haupttal, die Val Frisal. Aus diesem Grund konnte sich keine Karschwelle ausbilden.
Wenn sich auf den Abhängen einer topografischen Hochzone mehrere Kare bilden und diese sich durch rückschreitende Erosion in Richtung Hochzone bewegen, entstehen zwischen benachbarten Karen scharfe Grate. Die Hochzone erhält dann im Endstadium die typische Form eines Horns. In Abb. 1-5A erkennt man das Aletschgebiet, eine hochalpine Landschaft mit mehreren Hörnern. Abb. 3-21B zeigt das wohl berühmteste Horn, das Matterhorn (von den Einheimischen kurz «Horu» genannt). Die Kare sind so weit zurückverlegt, dass die Hohlform fast verschwunden ist. Lediglich die spitzen Grate dazwischen sind erhalten geblieben.
Zur letzten Eiszeit vor rund 20 000 Jahren lag die Gletscheroberfläche in den Alpen auf einer Höhe von weit über 2000 m ü. M. An einigen Stellen bildeten sich Eisdome, bei denen die Eisoberfläche sogar höher als 2500 m ü. M. lag. Die maximale Höhe der Gletscheroberfläche lässt sich aus der Schliffgrenze bestimmen: Unterhalb dieser sind die Kreten durch die Gletscher rund geschliffen, darüber liegen kantige Grate vor. In Abb. 3-21C ist dieser Unterschied besonders klar ersichtlich. Die spitzen Gipfel im Hintergrund (Galmihorn, Oberaarhorn, Scheuchzerhorn und Löffelhorn) ragten zur Eiszeit als Nunataks aus dem Eis. Die Bergrücken davor sind hingegen vom Eis glatt geschliffen (Rossbode und Galesite).
Die Talgletscher schliffen aber nicht nur die Bergflanken und -rücken ab, sondern vertieften auch die Täler. Glazial geformte Täler sind U-förmig, wobei im Talgrund anstehender Fels vorhanden ist. Man spricht in diesem Fall von Trogtälern. Zwei eindrückliche Beispiele sind im Foto der Abb. 3-21C zu sehen. Das Minstigertal (Bildmitte) und das Trützital (rechter Bildrand), beides Nebentäler des Goms, weisen die typische U-Form auf; der Talgrund ist anstehender Fels.
Nebst den Endmoränen an der Front eines Gletschers und der Grundmoräne unter dem Gletscher akkumulieren Gletscher auch an ihrem Rand Gesteinsschutt. Als Folge entstehen längliche Rippen, die beidseits parallel zum Gletscherrand verlaufen. Sie werden als *Seitenmoräne* bezeichnet und bestehen aus einem Gemisch von feinkörnigem Lehm und Gesteinsbrocken unterschiedlicher Größe. Derartige Lockergesteine

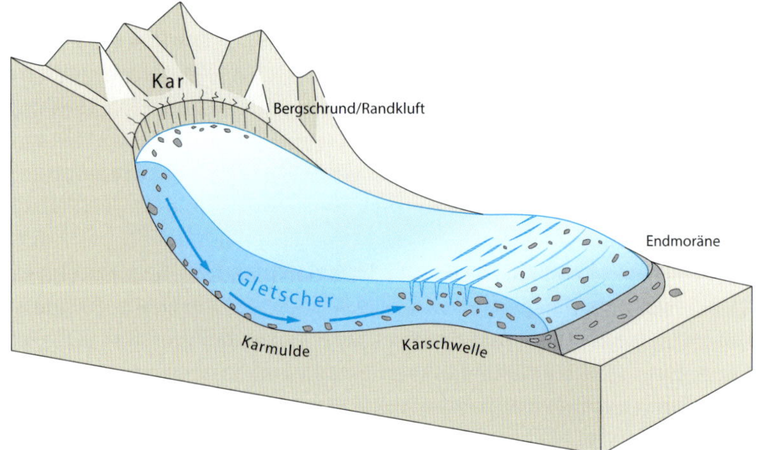

Abb. 3-20 Zur Entstehung von Karen.

werden in der Fachsprache *Diamiktit* genannt (ein Gemisch aus zwei unterschiedlichen Korngrößen). Oft werden derartige glaziale Lockergesteine als «Moräne» bezeichnet, obschon unter Moräne streng genommen eine Landschaftsform verstanden wird. Das Foto in Abb. 3-21D zeigt die Seitenmoräne eines Gletschers im Oberengadin (Vadret da Tschierva). Seiten- und Endmoränen werden besonders gut sichtbar, nachdem ihre Gletscher abgeschmolzen sind. Im Falle des Vadret da Tschierva (und vieler anderer Gletscher in den Alpen) sind die Moränen Zeugen des Vorstoßes der Kleinen Eiszeit, die vom 15. bis ins 19. Jahrhundert dauerte. Ab etwa 1850 wurde es dann wieder wärmer, wodurch die Gletscher in den Alpen schwanden und damit deren Moränen sichtbar wurden.

Die Gletscher der Eiszeit erreichten aber auch das Schweizer Mittelland und polierten dessen Oberfläche. Der Reussgletscher beispielsweise durchströmte das Freiamt (AG), die zentralschweizerischen Gletscher das Tal der Ron (LU/AG) mit Baldegger- und Hallwilersee sowie das Suhretal (LU/AG) mit dem Sempachersee. Diese Täler wurden dabei rund geschliffen und etwas vertieft. Sie sind getrennt durch sanfte Hügelzüge parallel zur Talachse. Die heute vorhandenen Seen zeigen die vertieften Stellen der Täler an. Das Foto in Abb. 3-21E mit dem Baldegger- und Hallwilersee gibt einen Eindruck der glazialen Überprägung.

Die Gletscher überflossen aber auch die Gebiete neben diesen Tälern, wie etwa das Konauer Amt (ZH) zwischen Freiamt und Albis. Die dort abgelagerte Grundmoräne, bestehend aus dem abgeschürften Schutt an der Basis des Gletschers, wurde beim weiteren Überfahren durch den Eisstrom vielfach aufgeschürft und zu länglichen Hügeln parallel zur

Fließrichtung des Gletschers aufgeschichtet. Man bezeichnet diese Geländeformen als *Drumlins*. Die Drumlins ragen aus der Ebene auf; ihre teilweise steilen Flanken waren für die landwirtschaftliche Nutzung weniger geeignet. Sie wurden deshalb nicht gerodet und bilden heute gut sichtbare bewaldete Hügel. Das Foto in Abb. 3-21F zeigt die Drumlins im Knonauer Amt.

3.2.4 Lösungserscheinungen

Eine völlig andere Art des Abtrags ist die Lösung von Kalkstein. Gerät Kalk in Kontakt mit leicht saurem Wasser, so löst sich das Kalziumkarbonat, wodurch Hydrogencarbonat-Ionen (HCO_3^-) und Kalzium-Ionen (Ca^{2+})

Abb. 3-21A Kare am Bifertenstock (GR). Blickrichtung ist gegen Norden. Die braunen Bänder im oberen Teil der Felswand sind Kalke der Kreidezeit (145–65 Mio. Jahre), jene ganz oben unter dem Gipfel sind eozänen Alters (50–40 Mio. Jahre). Foto © IG Tektonikarena Sardona/ Ruedi Homberger.

Abb. 3-21B Das Matterhorn aus Südosten gesehen. Links Furgggrat mit Furgggletscher, rechts der Matterhorngletscher. Foto © VBS. Sowohl der Furgg- als auch der Matterhorngletscher sind Überbleibsel von Kargletschern, welche die steilen Wände des Matterhorns gestalteten.

Abb. 3-21C Blick nach Norden auf zwei Trogtäler im Goms (VS). Links mündet das Minstigertal beim Dorf Münster in das Haupttal des Goms, rechts das Trützital. Die Bergrücken Galesite und Rossbode sind glazial rund geschliffen, die Gipfel im Hintergrund sind Hörner mit scharfen Graten. Foto © VBS.

entstehen. Die gelösten Ionen werden mit dem Grundwasser abgeführt. Im Gestein entsteht dadurch sukzessive ein Hohlraum. Die Hohlräume bilden sich längs der bevorzugten Fließwege des Grundwassers. In Kalksteinen sind dies Schichtflächen zwischen einzelnen Kalkbänken und Klüfte (Spalten) im Gestein. Ist die Kalklösung großflächig weit fortgeschritten, so entsteht eine Karstlandschaft. Der Begriff «Karst» ist benannt nach der Bezeichnung für eine steinige Landschaft in Slowenien (slowenisch *Kras*, italienisch *carso*). Einige der Karstformen werden nachstehend diskutiert.

Der Effekt der Lösung tritt auch in Kalken an der Oberfläche in Erscheinung. Das Foto in Abb. 3-22A zeigt ein System von Rillen auf einem Kalkfelsen. Derartige Rillen deuten den Fließweg des Wassers an, welches die Kalklösung bewerkstelligte. Diese Oberflächenstruktur wird als *Karre* bezeichnet.

In Gebieten, die durch mächtige Kalksteinschichten aufgebaut sind, können diese Karren auch großmaßstäbliche Formen bilden. Ein schönes Beispiel in den Schweizer Alpen findet sich südwestlich des Col du Sanetsch im Lapis de Tsanfleuron (siehe Abb. 3-22B). Hier ist eine Kalkplatte von

Abb. 3-21D Seitenmoränen des Vadret da Tschierva in einem Seitental der Val Roseg bei Pontresina (GR). Blickrichtung ist gegen Südosten. Foto © VBS. Die vereinigten Gletscher vom Piz Bernina und Piz Roseg, der Vadret da Tschierva, räumten das Tal aus und lagerten den Schutt auf der Seite des Gletschers als Seitenmoränen ab. Die Seitenmoränen stauten alsdann den Abfluss des Schmelzwassers des Vadret da Roseg und Vadret da la Sella zu einem See, dem Lej da Vadret (rechts im Bild).

Abb. 3-21E Blick nach Nordosten auf das Tal der Ron (LU/AG) mit Baldeggersee (rechts) und Hallwilersee (links). Foto © VBS. Die beiden Seen liegen in einem breiten Tal zwischen zwei rundlichen Bergketten (Erlosen auf der linken, Lindenberg auf der rechten Seite). Dieses Tal wurde von einem Arm des Reussgletschers der letzten Eiszeit (LGM) durchflossen (vgl. hierzu Abb. 5-9) und von diesem etwas ausgeschabt und vertieft. Nur der Lindenberg ragte als Rücken (Nunatak) aus dem Eis. Im hügeligen Gelände zwischen Hidisrieden und Hitzkirch hinterließ der Reussgletscher eine Schicht von Grundmoräne.

Abb. 3-21F Drumlins im Knonauer Amt (ZH). Blickrichtung gegen Norden. Das Dorf in der Bildmitte ist Knonau. Die Drumlins sind als bewaldete Hügel erkennbar. Foto © VBS.

mehr als 1 km Durchmesser völlig verkarstet. Die durch Lösung verursachten Depressionen sind teilweise vegetationsbedeckt. Deutlich erkennt man lineare Anordnungen von solchen Depressionen, hervorgerufen durch Lösung längs Bruchsystemen.

Die Verkarstung findet aber auch im Untergrund statt. Dabei entstehen komplizierte Systeme von Karströhren und unter Umständen gewaltige verzweigte Höhlensysteme, wie beispielsweise die Beatushöhlen am Thunersee oder das Hölloch im Muotatal. Von landschaftlichem Interesse sind die Verbindungen solcher Karstsysteme mit der Oberfläche. Hierbei sind Dolinen und Schlucklöcher zu erwähnen, rundliche Depressionen mit Durchmessern von einigen Metern, die eine Verbindung zum unterirdischen Karstsystem haben. Bei Schlupflöchern treten Oberflächengewässer direkt in den Karst ein. Dolinen sind im Jura und Helvetikum der Alpen besonders häufig anzutreffen. In Abb. 3-22C ist eine Doline in den Kreidekalken auf dem Fil de Cassons (Flimserstein) zu sehen.

Durch die Vertiefung von Tälern können alte Karstsysteme an der Oberfläche der Talflanken sichtbar werden. Sind es Karströhren, die mit dem versickerten Grundwasser in direkter Verbindung stehen, tritt das Grundwasser als Karstquelle an die Oberfläche. Karstquellen können

Abb. 3-22A Karrenbildung auf einem Kalkfelsen bei Chrindi (BE). Foto © A. Pfiffner

Abb. 3-22B Karstlandschaft des Lapis de Tsanfleuron (VS) mit Blickrichtung nach Südwesten. *Lapis* (oder *lapies*) ist die französische Bezeichnung für Karren. Foto © A. Pfiffner.

Abb. 3-22C Doline auf dem Fil de Cassons (GR) mit Blickrichtung nach Osten. Mehrere Kalkbrocken haben sich vom Rand der Doline gelöst und sind ins Innere gefallen. Die Doline wird so zum Einsturztrichter. Man beachte auch die Polygonböden der Umgebung. Diese entstehen durch viele Gefrier-Auftau-Zyklen. Foto © A. Pfiffner.

Abb. 3-22D Karstquelle im Gasterntal (BE) mit Blickrichtung gegen Süden. Man beachte auch die Falten in den Kalken links und rechts des Wasserfalls. Foto © A. Pfiffner.

Abb. 3-22E Dolinen in den Triasschichten südlich des Salaaser Kopfs im Samnaun (GR). Blickrichtung ist nach SSE. Man beachte auch die durch den Schnee deutlich sichtbar gemachten Murgangrinnen im gegenüberliegenden Hang von Piz Vadret (rechts im Bild). Der höchste Gipfel links im Bild ist der Stammerspitz/Piz Tschütta. Foto © A. Pfiffner.

E
Piz Tschütta/Stammerspitz
Piz Vadret/Sulnerspitz

große Schüttungen haben, die aber zeitlich nicht konstant sind. Verbreitet sind Karstquellen, die vom Schmelzwasser des Schnees im Frühjahr besonders große Schüttungen haben, später im Jahr aber wieder für mehrere Monate versiegen. Die Karstquelle in Abb. 3-22D befindet sich im Gasterntal. Sie schüttet erst ab Anfang Juni und versiegt im Sommer vollends. Das Karstsystem hat sich in den mächtigen Jura- und Kreidekalken entwickelt. Da das System in große Tiefe reicht und Karstsysteme grundsätzlich komplex sind (ihre Geometrie kann nicht prognostiziert werden), war beim Bau des NEAT-Basistunnels Lötschberg besondere Vorsicht beim Vortrieb angebracht. Durch systematisches Vorausbohren wurde der Fels vor dem Vollausbruch erkundet, um einen Wassereinbruch zu vermeiden.
Nebst Kalkstein ist Lösung auch in Evaporiten verbreitet. Evaporite, die mehrheitlich aus Anhydrit bestehen, bilden im Juragebirge und in den Alpen Schichten von mehreren Zehnermetern. Gerät Wasser in diese Schichten, wird der Anhydrit gelöst und wandelt sich in Gips um, welcher seinerseits ebenfalls gelöst wird. In der Abb. 3-22E liegt eine solche Schicht vor, welche flächenhaft von Dolinen durchlöchert ist.

Weiterführende Literatur

Mit * bezeichnete Werke gehören zur Fachliteratur

Ahnert, F., 2009. Einführung in die Geomorphologie, 4. Aufl., Ulmer UTB, 393 pp.*

Pfiffner, O. A., Lehner, P. & Kühni, A., 1997. Incision and backfilling of Alpine valleys: Pliocene, Pleistocene and Holocene processes. In: Pfiffner, O. A., Lehner, P., Heitzmann, P., Mueller, St. & Steck, A. (Hsg.) Deep Structure of the Alps: Results of NRP 20, Birkhäuser, Basel, p. 265–288.*

Pfiffner, O. A. & Hitz, L., 1997. Geologic interpretation of the seismic profiles of the Eastern Traverse (lines E1-E3, E7-E9): Eastern Swiss Alps. In: Pfiffner, O. A., Lehner, P., Heitzmann, P., Mueller, St. & Steck, A. (Hrsg.) Deep Structure of the Alps: Results of NRP 20, Birkhäuser, Basel, p. 73–100.*

Pfiffner, O. A., Engi, M., Schlunegger, F., Mezger, K. & Diamond, L., 2016. Erdwissenschaften. UTB/Hauptverlag, Bern, 2. Auflage, 367 pp.

4 Geologischer Bau, Gesteine und Landschaften der Schweiz

In den ersten drei Abschnitten dieses Kapitels wird der geologische Bau von Jura, Mittelland und Alpen mit den damit assoziierten Gesteinstypen und Landschaften näher vorgestellt. Im vierten Abschnitt liegt dann der Fokus auf typischen großmaßstäblichen alpinen Landschaften und Landschaftsformen, die beim Abtrag aus dem geologischen Bau des alpinen Deckenstapels hervorgegangen sind.

4.1 Juragebirge

Die weitaus wichtigsten Gesteine an der Oberfläche des Juragebirges sind Kalkstein, Mergel und Tonstein. Im Untergrund kommen Dolomit, Evaporite (Steinsalz und Anhydrit) und Sandstein dazu. Alle diese Sedimentschichten liegen auf einem noch tieferen Untergrund aus zumeist kristallinen Gesteinen. Abb. 4-1 zeigt ein vereinfachtes zeitliches Schema mit der Abfolge der Gesteinsschichten. Die Einbuchtungen, welche das Diagramm links begrenzen, versinnbildlichen «weiche» Gesteine, d.h. Gesteine, die leicht verwittern. Das Grundgebirge zuunterst setzt sich aus Gneisen und Graniten des Paläozoikums zusammen. Die genaue Verteilung dieser Gesteine ist nicht bekannt. Lokal sind auch Sandsteine und Tonsteine des jüngsten Paläozoikums vorhanden. Überlagert wird das Grundgebirge durch eine Gesteinsschicht, die aufgrund ihrer roten Farbe den Namen «Buntsandstein» trägt. Es handelt sich hierbei um von Flüssen zusammengeschwemmten Verwitterungsschutt, welcher heute zumeist als Sandstein vorliegt. Diese Sandsteine wurden für den Bau von Repräsentationsgebäuden verwendet, wie z.B. für das Basler Münster und Rathaus. Nach Ablagerung des «Buntsandsteins» wurde der Europäische Kontinent von Norden her von einem sehr flachen Meer überflutet. In diesem lagerten sich in der Triaszeit Dolomit, Kalk und Evaporite (Steinsalz und Anhydrit) ab. Nebst der Bedeutung als Salzlagerstätte spielten die Evaporite eine wichtige Rolle bei der Bildung des Juragebirges, wie weiter unten diskutiert wird. In der anschließenden Jurazeit wurde das Meer etwas tiefer, wodurch sich an seinem Grund hauptsächlich Kalke, Mergel und Tonsteine ablagerten. Die Kalksteine der Jurazeit sind besonders landschaftsprägend und haben dem international gebrauchten Zeitalter «Jura» den Namen gegeben. Dieses Zeitalter wird auch in Lias (Früher Jura), Dogger (Mittlerer Jura) und Malm (Später Jura) unterteilt. Erwähnenswert ist aber auch die mächtige Tonsteinabfolge des Dogger. Diese kompakten Tonsteine (sogenannter «Opalinuston») sind wasserundurchlässig und werden deshalb als Wirtgestein für die Endlagerung radioaktiver Abfälle näher untersucht. Ihr

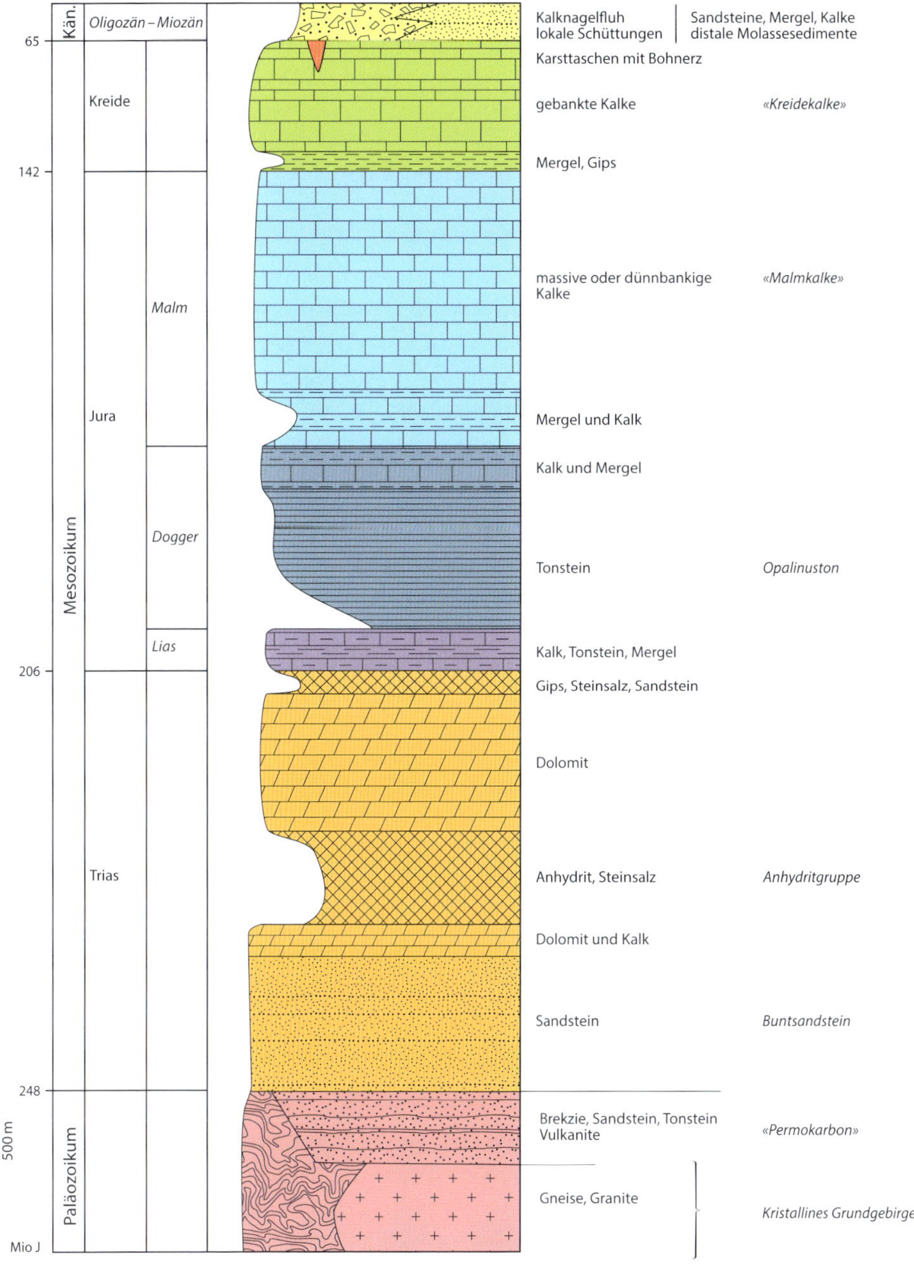

Abb. 4-1 Vereinfachtes Schema der Abfolge der Sedimentschichten im Juragebirge.

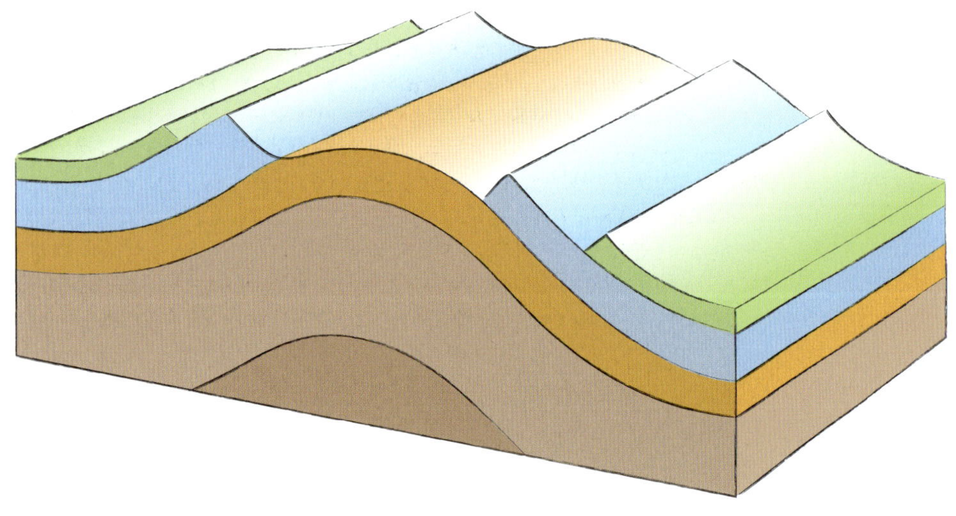

Abb. 4-2 Schema zur Morphologie einer Antiklinale im Juragebirge.

Vorkommen ist nicht auf das Juragebirge beschränkt, sondern setzt sich Richtung Bodensee im Untergrund des Mittellandes fort. In der Kreidezeit wurden weiterhin Kalke und Mergel abgelagert. An mehreren Stellen beobachtet man aber auch Karsttaschen in den Kalken. Sie beweisen, dass sich das ganze Gebiet hob und über dem Wasserspiegel zu liegen kam. Die dadurch einsetzende Verwitterung und Verkarstung führte dazu, dass eisenhaltige Verwitterungsprodukte sich als Kügelchen (Bohnerz) in den Karsttaschen sammelten. Diese Festlandphase setzte sich im Känozoikum fort. Deshalb sind aus dieser Zeit im Juragebirge nur lokal Sedimente erhalten. Einerseits sind es Nagelfluhen mit ausschließlich kalkigen Komponenten, welche von naheliegenden Erhebungen (Jurafalten) geschüttet wurden. Andererseits finden sich Sandsteine und Mergel, die in einem Ausläufer des Molassebeckens zum Absatz gelangten.

Dieser gesamte Schichtstapel wurde in der Zeitspanne vor 20–5 Mio. Jahren im Vorland der Alpen durch die Kollision des Europäischen mit dem Adriatischen Kontinent horizontal zusammengedrückt. Der Wechsel von Kalken und Mergeln war dabei ideal, um in Falten gelegt zu werden. Die Falten sind vor allem im südöstlichen Juragebirge eng mit der Topografie verknüpft, wie in Abb. 4-2 erklärt wird. Die braune, blaue und grüne Schicht, die stellvertretend sind für die Kalke des Dogger, des Malm und der Kreide, bilden ein Gewölbe, eine sogenannte Antiklinale. Zwischen der braunen und blauen sowie der blauen und grünen Schicht ist eine Mergelschicht vorhanden. Das Dach des Gewölbes, d. h. der oberste Teil

der blauen und grünen Schicht, wurde abgetragen. Die erosionsresistenten Kalke entwickelten sich dabei zu Schichtkämmen, während die weichen Mergel zurückwitterten und Tälchen, sogenannte Combes, verursachten (vgl. Abb. 3-15). Insgesamt wird die Antiklinale (das Gewölbe) zu einem Berg mit Schichtkämmen parallel zur Falte, während die Mulden oder Synklinalen nebenan zu Tälern werden. Der Chasseral im Foto in Abb. 3-16A ist ein Beispiel eines «Antiklinalberges».
Ein Profilschnitt durch das gesamte Juragebirge samt der angrenzenden Gebiete im Mittelland (Molassebecken) und im nördlichen Vorland (Rhein-Graben) ist in Abb. 4-3 dargestellt. Innerhalb des Juragebirges ist die blau gefärbte Schicht aus Sedimenten der späten Triaszeit und der Jurazeit in Falten gelegt (in diesem Querschnitt fehlen die Sedimente der Kreidezeit). Die ocker gefärbte Schicht enthält die Evaporite der Triaszeit. Evaporite sind sehr fließfähig und waren in der Lage, bei der Auffaltung die Kerne der entstehenden Antiklinalen zu füllen. Zusätzlich dienten sie als Abscherhorizont für den gesamten Schichtstapel, denn die Gneise und Granite des Grundgebirges darunter konnten diese Faltungen nicht mitmachen. Die Situation kann mit der Faltung eines Teppichs auf einem Parkettboden verglichen werden: der Parkettboden ist starr, der Teppich darüber kann sich in Falten legen, wenn er weggeschoben (abgeschert) wird. Die Falten im südöstlichen Teil des Juragebirges sind stärker ausgeprägt, die Bergrücken sind entsprechend höher und von relativ tiefen Tälern begleitet. Die Ketten von Hasenmatt (1445 m) über Chasseral (1607 m), Chasseron (1607 m), Mont Tendre (1679 m) und Crêt de la Neige (1718 m) sind alle höher als die Ketten weiter im Nordwesten an der Grenze zu Frankreich. Letztere sind um die 1000 m hoch und besitzen ein geringeres lokales Relief, weil die Falten weniger ausgeprägt sind. Der südöstliche Teil des Juragebirges wird auch als Faltenjura bezeichnet.
Der Sedimentstapel des Juragebirges lässt sich lückenlos in den Untergrund des Molassebeckens verfolgen und ist mit diesem starr verbunden. Daher muss man annehmen, dass das Molassebecken ebenfalls von seinem Grundgebirge abgeschert und zusammen mit dem Juragebirge nach NNW transportiert worden ist. Aus diesem Grunde ist der rot eingezeichnete Abscherhorizont auch unter dem Molassebecken eingezeichnet. Im Falle des Juragebirges kommt erschwerend hinzu, dass die Gneise und Granite lokal von Sedimenten des jüngsten Paläozoikums (Permo-Karbon) überlagert sind. Diese haben sich wenigstens teilweise auch an der Faltung beteiligt, wodurch auch der Abscherhorizont, d. h. die Evaporite der Trias, in leichte Falten gelegt worden sind. In Abb. 4-3 betrifft dies die Falten zwischen Hermrigen und Reconvilier. Gesamthaft gesehen ist davon auszugehen, dass zuerst eine Abscherung mit Falten in den Jura- und Kreideschichten passierte und später das kristalline

Grundgebirge mit den spätpaläozoischen Sedimenten und den Evaporiten der Trias in leichte Falten gelegt wurde. War der Abscherhorizont in den Evaporiten einmal gefaltet, war keine weitere Abscherung mehr möglich. Der Nordrand des Juragebirges in diesem Profilschnitt befindet sich bei Miécourt (östlich Porrentruy/Pruntrut). Der Profilschnitt zeigt, wie die mesozoischen Sedimente (als blaue Schicht dargestellt) vom Molassebecken her zum Juragebirge hin plötzlich höher liegen. Der Anstieg passiert an einer Überschiebung unter Biel, an welcher die Schichten nach SSE aufgeschoben wurden. Zwischen Biel und Glovelier sind die Sedimente in Falten gelegt. NNW von Glovelier sind sie an drei flachen Überschiebungen nach NNW aufgeschoben. Überschiebungen und Abschiebungen sind in Rot gezeichnet. Das Kristallin und das Permokarbon machen die Faltung zwischen Biel und Reconvilier ansatzweise mit. Der eingezeichnete Verlauf des Abscherhorizontes in den Evaporiten der mittleren Trias ist hypothetisch, denn er ist tief im Untergrund verborgen. Nördlich davon ist der Sedimentstapel auf dem Grundgebirge fest verankert liegen geblieben. Bei Seppois-le-Bas tauchen die Sedimente ab in die Senke des Rhein-Grabens.

Das Landschaftsbild des Juragebirges ist anhand einer Reihe von Fotos in Abb. 4-4 illustriert. Die Erklärungen hierzu sind im jeweiligen Legendentext vermerkt.

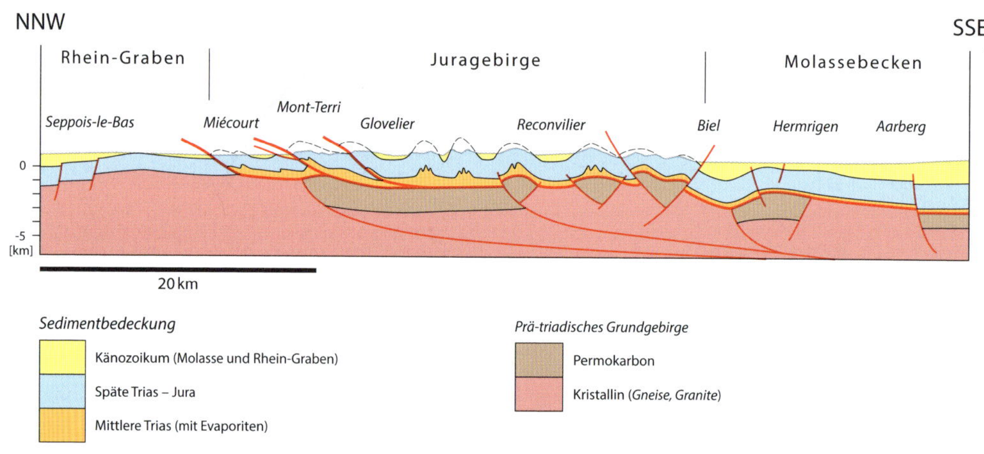

Abb. 4-3 Profilschnitt durch den Zentraljura zwischen Biel/Bienne und Miécourt.

Abb. 4-4A Blick auf den Neuenburger Jura. Blickrichtung Nord. Die Stadt Neuenburg/Neuchâtel liegt auf dem Abhang des Chaumont. Dieser Bergrücken zeichnet ein großes Gewölbe bzw. eine große Antiklinale ab. Dahinter folgt eine Mulde bzw. Synklinale unter dem flachen Talboden des Val de Ruz, und schließlich ist dahinter eine weitere Antiklinale im Bergrücken des Mont d'Amin zu sehen. Die Antiklinalen laufen nach NE zusammen und setzen sich im Chasseral fort. Foto © VBS.

Abb. 4-4B Die Klus der Schüss/Suze von Reuchenette (BE) zwischen Frinvillier und Péry. Blickrichtung ENE. Deutlich sichtbar ist die Antiklinalstruktur (Gewölbeform) der Kalkschichten in den Felswänden der Klus. Die Antiklinale setzt sich nach NE als Geländerücken nach Plagne fort. Das Tal von Vauffelin wird durch eine Synklinale verursacht. Die Geländerücken im Hintergrund, Montoz und Moron (linke Bildhälfte) sowie Graitery und Mont Raimeux (rechte Bildhälfte) sind ebenfalls Ausdruck von Antiklinalen. Insgesamt zeigt das Foto eine typische Landschaft des Faltenjuras. Foto © VBS.

Abb. 4-4C Vallée de Joux (VD) mit Blickrichtung nach NE. Der flache Talboden mit dem mäandrierenden Fluss (Orbe) und dem See (Lac de Joux) liegt auf einer Synklinale. Die beidseitigen Waldstreifen zeichnen den Verlauf einer herauswitternden, erosionsresistenten Kalkschicht ab. Diese Kalkschicht gehört zu den Faltenschenkeln zwischen dieser Synklinale und den Antiklinalen von Le Mont Risoux im NW und Mont Tendre im SE; die Kalkschicht taucht unter den flachen Talgrund ein. Foto © VBS.

Abb. 4-4D Blick auf das Tal von Les Verrières (NE) – Verrières de Joux (F) mit Blickrichtung nach SW. Das Tal folgt einer Synklinalen. Der Bergrücken rechts (Montagne du Lammont) zeigt das flache Einfallen der Kalkschichten parallel zur Landoberfläche nach links (SE). Die Kalkschichten tauchen unter den Talboden. Der bewaldete Hang des Bergrückens links des Tales (bei Grange Mathey) ist parallel zum steileren Einfallen derselben Kalkschichten nach rechts (NW). Auch diese Kalkschichten tauchen unter den Talboden. Sie verbinden sich im Taluntergrund als Synklinale mit jenen des Gegenhangs. Im Talboden findet man im Kern der Synklinalen die jüngsten Schichten. Es sind Sandsteine der Oberen Meeresmolasse. Foto © VBS.

Abb. 4-4E Blick auf die Freiberge (Franches Montagnes) mit Blick Richtung Nord. Rechts im Vordergrund der Etang de Gruère (JU), links am Bildrand der Etang de Royes. Mehrere seichte Hügelzüge queren die Landschaft im Mittel- und Hintergrund. Es handelt sich dabei um Antiklinalen, die aber eine bescheidene Amplitude haben, sodass die Höhenunterschiede, das heißt das lokale Relief, im ganzen Gebiet recht bescheiden bleiben. Das flache Relief und die intensive Verkarstung der Kalke bewirkten, dass sich kein Talsystem zur Entwässerung bilden konnte. Vielmehr bestehen abflusslose Mulden, in denen sich das Oberflächenwasser sammelt. In diesen Mulden bilden sich häufig Moore und Sümpfe, wie die Beispiele von Etang de Gruère und Etang des Royes zeigen. Großmaßstäblich gesehen bilden die Freiberge ein Hochplateau innerhalb des Juragebirges mit einer beachtlichen durchschnittlichen Höhe von rund 1000 m ü. M. Foto © VBS.

4.2 Mittelland

Die Gesteine im Felsuntergrund des Mittellandes sind Sedimente, welche aus dem Abtragungsschutt der werdenden Alpen in einem Becken im Vorland des Gebirges abgelagert worden sind. Dieses Becken wird als Molassebecken bezeichnet, die abgelagerten Sedimente kurz als Molasse. Die Abfolge dieser Sedimente ist in Abb. 4-5A zusammengefasst. Zu Beginn, d. h. vor 33 Mio. Jahren, war das Molassebecken noch vom Meer überflutet. Es wurde dann vollständig aufgeschüttet, dann wieder kurz geflutet und schließlich nochmals aufgefüllt. In diesen Zeitabschnitten wurden entsprechend die Untere Meeresmolasse (UMM), die Untere Süsswassermolasse (USM), die Obere Meeresmolasse (OMM) und schließlich die Obere Süsswassermolasse abgelagert. Als Meeresmolasse bezeichnet man Sedimente, die im Meer abgelagert wurden, als Süsswassermolasse Sedimente, die auf der Landoberfläche zum Absatz gelangten. In beiden Fällen waren es Flüsse, die den Schutt aus

Abb. 4-5A Die zeitliche Abfolge der Sedimentgesteine: Untere Meeresmolasse (UMM), Untere Süsswassermolasse (USM), Obere Meeresmolasse (OMM) und Obere Süsswassermolasse (OSM).

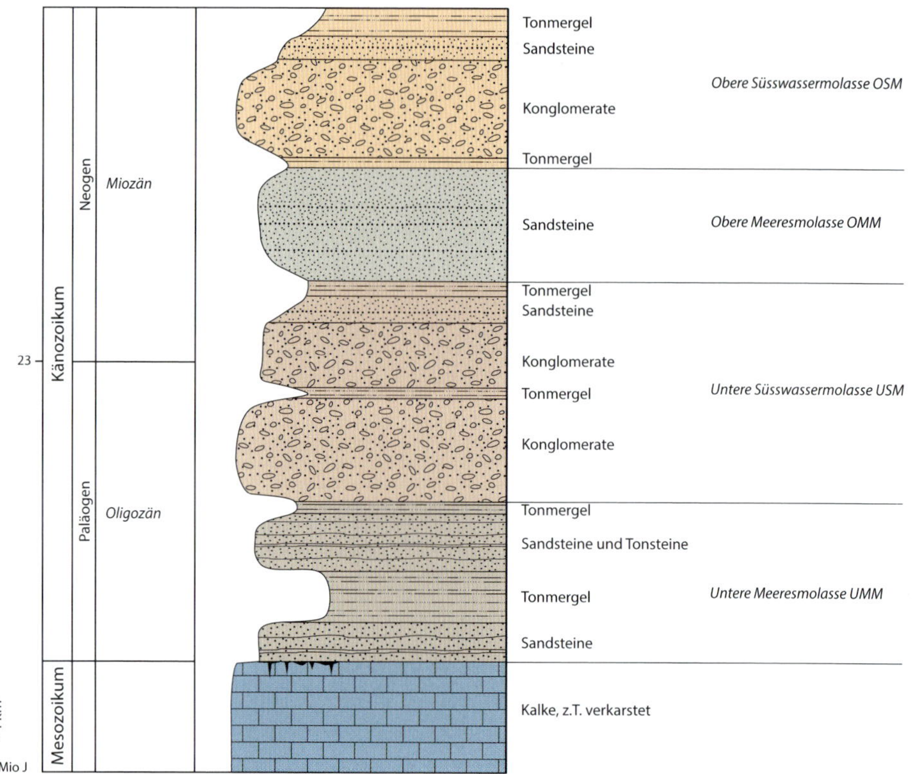

den werdenden Alpen ins Vorland – sei dieses nun trockenes Festland oder vom Meer geflutet – transportierten.
Zur Zeit der Unteren Meeresmolasse (UMM) trugen die Flüsse Sand und Ton in den Küstenbereich. Die gebirgsbildenden Vorgänge in den werdenden Alpen waren mit Erdbeben verknüpft. Als Folge gingen vom Rand und Abhang des Beckens immer wieder Schlammlawinen nieder. Diese lagerten beim Auslaufen am flacheren Meeresboden Sand und danach Ton ab. Daraus entstand eine vielfache Abfolge von Sandsteinen und Tonsteinen. Am Ende der UMM-Zeit war das Meeresbecken vollständig aufgefüllt und verlandet.
In den Zeitepochen der Unteren und Oberen Süßwassermolasse wurden Nagelfluhen, Sandsteine und Mergel auf dem nun trockengelegten Vorland abgelagert. Die Nagelfluhen (ein schweizerischer Begriff für Konglomerate) entstanden aus Kiesen, welche durch Flüsse transportiert und abgelagert wurden. Kies und Sand wurden bei katastrophenartigen Hochwasserereignissen als Schlammströme im Gebirge mobilisiert. Beim Austritt aus dem Gebirge in das flachere Molassebecken wurden am Alpenrand Kies und Sand in Schuttfächern angehäuft. Der feinere Sand gelangte weiter hinaus in das Vorland. Die Gebiete neben den Schuttfächern im Vorland der Alpen wurden dabei ebenfalls überschwemmt. Aus dem trüben Wasser in den Schwemmebenen gelangten Mergel zum Absatz. Das Blockdiagramm in Abb. 4-5B zeigt, wie man sich die damalige Landschaft und die Ablagerungsprozesse rund um den Austritt eines Flusses aus den Alpen vorstellen kann.

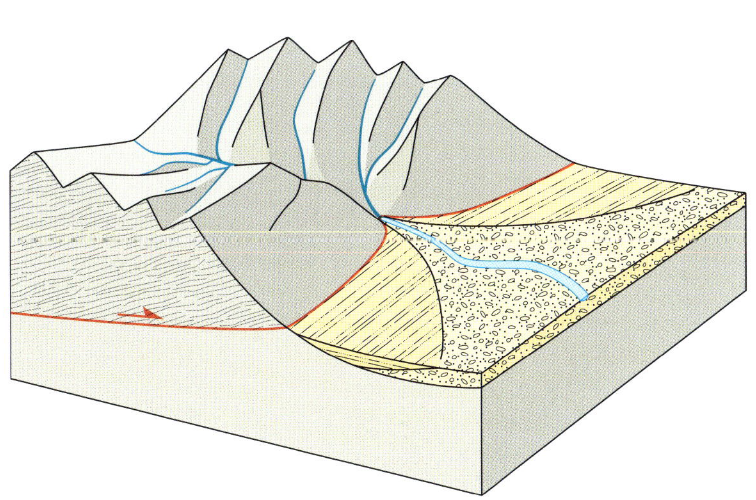

Abb. 4-5B Schema zu den Ablagerungsbedingungen der Süsswassermolasse. Ein aus den Alpen austretender Fluss lagert einen Schuttfächer aus Kies ab. Seitlich davon wird in der Überschwemmungsebene Tonmergel abgesetzt. Längs einer Überschiebung wird der Alpenkörper auf das Molassebecken aufgeschoben.

Die Obere Meeresmolasse umfasst hauptsächlich Sandsteine, die in einem sehr flachen Meer abgelagert wurden. Vielerorts zeigen sich in den Sedimenten Phänomene, welche auf Gezeitenwirkung zurückzuführen sind. Fossile Vogelspuren deuten auf ein Watt. Das Watt ist zerfurcht von Gezeitenkanälen.
Tendenziell findet man in Alpennähe die älteren Molassesedimente (UMM und USM), während OMM und OSM auf das Mittelland beschränkt sind. Daraus kann man schließen, dass sich das Molassebecken mit der Zeit Richtung Vorland verlagerte. Die rückwärtigen, alpennahen Teile wurden während der Alpenbildung vom entstehenden Gebirge teilweise überfahren und zugedeckt. Sämtliche Sedimentgesteine des Molassebeckens wurden nach ihrer Ablagerung verfestigt; dabei wurden die zuunterst liegenden ältesten Ablagerungen durch die Überlast der darüberliegenden Schichten stärker zusammengepresst und zementiert. Bei den jüngsten und daher zuoberst liegenden Sedimenten ist dieser Effekt weniger sichtbar.
Im Untergrund der Sedimente des Molassebeckens trifft man die Fortsetzung der mesozoischen Sedimente des Juragebirges und noch weiter unten Kristallingesteine mit Gneisen, Graniten und lokal spätpaläozoischen Sedimenten. Über den Molassesedimenten liegen im Mittelland Lockergesteine, welche von den Gletschern und Flüssen der Eiszeiten stammen. Diese werden in Kapitel 5 näher diskutiert.
Das Blockdiagramm in Abb. 4-6 illustriert den Verlauf der Gesteinsschichten im Untergrund des Molassebeckens vom Mittelland bis in die Alpennähe. Die Molasseschichten bestehen hauptsächlich aus Sandsteinen, enthalten aber im oberen Teil Konglomeratlagen (Nagelfluhen) und im unteren Teil Tonmergellagen. Im Mittelland überdecken die Molasseschichten die mesozoischen Sedimente, welche sich vom Juragebirge im Untergrund des Mittellandes in Richtung Alpen verfolgen lassen. Diese Domäne wird als Mittelländische Molasse bezeichnet. In Alpennähe sind die Molasseschichten durch Überschiebungen dachziegelartig übereinander zu liegen gekommen. Diese Gesteinspakete tauchen alpenwärts in die Tiefe und werden dann von alpinen Decken (Helvetikum und Penninikum) überdeckt. Man bezeichnet diesen Teil des Molassebeckens deshalb als Subalpine Molasse.
Der genauere Baustil des Molassebeckens ist anhand von zwei vertikalen Schnitten, sogenannten Profilschnitten, näher erläutert (Abb. 4-7). Der Profilschnitt durch das östliche Molassebecken in Abb. 4-7A verdeutlicht, wie die mesozoischen Schichten generell gegen die Alpen hin immer tiefer werden und gleichzeitig die Mächtigkeit der Molassesedimente zunimmt. Im Bereich der Lägern, dem östlichen Ausläufer des Juragebirges, sind die mesozoischen Sedimente durch Überschiebungen aufein-

ander gestapelt worden. Die Molasseschichten des Mittellandes werden gegen die Alpen hin aufgerichtet; in Alpennähe sind sie an Überschiebungen nach NNW bewegt worden. Wie man dem Profilschnitt entnehmen kann, sind die älteren Molasseschichten von den alpinen Decken überschoben worden und setzen sich deshalb weit nach Süden unter diesen Decken fort.

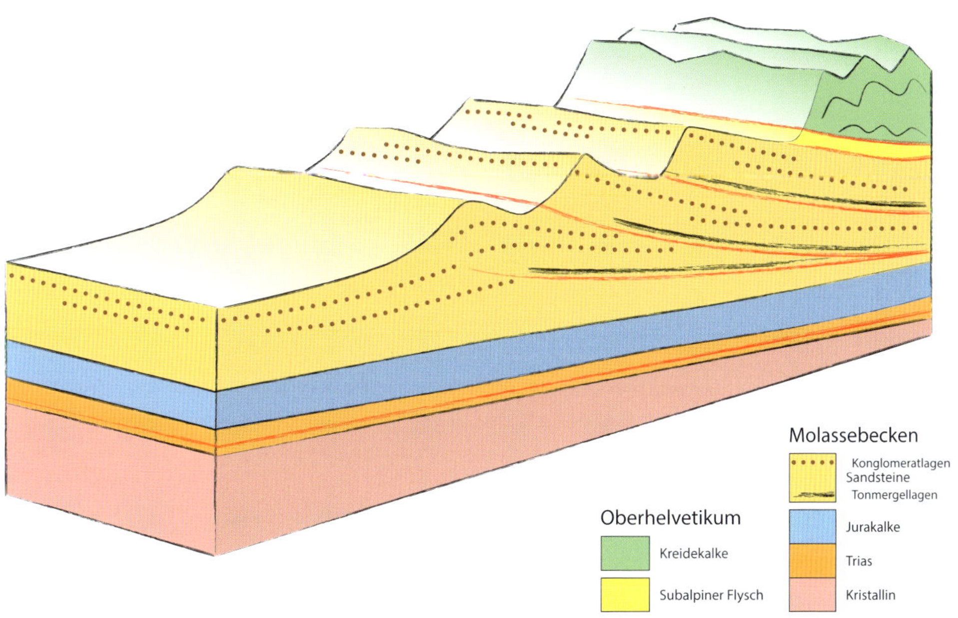

Abb. 4-6 Schema zum tektonischen Bau des Molassebeckens. Im Vorland liegen die Molasseschichten direkt auf den mesozoischen Sedimenten (Jura und Trias). Im westlichen Mittelland sind die mesozoischen Sedimente samt Molasseschichten vom Kristallin darunter abgeschert. Der Abscherhorizont setzt sich im Juragebirge fort. Am Alpenrand sind die Molassesedimente durch Überschiebungen aufeinandergestapelt. Die Überschiebungen verlaufen längs der weichen Tonmergeln der Unteren Meeresmolasse und setzen sich unter den alpinen Decken (im Schema die helvetischen Decken) fort. Dieser Teil der Molasse, der auch von den Alpen selbst überschoben ist, wird deshalb als Subalpine Molasse bezeichnet. Die Bildung dieser Subalpinen Molasse erfolgte im letzten Stadium der Kollision zwischen der Europäischen und der Adriatischen Platte.

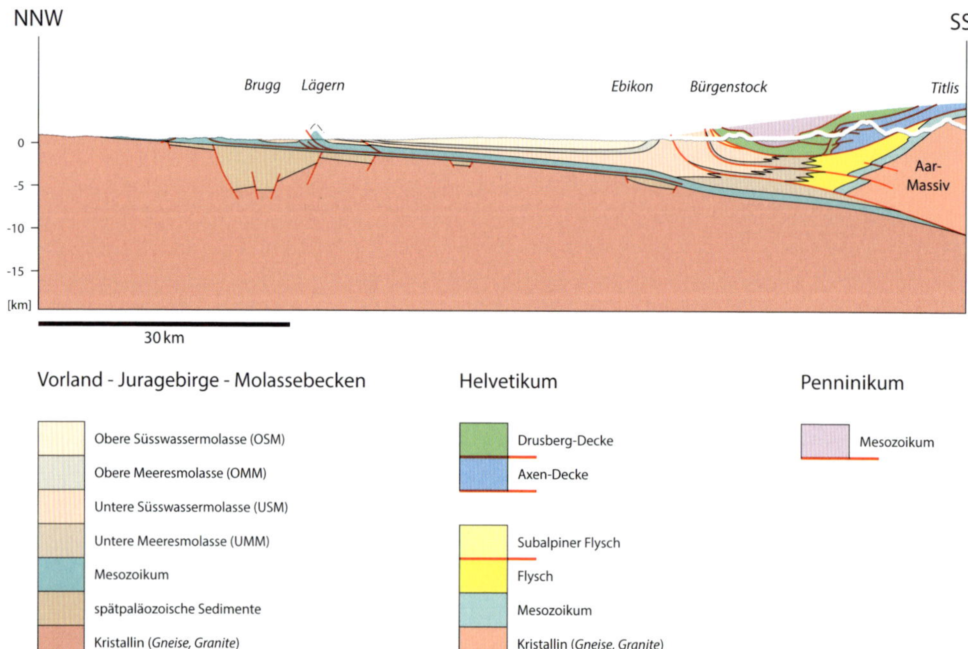

Abb. 4-7A Profilschnitt durch das Molassebecken der Nordschweiz/Zentralschweiz (Brugg-Titlis). Zwischen Lägern und Ebikon sind die Molasseschichten der USM, OMM und OSM flach gelagert und nehmen an Mächtigkeit gegen die Alpen hin zu. Bei Ebikon werden sie aufgerichtet; südlich davon sind zwei Pakete von USM vorhanden, die unter die helvetischen Decken des Bürgenstocks eintauchen. Die nördliche der beiden Überschiebungen taucht tief unter dem Titlis bis ins kristalline Grundgebirge ein. Auf dieser Überschiebung ist ein Block von Kristallin, das Aar-Massiv, emporgeschoben und gehoben worden. Das Vorkommen der UMM ist auf den Bereich südlich von Ebikon beschränkt. Zwischen Ebikon und Brugg sind die mesozoischen Sedimente unter den Molasseschichten vom kristallinen Untergrund abgeschert und nach Norden transportiert worden. Die Kette der Lägern stellt den östlichsten Ausläufer des Juragebirges dar. Im Untergrund von Brugg ist im kristallinen Untergrund ein Trog von spätpaläozoischen Sedimenten eingeschaltet.

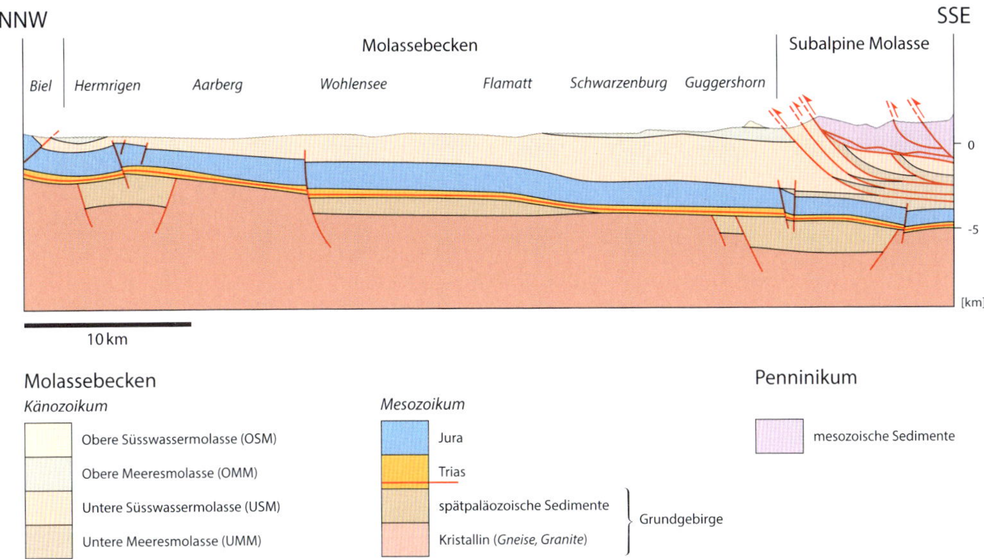

Abb. 4-7B Profilschnitt durch das Molassebecken der Westschweiz (Biel-Guggershorn). Zwischen Hermrigen und Guggershorn sind die Molasseschichten flach gelagert; von Hermrigen Richtung Biel sind sie leicht gefaltet. Unter den penninischen Decken südlich des Guggerhorns sind die Molasseschichten in der Subalpinen Molasse mehrfach übereinandergestapelt. In diesem Querschnitt sind OMM und OSM im Abschnitt zwischen Hermrigen und Flamatt vollständig der Erosion zum Opfer gefallen. Die UMM beschränkt sich auf die Subalpine Molasse südlich des Guggershorns. Die mesozoischen Sedimente unter den Molasseschichten sind im Vergleich zum Profil in Abb. 4-7A mächtiger und zudem vom kristallinen Untergrund abgeschert. Der Abscherhorizont ist etwas undulierend und von Brüchen zerhackt; er setzt sich nach Norden in das Juragebirge fort.

Der Profilschnitt durch das westliche Mittelland (Abb. 4-7B) zeigt ein ähnliches Bild: Die mesozoischen Schichten tauchen vom Juragebirge bei Biel her in immer größere Tiefe nach SSE. Ihre Mächtigkeit ist im Vergleich zum östlichen Profilschnitt aber größer. Die mesozoischen Sedimente des Juragebirges sind während der Jurafaltung nach NNW bewegt worden. Sie sind fest verbunden mit den mesozoischen Sedimenten im Untergrund des Molassebeckens. Somit ist man gezwungen anzunehmen, dass auch die darüberliegenden Molasseschichten nach NNW bewegt wurden. Die Bewegung fand längs des Abscherhorizontes in den Evaporiten der Trias statt und betrug etwa 10–15 km. Die Subalpine Molasse am Alpenrand ist in diesem Querschnitt aus mehreren überschobenen Paketen zusammengesetzt. Die Abscherung innerhalb der Molasseschichten passierte höchstwahrscheinlich in den Tonmergelabfolgen der UMM.
Das Landschaftsbild des Mittellandes bzw. des Molassebeckens ist anhand einer Reihe von Fotos in Abb. 4-8 illustriert. Abb. 4-8A zeigt den Blick von der Rigi nach ENE auf den Rossberg/Gnipen und Goldau. Die Konglomeratbänke der USM fallen vom Gipfel über Goldau, dem Gnipen, fast hangparallel nach Süden ein. Sie gehören zur Subalpinen Molasse und tauchen rechts vom Bild unter die helvetischen Decken ein. Am 2. September 1806 löste sich vom Gnipen ein Bergsturz und verschüttete Goldau. 457 Menschen fanden dabei den Tod. Beim Bergsturz glitt ein fast 40 Millionen m^3 großes Nagelfluhpaket auf einer tonig-mergeligen Gleitschicht ab. Die Gleitschicht war nach drei niederschlagsreichen Jahren (1799, 1804, 1805) und einem nassen Frühjahr und August (1806) durchnässt. Schon 30 Jahre zuvor gab es Anzeichen für einen bevorstehenden Bergsturz. Mit ganz wenigen Ausnahmen blieben die Leute aber ihrer Scholle treu und bezahlten dies mit dem Leben. Der Trümmerstrom, welcher am Gegenhang etwa 100 m weit hinaufglitt, ist in Abb. 4-8A als weiße Fläche eingezeichnet, die Abrisskante als rot gestrichelte Linie.
Abb. 4-8B zeigt die Subalpine Molasse in der Ostschweiz betrachtet vom Speer (SG) mit Blickrichtung ENE auf den Säntis (SG, AR, AI). Im Vordergrund sieht man Konglomeratbänke der USM, die nach rechts (SSE) eintauchen. Am Stockberg erkennt man eine analoge Situation. Die Konglomerate verschwinden hier unter einer Lage von Flysch und Kreidekalken der helvetischen Decken. Die helvetischen Decken bauen den Bergrücken von Lütispitz sowie Säntis, Altmann und Wildhauser Schafberg auf.
In Abb. 4-8C sieht man die Mittelländische Molasse bei Affoltern i.E. (BE) mit Blick Richtung Nord. Die Landschaft weist ein geringes Relief mit flachen Anhöhen, Hügeln und Rinnen auf. Am Horizont erkennt man die Juraketten von Weissenstein und Hauenstein. Der Felsuntergrund besteht

aus flachliegenden Sandsteinen der OMM. Die Sandsteine und Konglomerate der OSM wurden abgetragen. Heute ist die OMM lokal von viel jüngeren Lockergesteinen überlagert. Das Dorf Affoltern beispielsweise liegt auf eiszeitlichen Sedimenten einer Hochterrasse (100 000–400 000 Jahre alt).

Abb. 4-8D gibt den landschaftlichen Eindruck der Mittelländischen Molasse beim Murtensee (BE, FR, VD) mit Blick Richtung NNE. Das Dörfchen Donatyre (FR) im Vordergrund und Avenches (VD) am linken Bildrand stehen auf einem Felsuntergrund aus flachliegenden Sandsteinen der USM, welche lokal durch eiszeitliche Lockergesteine bedeckt sind. Das Gelände vor dem Murtensee zeigt ein geringes Relief. Der Hügelzug des Mont Vully zwischen dem Murtensee und dem Neuenburgersee ist durch eine Antiklinale innerhalb der USM bedingt.

Abb. 4-8A Blick nach ENE auf den Rossberg/Gnipen und Goldau. Der Trümmerstrom des Bergsturzes von Goldau ist in Weiß markiert. Foto © NAGRA.

B
Altmann 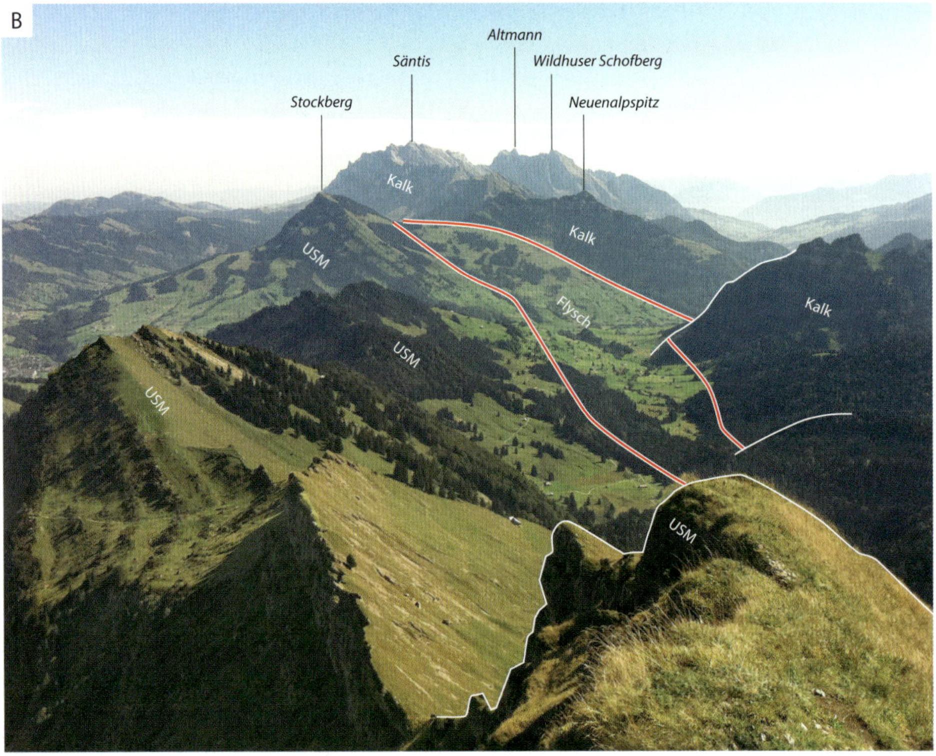
Säntis
Wildhuser Schofberg
Stockberg
Neuenalpspitz
Kalk
Kalk
USM
Flysch
Kalk
USM
USM
USM

C
Affoltern i.E.

Abb. 4-8B Die Subalpine Molasse in der Ostschweiz, betrachtet vom Speer (SG) mit Blickrichtung ENE auf den Säntis (SG, AR, AI). Foto © A. Pfiffner. Die Molasseschichten im Vordergrund (USM) und am Stockberg tauchen nach rechts (SSE) unter die Kalke der helvetischen Decken ein.

Abb. 4-8C Die Mittelländische Molasse bei Affoltern i.E. (BE) mit Blick Richtung Nord. Foto © VBS. Auffallend ist das geringe Relief der Landschaft, geprägt durch sanfte Hügelzüge und Täler.

Abb. 4-8D Die Mittelländische Molasse beim Murtensee (BE, FR, VD) mit Blick Richtung NNE. Foto © VBS. Das Gelände zwischen Donatyre und dem Murtensee ist flach. Ein einzelner Hügelzug mit dem Mont Vully trennt den Murtensee vom Neuenburgersee.

4.3 Alpen

Die Gesteine in den Alpen weisen eine ausgesprochene Vielfalt auf. In den verschiedenen Decken liegen Kristallingesteine und Sedimente vor, in Teilen der Alpen wurden sie während der Bildung der Alpen unter höheren Temperaturen und Drücken metamorph überprägt. Wie in Kapitel 1 bereits ausgeführt, lassen sich die Alpen aufgrund der paläogeografischen Herkunft der mesozoischen Sedimente in drei Großeinheiten gliedern: Das Helvetikum zeichnet sich durch Sedimente aus, die auf dem Kontinentalrand von Europa abgelagert wurden; sie sind jenen des Juragebirges ähnlich. Das Ostalpin und Südalpin enthalten Sedimente, die auf dem Adriatischen Kontinentalrand abgelagert worden sind (der Adriatische Kleinkontinent war ein Sporn von Afrika, der eine gewisse Eigenständigkeit hatte). Das Penninikum schließlich umfasst Gesteine, welche in Meeresbecken und auf Mikrokontinenten zwischen Europa und Adria entstanden sind.
Die Vielfalt der Gesteine wird zusätzlich komplexer infolge des tektonischen Baus der Alpen. Verschiedenartige Gesteine gerieten dabei durch Überschiebungen und Deckenbau aus diversen Lokalitäten stückweise in unmittelbare Nachbarschaft. Dadurch entstand eine sehr bunte Verteilung unterschiedlicher Gesteinspakete auf kleinstem Raum.

4.3.1 Helvetikum

Im Helvetikum sind im Kristallin hauptsächlich Gneise und Granite anzutreffen, in den Sedimentgesteinen mehrheitlich Kalksteine, Mergel, Sandsteine und Tonsteine. In Abb. 4-9 ist die zeitliche Abfolge der verschiedenen Gesteinstypen schematisch dargestellt. Die Einbuchtungen kennzeichnen weiche, leicht erodierbare Gesteinsschichten. Im Unterschied zum Juragebirge sind die Kristallingesteine im Helvetikum auch an der Oberfläche anzutreffen: Granite im Gotthardgebiet sowie vom Tödi über Oberalpstock - Susten und Grimsel bis zum Lötschental. Die meisten der Granite sind etwa 300 Mio. Jahre alt und stecken in viel älteren Gneisen. Über den Graniten und Gneisen sind lokal auch spätpaläozoische Sedimente in lokalen Depressionen abgelagert worden. Diese sind rund 275 Mio. Jahre alt und werden von gleichaltrigen vulkanischen Gesteinen begleitet. Ein wichtiges Beispiel dazu ist der sogenannte Verrucano, welcher schon im Zusammenhang mit der Glarner Hauptüberschiebung im Kapitel 3 besprochen wurde (Kasten 3.1).
Die mesozoischen Sedimente, welche über den Graniten und Gneisen liegen, setzen mit einer markanten Dolomitschicht ein, auf die eine örtlich variable Abfolge von Mergeln, Kalken und Sandsteinen folgt. Sehr homogen sind die massigen Kalke des Quinten-Kalkes, welche im

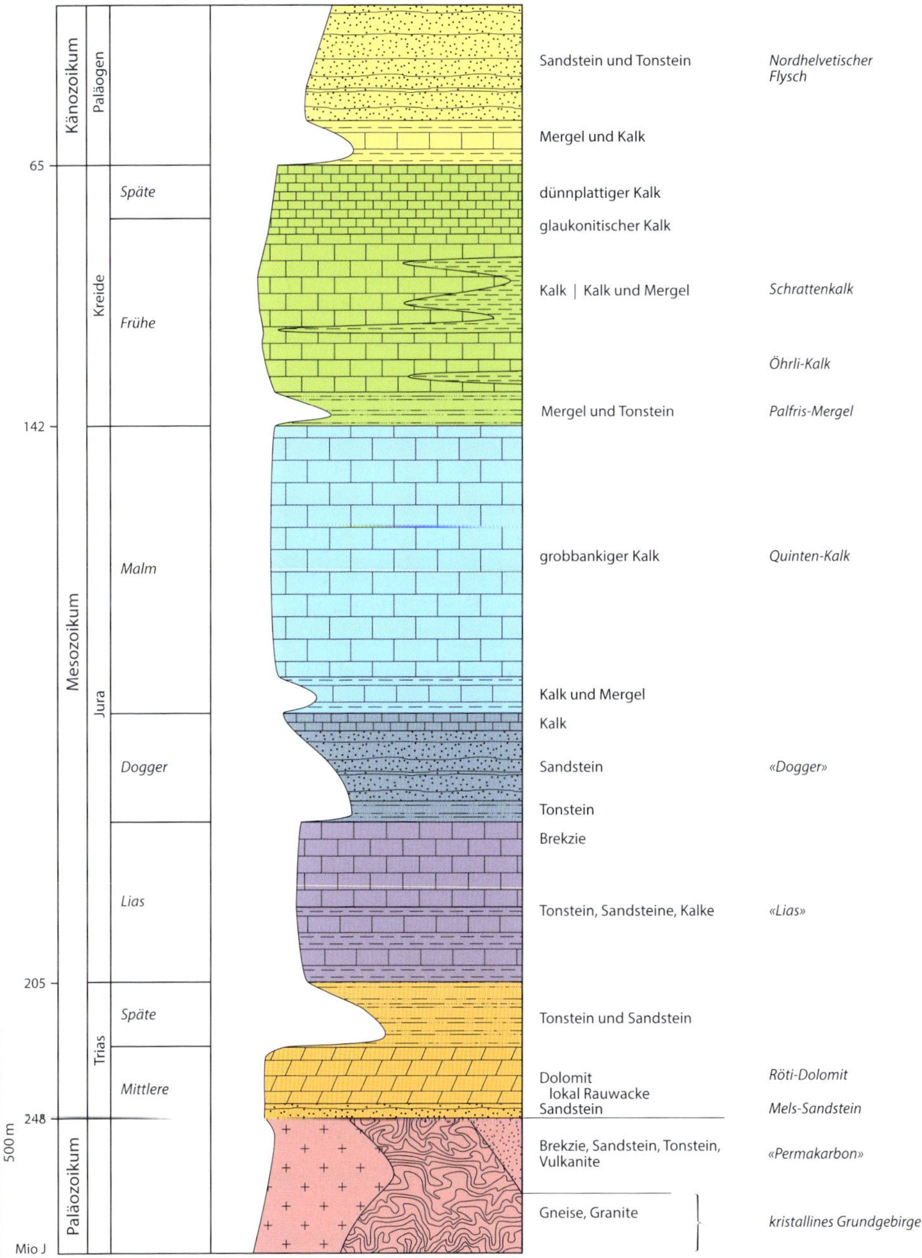

Abb. 4-9 Vereinfachtes Schema der Abfolge der Sedimentschichten im Helvetikum.

ganzen Helvetikum als hohe Felswände die Landschaft prägen. Prägnante Beispiele dazu finden sich beidseits von Martigny in der Tour de Sallière und im Grand Muveran, im Gastern- und Lauterbrunnental, am Titlis, im Reusstal bei Erstfeld, am Glärnisch, am Walensee, im Tamina-Calfeisental und im Calanda-Massiv. Auch die darüber folgenden Kreidekalke, welche oft Mergelschichten enthalten, treten landschaftsbildend am Alpennordrand deutlich in Erscheinung (Niederhorn-Schrattenfluh-Pilatus, Fronalpstock-Druesberg-Rautispitz, Mattstock-Säntis-Hoher Kasten). Sämtliche Sedimente wurden in einem seichten Schelfmeer abgelagert. Dessen Meeresgrund senkte sich so langsam ab, dass die Kalkbildung mehr oder weniger Schritt halten konnte und somit dieselben Wassertiefen über längere Zeitabschnitte konstant blieben. Im Känozoikum aber wurde der Meeresboden dann schneller abgesenkt. In einem schmalen tiefen Trog lösten sich in der Folge eine Vielzahl von untermeerischen Schlammströmen am steilen alpenwärtigen Rand des Troges und strömten in dessen Zentrum. Dort sammelte sich der Schlamm in Form von unzähligen Abfolgen von Sandstein-Tonsteinlagen. Diese Sedimente bezeichnet man als Flysch. Größere Vorkommen davon findet man im hinteren Glarnerland und beidseits von Altdorf (UR).
Der tektonische Bau des Helvetikums ist in Abb. 4-10 umrissen. Grundsätzlich unterscheidet man zwischen Oberhelvetikum und Unterhelvetikum. Die Trennung dazwischen ist eine wichtige Überschiebung: die Glarner Hauptüberschiebung im Osten (in Kasten 3.1 näher diskutiert), die Axen-Überschiebung in der Zentralschweiz und die Wildhorn-Überschiebung in der Westschweiz. Das Unterhelvetikum (früher als Infrahelvetikum bezeichnet) besteht aus Kristallingesteinen und deren Sedimentbedeckung. Das Kristallin ist bei der Bildung der Alpen zu einem großen Gewölbe emporgepresst worden. Ein typisches Beispiel dafür ist das Aar-Massiv, welches, wie Abb. 4-10 zeigt, fensterartig an der Erdoberfläche sichtbar ist. Die Sedimentbedeckung darüber (Mesozoikum und Flysch) wurde in kleinere Falten gelegt und von diversen Überschiebungen zerschnitten. Das Oberhelvetikum besteht aus Decken, welche längs der Hauptüberschiebung von südlich des Aar-Massivs über 40–50 km nach Norden geschoben wurden. Diese Decken werden auch als helvetische Decken bezeichnet. Heute liegen sie im Süden auf der mesozoischen Bedeckung des Aar-Massivs und – etwas weiter nördlich – auf den Flysch-Gesteinen. Ganz im Norden kamen sie auf die Molasseschichten der Subalpinen Molasse zu liegen. Der Übergang zwischen Flysch und Molasse im Untergrund der helvetischen Decken ist nirgends sichtbar. Er dürfte graduell sein, denn die Molasseschichten sind nur unwesentlich jünger als die Flysch-Gesteine. Die Sedimentschichten des Oberhelvetikums sind intern in Falten gelegt und von kleineren Überschiebungen zerschnitten.

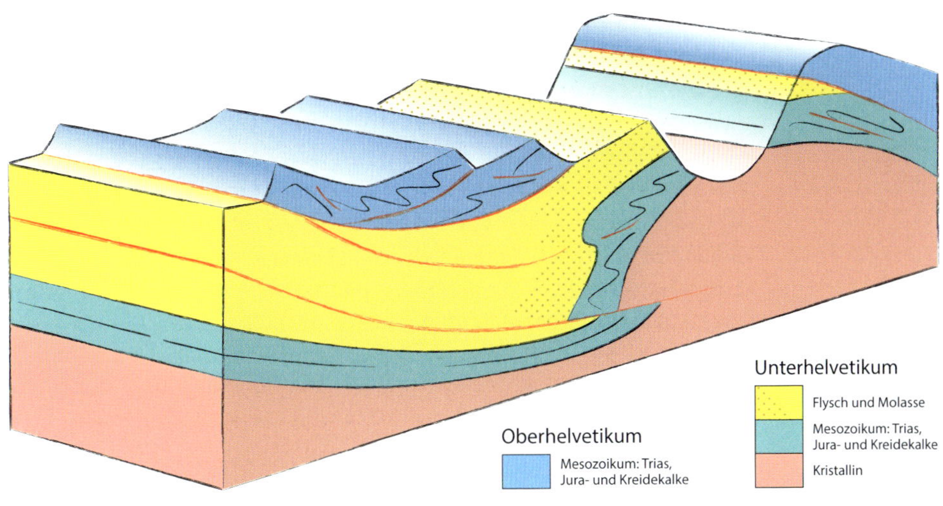

Abb. 4-10 Blockdiagramm zum tektonischen Bau des Helvetikums.

Eine wichtigere Überschiebung innerhalb des Oberhelvetikums verläuft längs eines mächtigen Mergel-Tonstein-Horizonts (Palfris-Mergel; vgl. Abb. 4-9). Die Kreidekalke darüber bewegten sich relativ zu den Jurakalken darunter um rund 10 km weiter nach Norden.

Im folgenden Abschnitt werden drei Profilschnitte durch das Helvetikum der Ost-, Zentral- und Westschweiz näher vorgestellt. Diese decken zwar nicht das gesamte Spektrum des Gebirgsbaus im Helvetikum ab, veranschaulichen aber die wesentlichen Grundtypen der Strukturen.

Abb. 4-11A zeigt einen Profilschnitt durch das Oberhelvetikum bei Sargans (SG). Hier liegen zwei tektonische Stockwerke vor: unten eine Decke aus jurassischen Sedimenten, oben eine aus Kreidekalken. Im Jurastockwerk stellt der Quinten-Kalk eine mechanisch starre Schicht dar, während die Sandsteine und Tonsteine des Dogger darunter mechanisch weicher und damit fließfähiger sind. Im Quinten-Kalk erkennt man eine Reihe von Falten und Überschiebungen. Falten konnten sich bilden, weil während der Faltung die Kalke immerhin etwa 200 °C warm waren. Die Überschiebungen schneiden schräg durch den Quinten-Kalk und verlaufen dann flach und schichtparallel in den Tonsteinen zuunterst im Dogger. Wie im Zusammenhang mit den Abb. 3-4A und B diskutiert, handelt es sich im Falle des Tschuggen um eine Rampenfalte und im Falle des Gonzen um eine Abscherfalte. Ebenso ist die Antiklinale von Hinterspina eine Abscherfalte, bei der man sieht, wie die mechanisch weichen Schichten des Dogger den Kern der Antiklinale im Quinten-Kalk füllen. Die Kreidekalke von Alvier-Gauschla sind flach gelagert und von den Strukturen darunter offenbar überhaupt nicht betroffen. Dies ist möglich, weil die Mergel und Tonsteine der Palfris-Formation die Kerne der Synklinalen füllen und damit diese Faltung weitestgehend kompensieren. Die Kreidekalke sind längs der Säntis-Überschiebung, welche in der Palfris-Formation verläuft, von ihrer jurassischen Unterlage abgeschert und etwa 10 km nach Norden verschoben worden.

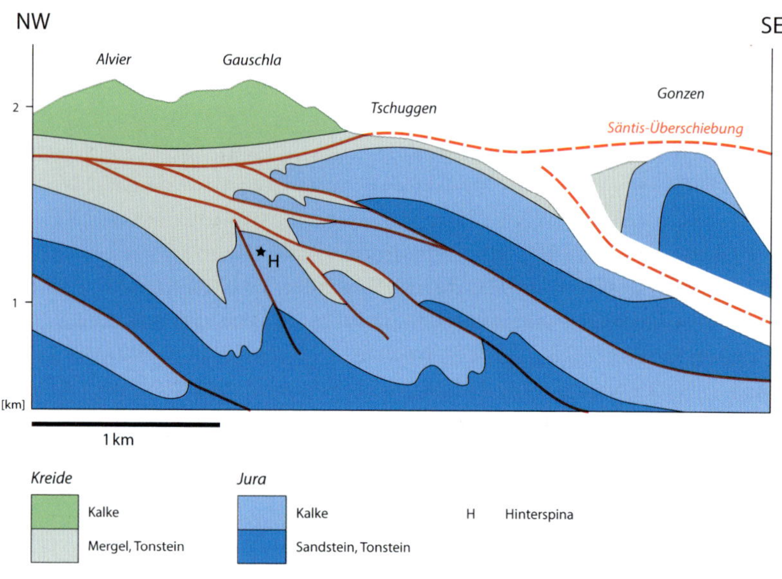

Abb. 4-11A Profilschnitt durch das Oberhelvetikum bei Sargans (SG). Zwei Stockwerke bzw. Decken sind erkennbar: unten das intern stark deformierte Jurastockwerk, oben das relative undeformierte Kreidestockwerk. Die in der mechanisch weichen Palfris-Formation verlaufende Säntis-Überschiebung trennt die beiden Stockwerke. Die Mergel und Tonsteine der Palfris-Formation verwittern leicht, werden somit rasch abgetragen und sind für die Verflachung zwischen den Felswänden des Quinten-Kalkes und der Kreidekalke verantwortlich. Auf dieser Verflachung liegt auch die Alp Palfris.

Ein Profilschnitt durch das Helvetikum der Zentralschweiz vom Pilatus ins Melchtal ist in Abb. 4-11B zu sehen. Nebst dem Unter- und Oberhelvetikum sind auch die penninischen Decken über dem Oberhelvetikum schematisch dargestellt. Diese sind in diesem Querschnitt bereits der Erosion zum Opfer gefallen. Erosionsreste davon sind im Stanserhorn, Buochserhorn und in den Mythen noch erhalten. Sie werden später, im Kapitel 4.4.5, besprochen.
Aus Abb. 4-11B wird ersichtlich, dass im Unterhelvetikum das kristalline Grundgebirge im Aar-Massiv samt seiner mesozoischen und känozoischen Sedimentbedeckung auf das Vorland aufgeschoben und aufgewölbt worden ist. Die Aufwölbung hob die Kristallin-Sedimente-Grenze um mehr als 10 Kilometer von ca. 6 km unter Meer bis auf ca. 5 km über Meer. Wie die Falten in der Sedimentbedeckung zeigen, war die Aufwölbung auch mit kleinräumigeren Faltungen und einer Überschiebung verknüpft. Die känozoischen Sedimente sind am Nordrand des Aar-Massivs besonders mächtig; sie werden als Nordhelvetischer Flysch bezeichnet. Nach Norden gehen diese Flysch-Sedimente allmählich in die Sedimente der Unteren Meeresmolasse über, welche zur Subalpinen Molasse zählen. Die Subalpine Molasse ist durch mindestens zwei Überschiebungen schuppenartig aufeinandergestapelt worden, wodurch ein ca. 5 Kilometer mächtiges Molassepaket entstand.
Das Oberhelvetikum besteht aus zwei Decken, der Axen-Decke und der Drusberg-Decke, welche an den gleichnamigen Überschiebungen auf das Unterhelvetikum aufgeschoben worden sind. Die beiden Decken sind aus mesozoischen und känozoischen Sedimenten aufgebaut, wobei in der Axen-Decke hauptsächlich ältere Sedimente vorherrschen (Trias und Jura), während die Drusberg-Decke von Kreidesedimenten dominiert wird. Die Drusberg-Überschiebung vereinigt sich im Süden wie im Norden mit der Axen-Überschiebung. Letztere ist mit der Glarner Hauptüberschiebung zu vergleichen: Beide Decken, die Axen- und die Drusberg-Decke, stammen aus einer Region, die südlich des Aar-Massivs lag, und wurden über rund 50 Kilometer nach Norden geschoben. Während dieses Deckentransports wurden die Sedimentschichten im Inneren der Decken in Falten gelegt und von Überschiebungen zerstückelt. In der Axen-Decke sind die Falten sehr eng und von drei durchziehenden Überschiebungen begleitet. Im nördlichen Teil sind die Falten von mehreren südfallenden Abschiebungen zerschnitten. Der Bau der Drusberg-Decke ist einfacher. Im Wesentlichen sind hier die Kreidekalke von Falten des Typs Abscherfalten (vgl. Abb. 3-4A) erfasst worden. Der Abscherhorizont ist die Drusberg-Überschiebung, welche ähnlich der Situation in der Ostschweiz (Abb. 4-11A) innerhalb der Palfris-Formation verläuft. Die Drusberg-Decke wurde dadurch von ihrem jurassischen Substrat abgelöst und ca. 15 Kilo-

meter nach Norden geschoben. Am Pilatus, dem Nordrand der Drusberg-Decke, befindet sich unter der Drusberg-Decke eine Linse von Flysch-Gesteinen. Diese Linse muss beim Überfahren des Flyschs von der Drusberg-Decke mitgerissen und nach Norden verschleppt worden sein. Entsprechend ihrer Lage unter dem Oberhelvetikum wird sie – analog zur Subalpinen Molasse – als Subalpiner Flysch bezeichnet. Interessant ist der nördliche Teil der Drusberg-Decke. Die dortigen Falten erfassten auch die Überschiebung an der Basis der höheren Decken (Penninikum und alleroberstes Oberhelvetikum). An einer derartig gefalteten Überschiebung kann nach der Faltung kein Deckentransport mehr stattfinden. Man muss daher annehmen, dass diese höheren Decken zuerst auf die künftige Drusberg-Decke längs einer schichtparallelen, ebenflächigen Überschiebung aufgeschoben wurden, und dass diese später passiv verfaltet worden ist.
Es ist nun wichtig zu beobachten, dass die Axen-Überschiebung nach Süden ansteigt und über dem Aar-Massiv eine Kulmination bildet. Die Steilstellung der Axen-Überschiebung ist insbesondere an der Front der Antiklinale zuoberst im Aar-Massiv ausgeprägt. Dies bedeutet, dass die Aufwölbung des Aar-Massivs nach der Anlage der Axen-Überschiebung erfolgte. Zusammenfassend ergibt sich daraus, dass der komplexe geologische Bau des Helvetikums in diesem Querschnitt die Prozesse der Deckenbildung und die zeitlich Abfolge hiervon offenlegt. Im Speziellen zeigt sich, dass die Anlage der Deckenüberschiebungen von oben nach unten ging: die penninischen Decken zuerst, gefolgt von den helvetischen Decken des Oberhelvetikums und schließlich die Aufwölbung und Überschiebung des Aar-Massivs im Unterhelvetikum.
Für das westschweizerische Helvetikum wurde ein Profilschnitt von Sion (VS) über den Sanetschpass nach Gsteig (BE) gewählt. Das Unterhelvetikum enthält als kristallines Grundgebirge das Aiguilles Rouges- und das Mont Blanc-Massiv. Die Struktur dieser Einheiten im Profil ist von Westen her hineinprojiziert und deshalb hypothetisch. Wir wissen aber, dass das Aiguilles Rouges-Massiv eine mesozoische Sedimentbedeckung hat, jene des Mont Blanc-Massivs aber weitgehend abgeschert wurde und heute in der Morcles-Decke zu suchen ist. Die Struktur der Morcles-Decke ist – wie an der Oberfläche sichtbar – eine liegende Falte mit einem langen Verkehrtschenkel. Die Sedimente des Juras und der Kreide sind mehr oder weniger harmonisch miteinander verfaltet.
Das Oberhelvetikum besteht in diesem Querschnitt aus der Diablerets-Decke und der Wildhorn-Decke. Die Diablerets-Decke besitzt die Geometrie einer Rampenfalte (vgl. Abb. 3-4A), welche aber zahlreiche Sekundärfalten aufweist. Diese Sekundärfalten lassen sich, wie in der Morcles-Decke,

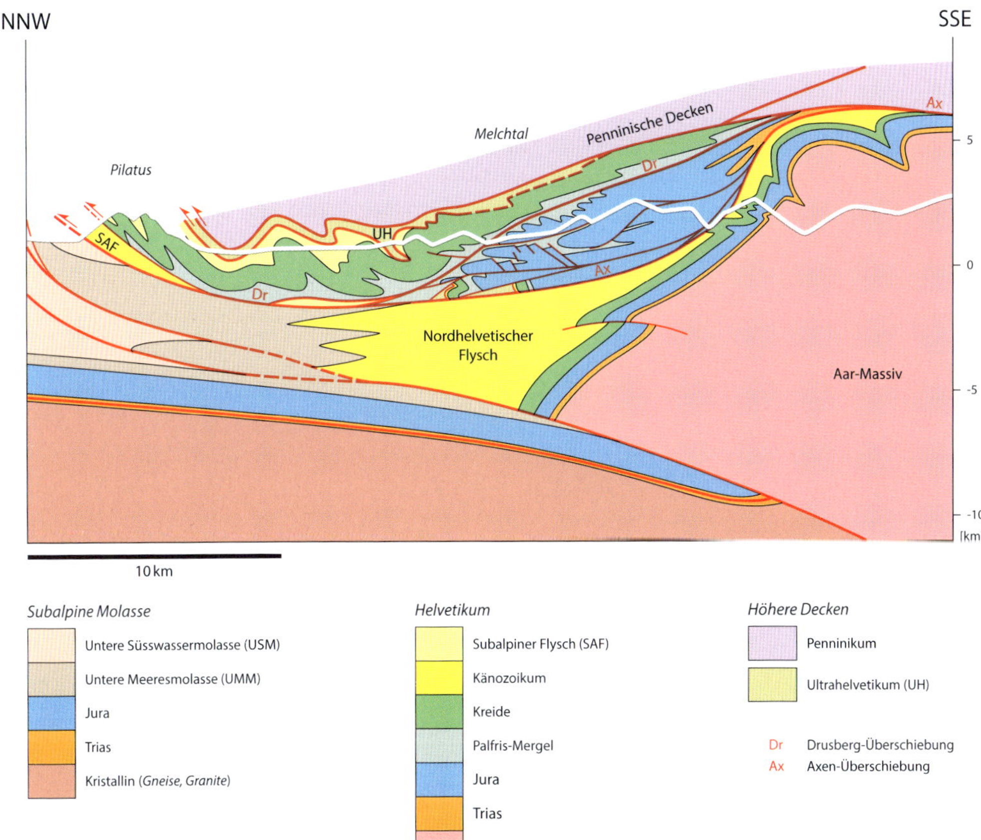

Abb. 4-11B Profilschnitt durch das Helvetikum der Zentralschweiz. Im Unterhelvetikum fällt das aufgewölbte und aufgeschobene Aar-Massiv auf. Das Oberhelvetikum besteht aus zwei intern stark deformierten Decken, der Axen- und der Drusberg-Decke.

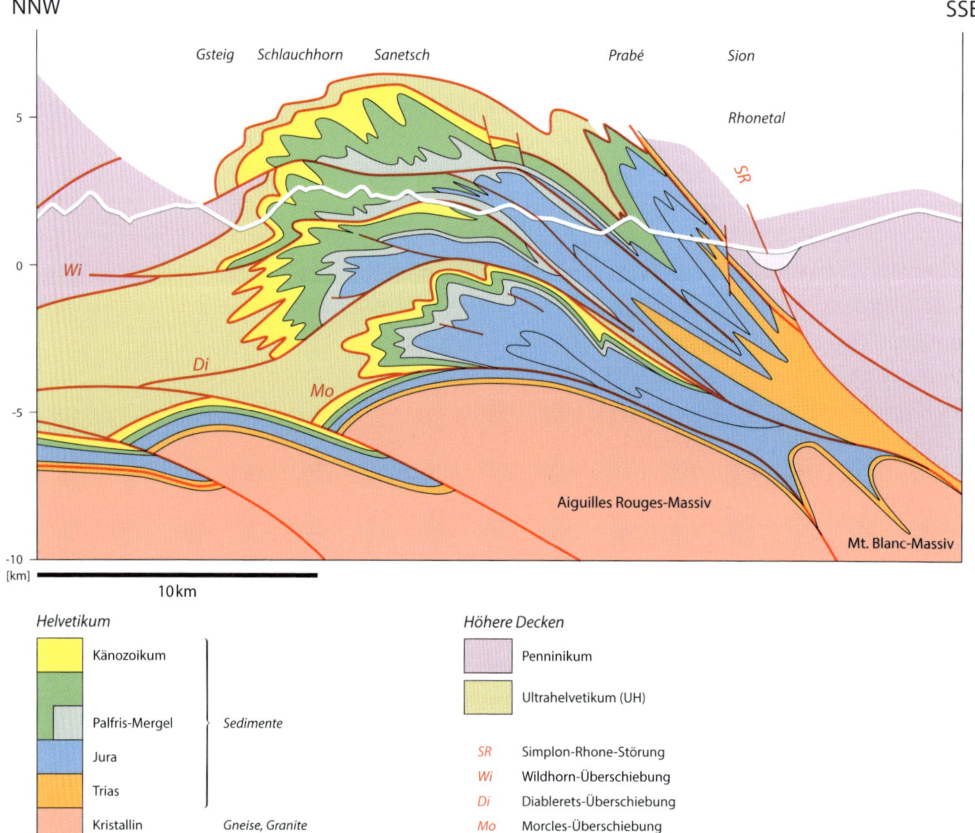

Abb. 4-11C Profilschnitt durch das Helvetikum der Westschweiz. Zum Unterhelvetikum zählt das Mont Blanc-Massiv, das Aiguilles-Rouges-Massiv und die namenlosen Kristallinschollen im NNW sowie die Sedimentbedeckung dieser Kristallineinheiten. Die Sedimentbedeckung des Mont Blanc-Massivs wurde bei der Deckenbildung abgeschert und ist heute in der Morcles-Decke zu suchen. Das Oberhelvetikum umfasst die Diablerets- und Wildhorn-Decken. Das Kristallin, auf welchem die Sedimente des Oberhelvetikums abgelagert wurden, ist südlich des Mont Blanc-Massivs im tiefen Untergrund versteckt. Diese beiden Decken sowie auch die Morcles-Decke weisen eine Interstruktur mit sehr engen Falten auf. Das Ultrahelvetikum besteht aus mesozoischen Sedimenten, die südlich jener der Wildhorn-Decke abgelagert wurden. Die Überschiebung an der Basis des Ultrahelvetikums ist gefaltet. Dies beweist, dass das Ultrahelvetikum noch vor der Deckenbildung auf das künftige Ober- und Unterhelvetikum aufgeschoben und später mit der Deckenbildung passiv verfaltet wurde.

vom Jurastockwerk ins Kreidestockwerk verfolgen. Im südlichen Teil ist der Übergang zur nächsthöheren Decke, der Wildhorn-Decke, in den Jurakalken möglicherweise als enge Synklinale ausgebildet. Deshalb betrachten einige Autoren die Diablerets-Decke als Teil der Wildhorn-Decke. Dieser Ansicht widerspricht jedoch die Struktur des Kreidestockwerkes der Wildhorn-Decke, in welchem eine eindeutige Überschiebung von Kreidesedimenten auf känozoische Sedimente vorliegt. In der Wildhorn-Decke sind die Sedimentschichten der Trias und des Juras in sehr enge Falten gelegt. Nur die oberste Synklinale unter dem Prabé setzt sich vom Jura- ins Kreidestockwerk fort. Die tieferen Falten im Jurastockwerk entwickelten sich im Kreidestockwerk zu einer Überschiebung, sodass unter dem Schlauchhorn und Sanetsch zwei Kreideserien übereinander zu liegen kamen.

In allen drei Decken, also Morcles-, Diablerets- und Wildhorn-Decke, sind die Kreidesedimente wenigstens teilweise von känozoischen Sedimenten und diese von Decken des Ultrahelvetikums und Penninikums überlagert. Wie aus dem Profilschnitt von Abb. 4-11C ersichtlich wird, ist die Überschiebung des Ultrahelvetikums von den Falten im Inneren der drei Decken erfasst worden. Dies lässt wiederum den Schluss zu, dass das Ultrahelvetikum vor der Anlage der helvetischen Decken auf den känozoischen Sedimenten Platz genommen hatte. Die basale Überschiebung des Penninikums wurde im nördlichen Teil des Profilschnittes durch die Internstrukturen der Wildhorn-Decke steilgestellt; die Wildhorn-Überschiebung und eine interne Überschiebung der Wildhorn-Decke versetzten die basale Überschiebung des Penninikums. Des Weiteren ist ersichtlich, dass die Diablerets-Überschiebung stärker gewölbt ist als die Morcles-Überschiebung, was den Schluss nahelegt, dass die Morcles-Decke mit ihrer Großfalte nach der Platznahme der Diablerets-Decke gebildet worden ist. Alle diese Beobachtungen beweisen, dass die Anlage der Decken von oben nach unten verlaufen ist, analog, wie dies in der Zentralschweiz festgestellt wurde.

Nachstehend sind einige typische Landschaften im Bild vorgestellt. Sie sollen zeigen, wie sich der tektonische Bau und die beteiligten Gesteinstypen in den Geländeformen durchpausen. Abb. 4-12A ist der Blick über den Nufenenpass (TI/VS) nach WNW auf den Grenzkamm der Berner und Walliser Alpen. Am Horizont erkennt man von links nach rechts das Bietschhorn, Aletschhorn, Finsteraarhorn, Lauteraarhorn und Mittelhorn. Diese Gipfel sowie die davorliegenden Gipfel und die tieferen Partien gegen das Rhonetal hin werden von Graniten und Gneisen des Aar-Massivs aufgebaut. Ausdruck davon sind die Gipfelformen (Hörner) und die vielen Kare unter den Gipfeln. Im Vordergrund rechts der Passstraße ist die Bergkette mit Pizzo Gallina zu sehen, welche aus Graniten

Abb. 4-12A Blick über den Nufenenpass (TI/VS) nach WNW auf den Grenzkamm der Berner und Walliser Alpen. Foto © VBS.

Abb. 4-12B Blick von Grindelwald (BE) nach Osten auf das Wetterhorn. Die schwarzen Pfeile zeigen in Richtung jüngerer Kalke; offenbar liegen die Kalke unter dem Kristallin verkehrt. Foto © A. Pfiffner.

und Gneisen des Gotthard-Kristallins aufgebaut ist. Die Bergrücken links der Passstraße und beidseits des Griessees bestehen aus Sedimenten, was aus dem linearen Verlauf einiger Felsstufen im Landschaftsbild abgelesen werden kann.
Abb. 4-12B zeigt den Blick von Grindelwald (BE) nach Osten auf das Wetterhorn. Die steilen hohen Felswände bestehen aus Kalken (zur Hauptsache aus Quinten-Kalk), in welchen man Schichtflächen erkennen kann. An einigen Stellen ist die Schichtung durch den Verlauf von Grasbändern und – parallel dazu – Felswänden angezeigt. Die dunklen Gesteinspartien rechts unter dem Gipfel des Wetterhorns sind Kristallingesteine des Aar-Massivs (granitische Gneise). Diese Kristallingesteine sind bei der Aufwölbung des Aar-Massivs in die Sedimente hineingedrückt worden und haben diese gefaltet.
In Abb. 4-12C schaut man nach Westen in das UNESCO Weltnaturerbe «Tektonikarena Sardona», das Calfeisental (SG) mit dem Stausee Gigerwald. Auffallend sind die steilen Talflanken, welche von Jura- und Kreidekalken gebildet werden. Wie die weiter unten erläuterte geologische Interpretation zeigt, sind diese Kalke mehrfach übereinandergestapelt worden. Die entsprechenden Überschiebungen sind als rote Linien erkennbar. Dies ist der typische Baustil im Unterhelvetikum. Im Unterschied zum Oberhelvetikum fehlen hier die Mergel und Tonsteine der Palfris-Formation, sodass die Kreidekalke direkt auf dem Quinten-Kalk liegen. Dies erklärt die sehr hohen Felswände. Die blaue Linie zwischen den eozänen Sedimenten und dem Sardona-Flysch ist eine frühe Überschiebung, längs der der Sardona-Flysch auf die eozänen Sedimente aufgeschoben wurde. Zuunterst und vorne im Tal ist das Kristallin des Aar-Massivs im Fenster von Vättis an der Oberfläche aufgeschlossen. Die höchsten Gipfel (Ringelspitz, Piz Sardona und Foostock) bestehen aus Verrucano. Sie sind Erosionsreste (Klippen) des Oberhelvetikums und liegen über der Glarner Hauptüberschiebung, welche in diesem Bereich horizontal liegt.
Abb. 4-12D zeigt die Landschaft von der Linthebene nach Nordosten. Im Vordergrund Ziegelbrücke und Niederurnen (GL), in der Bildmitte Amden (SG). Die Berggipfel vom Mattstock über Säntis-Altmann, Leistchamm und Churfirsten werden von Kreidekalken des Oberhelvetikums (Säntis-Decke) aufgebaut. Die Kreidekalke bilden eine offene Synklinale unter dem Dorf Amden: vom Mattstock ziehen die Kalkschichten nach rechts unten an den Walensee, werden dort flach und steigen dann Richtung Leistchamm wieder hoch und setzen sich hinten in den Gipfeln der Churfirsten fort. Der Berghang am linken Bildrand besteht aus Molasseschichten (USM) der Subalpinen Molasse. Die Überschiebung des Oberhelvetikums auf die Subalpine Molasse ist rot-weiß eingezeichnet.

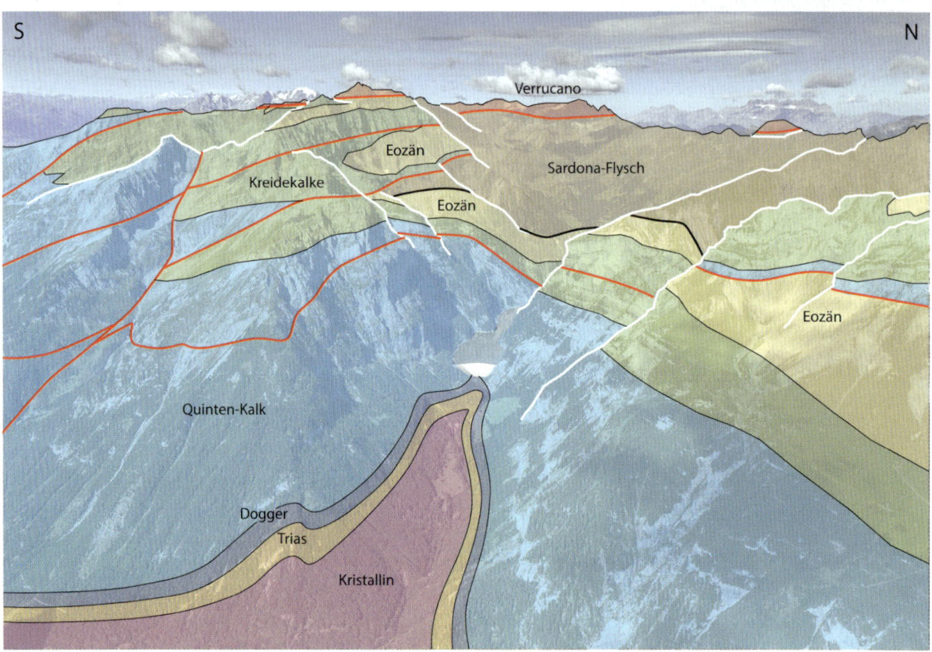

Abb. 4-12C Blick nach Westen in das UNESCO Weltnaturerbe «Tektonikarena Sardona», das Calfeisental (SG) mit dem Stausee Gigerwald. Foto © IG Tektonikarena Sardona/Ruedi Homberger.

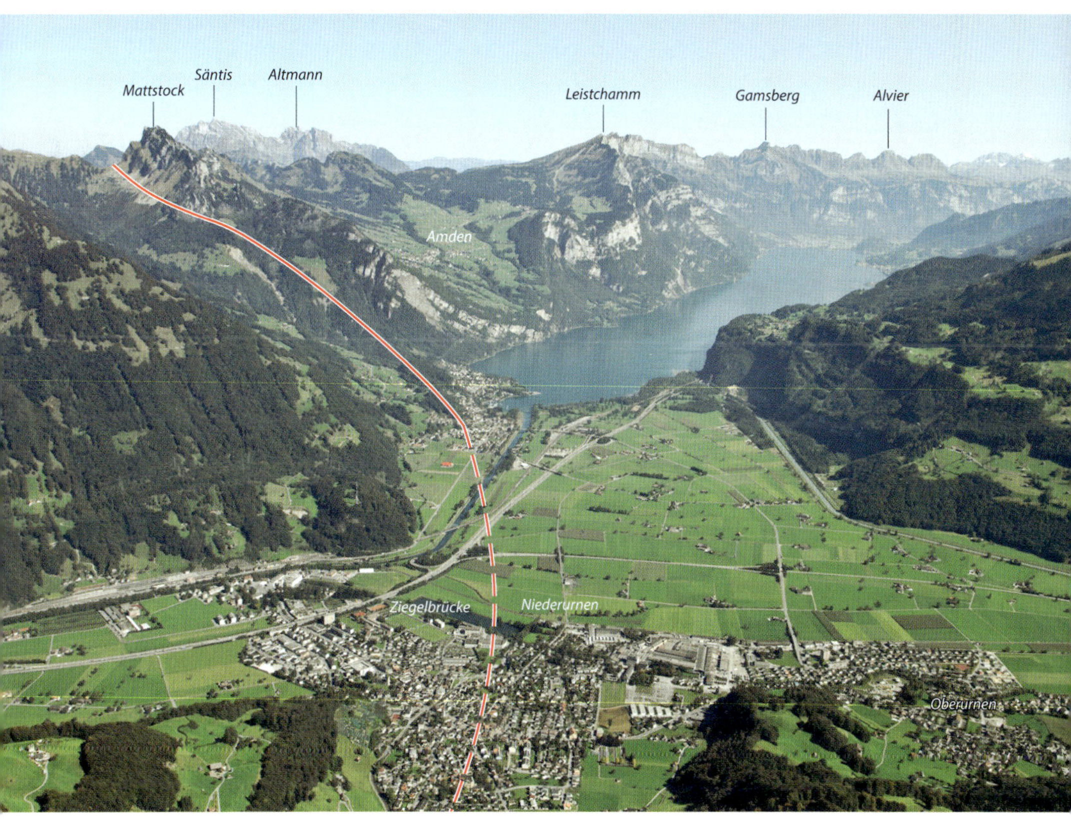

Abb. 4-12D Blick von der Linthebene nach Nordosten. Foto © VBS. Der Alvier, der Gamsberg, der Leistchamm und der Mattstock sowie der Säntis-Altmann im Hintergrund sind aus Kreidekalken der Säntis-Decke aufgebaut. Zwischen Mattstock und Leistchamm bilden diese Kalke eine Synklinale, in welcher das Dorf Amden liegt. Die rote Linie folgt dem Verlauf der Säntis-Überschiebung, längs welcher die Säntis-Decke auf die Subalpine Molasse aufgeschoben ist. Sie zieht im Untergrund von Ziegelbrücke und Niederurnen gegen den Betrachter hin. Die Gesteinsschichten der Subalpinen Molasse sind im bewaldeten Rücken am linken Bildrand aufgeschlossen.

In Abb. 4-12E sieht man Braunwald mit dem Blick nach Norden auf die Kette des Glärnischs. Die Felswand unter Braunwald und auch die bewaldete Stufe über Braunwald bestehen aus Kalken und Sandsteinen des Frühen Juras (Lias). Die Felswände des Eggstocks werden aus Quinten-Kalk aufgebaut, während in der Glärnischkette die Felswände vom Bächistock bis Vrenelisgärtli auch Kreidekalke enthalten. Eine detailliertere Ansicht des Glärnischmassivs ist in Abb. 3-5C (Seite 102 f.) diskutiert.
Abb. 4-12F zeigt Altdorf und das Schächental mit Blick nach Nordosten. Die vegetationsbedeckten Talflanken des Schächentals sind aus Flyschgesteinen aufgebaut und stehen im Kontrast zu den Felswänden der Bergkette vom Diepen zur Schächentaler Windgälle. Die Felswände bestehen aus Quinten-Kalk. Am Diepen und Alpler Torstock sind zuoberst auch Kreidekalke vorhanden. Die Flyschgesteine gehören zum Unterhelvetikum, die Kalke oben zum Oberhelvetikum (Axen-Decke).
In Abb. 4-12G sieht man das Kandertal mit Blickrichtung nach Nordosten. Die Felswände in den Talflanken vom Sattelhorn bis zum Dündenhorn bestehen aus Kalken. Im Falle des Sattelhorns und Ärmighorns sind es Kreidekalke, unter dem Dündenhorn ist es Quinten-Kalk. Die dunklen Partien in der Gipfelregion von Bire und Zallershorn bestehen aus mitteljurassischen Sandsteinen (Dogger). Die eigentlichen Gipfel von Bire und Zallershorn sind aus Quinten-Kalk aufgebaut. Die rot-weiß gefärbte Linie folgt der Grenze zwischen Ober- und Unterhelvetikum. Sie entspricht der Überschiebungsfläche an der Basis der helvetischen Decken. Unterbrochen ist diese Grenze durch die Trümmermasse des Bergsturzes von Kandersteg.
Abb. 4-12H zeigt den Blick vom Sanetschsee nach Nordosten auf Hohmad. Eine Felswand aus Kreidekalken (Schrattenkalk) zeigt die Faltenstruktur im Inneren der Wildhorn-Decke (Oberhelvetikum). Dünne Kalkbänder in der darunterliegenden Tierwis-Formation unterstreichen die Faltenstruktur. Die Grenze zwischen dem hellen Schrattenkalk (Sr) und der braunen Tierwis-Formation (Tw) ist schwarz-weiß eingezeichnet. Sie ist an einem Bruch versetzt.

Abb. 4-12E Braunwald mit Blick nach Norden auf die Kette des Glärnischs. Foto © VBS. Braunwald liegt auf einer Verflachung, die durch eine Schicht von Tonsteinen der Trias (Quarten-Formation) zwischen den Kalken und Sandsteinen des Lias bedingt ist.
Abb. 4-12F Altdorf-Schächental mit Blick nach Nordosten. Foto © VBS.

E
Eggstock
Bös Bächistock
Bächistock
Glärnisch
Vrenelisgärtli
Vorderglärnisch

F
Diepen
Rossstock
Fulen
Schächentaler Windgällen
Alpler Torstock
Bürglen
Altdorf
Schattdorf

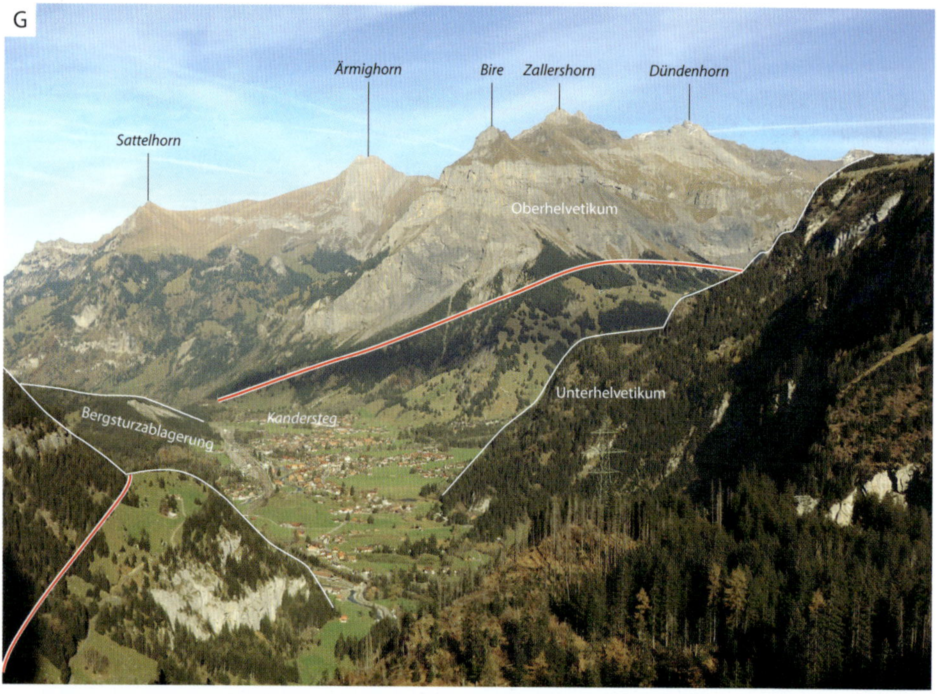

Abb. 4-12G Kandertal mit Blickrichtung nach Nordosten. Foto © A. Pfiffner.

Abb. 4-12H Blick vom Sanetschsee nach Nordosten auf Hohmad. Foto © A. Pfiffner.

4.3.2 Penninikum

Das Penninikum weist einen sehr komplexen Bau auf, weil die verschiedenen Gesteinsserien durch zahlreiche Brüche zerhackt worden sind. Deshalb ist auch die Verteilung der Gesteinstypen recht chaotisch. Grundsätzlich lassen sich aber auch hier kristalline Gesteine und Sedimentgesteine unterscheiden. Die Kristallingesteine umfassen Gneise und Granite, die bezüglich Alter und Zusammensetzung jenen des Helvetikums recht ähnlich sind. Bei den Sedimenten sind zwar wie im Helvetikum auch Kalksteine, Sandsteine und Tonsteine vorhanden. Diese unterscheiden sich aber in der zeitlichen Abfolge und den Mächtigkeiten. Im Penninikum sind zudem völlig neue Gesteinstypen vorhanden: Serpentinite, Gabbros, Basalte und Radiolarite.

In Abb. 4-13 sind die Gesteinsabfolgen des Penninikums zusammengefasst. Es können drei sehr unterschiedliche Abfolgen unterschieden werden, welche sich spezifischen Ablagerungsbedingungen zuordnen lassen: einem tiefen Meerestrog (Wallis-Trog), einer submarinen Schwelle (Briançon-Schwelle) sowie einem tiefen Ozean (Piemont-Ozean).

Im Wallis-Trog folgt auf dem Kristallin eine dünne Schicht aus der Trias mit Quarziten und Dolomit, hie und da auch mit Evaporiten (meist umgewandelt zu Rauwacken). Lokal sind auch spärliche Kalke und Tonsteine des Lias vorhanden. Insgesamt aber dominieren mächtige Sedimentabfolgen von tonig-sandigen Kalken und Tonsteinen in der Zeit von Malm und Kreide, welche in größerer Wassertiefe abgelagert wurden. Diese Gesteinsabfolge ist auch unter dem Namen «Bündnerschiefer» bekannt. Es gibt aber Stellen, bei denen die Sedimente des Wallis-Troges direkt auf submeerischen Vulkaniten (Basalte) und Serpentiniten abgelagert wurden. Diese Gesteine bildeten sich beim Auseinanderreißen des Wallis-Troges, bei welchem der Erdmantel lokal den Meeresboden bildete. Schmelzen aus dem Erdmantel drangen dabei nach oben und flossen am Meeresboden aus, ähnlich wie an einem mittelozeanischen Rücken.

Im Vergleich zum Wallis-Trog sind die Trias- und Liassedimente, die auf der Briançon-Schwelle abgelagert wurden, viel mächtiger; hier bestehen die Malm- und Kreidesedimente hauptsächlich aus Kalken, die in seichtem Wasser (einer untermeerischen Schwelle) abgesetzt worden sind.

Noch einmal anders sieht die Schichtfolge des Piemont-Ozeans aus. Hier dominieren zur Jurazeit Serpentinite, Gabbros und Basalte. Die Serpentinite entstanden durch Wasseraufnahme der Peridotitgesteine des Erdmantels, welche bei der Öffnung des Piemont-Ozeans am Meeresgrund an die Erdoberfläche gelangten. Aus dem entblößten Erdmantel stiegen auch Schmelzen hoch und kristallisierten als Gabbros und – an der Erdoberfläche – als Basalte aus. Die Sedimente, die auf den Basalten zum Absatz gelangten, umfassen Radiolarite, also Gesteine, die Anzeichen für

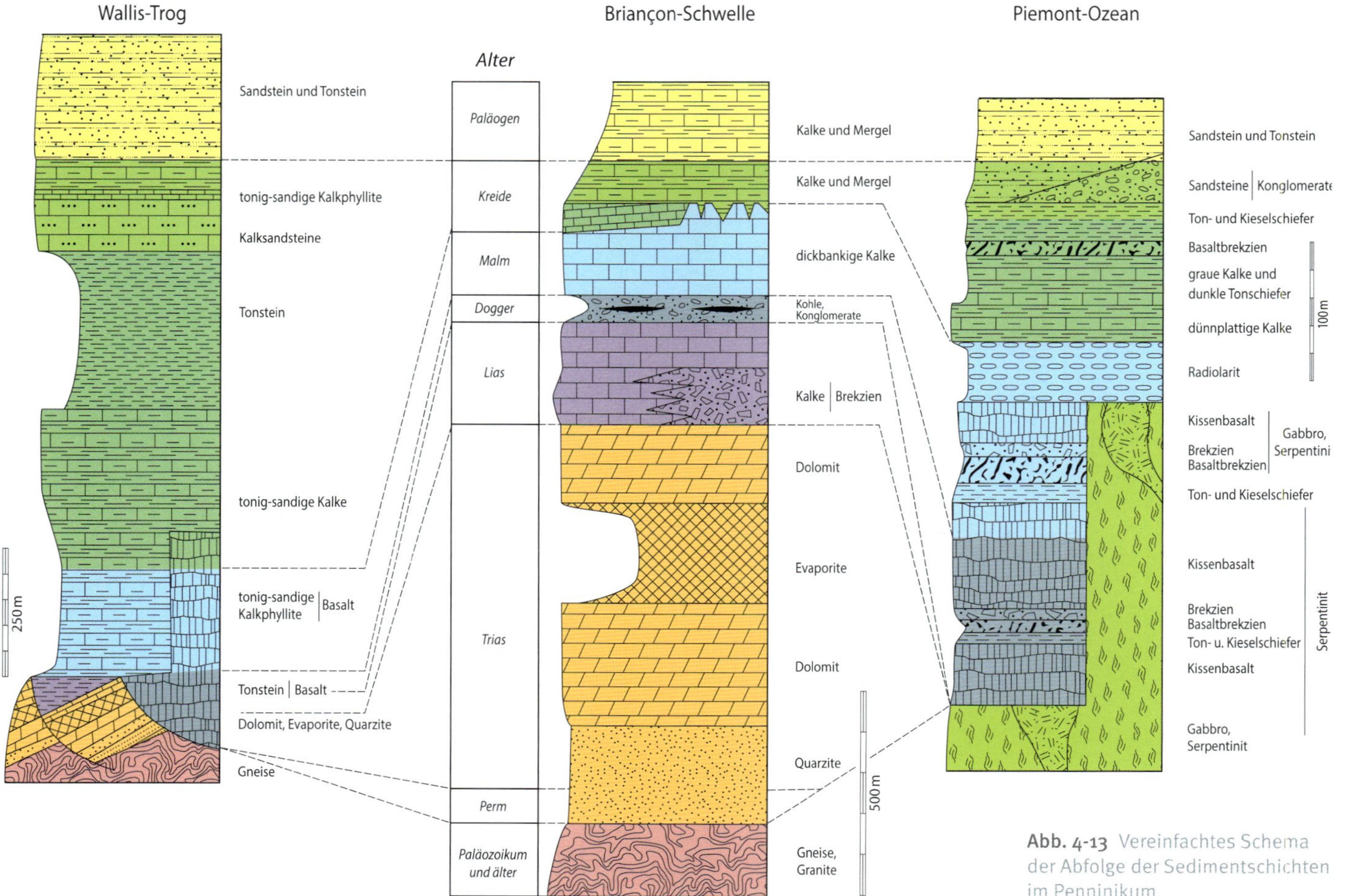

Abb. 4-13 Vereinfachtes Schema der Abfolge der Sedimentschichten im Penninikum.

tiefozeanische Bedingungen sein können. Während der Kreidezeit lagerten sich im Piemont-Ozean vielerorts dünnbankige Kalke und Tonsteine ab, welche tiefes Wasser andeuten.

Die jüngsten Sedimente im Penninikum sind im frühen Känozoikum (dem Paläogen) abgelagert worden. Im Wallis-Trog und Piemont-Ozean handelt es sich um Sandsteine und Tonsteine, während auf der Briançon-Schwelle weiterhin Kalke und Mergel abgelagert wurden. Die beiden Meeresbecken waren also nach wie vor durch eine submarine Schwelle voneinander getrennt.

Der tektonische Bau des Penninikums ist in Abb. 4-14 umrissen. Im Penninikum herrscht ein komplexer Deckenbau vor. Grundsätzlich unterscheidet man zwischen drei verschiedenen Deckentypen: Decken aus Kristallingesteinen, Decken aus Sedimentgesteinen und Decken aus ozeanischen Gesteinen. Die Komplexität des Deckenbaus wird dadurch zusätzlich erhöht, weil einzelne Überschiebungen nach ihrer Aktivität noch passiv verfaltet wurden.

Abb. 4-14 Blockdiagramm zum tektonischen Bau des Penninikums. Die Sedimente der Briançon-Schwelle sind blau, jene des Wallis-Troges violett eingefärbt.

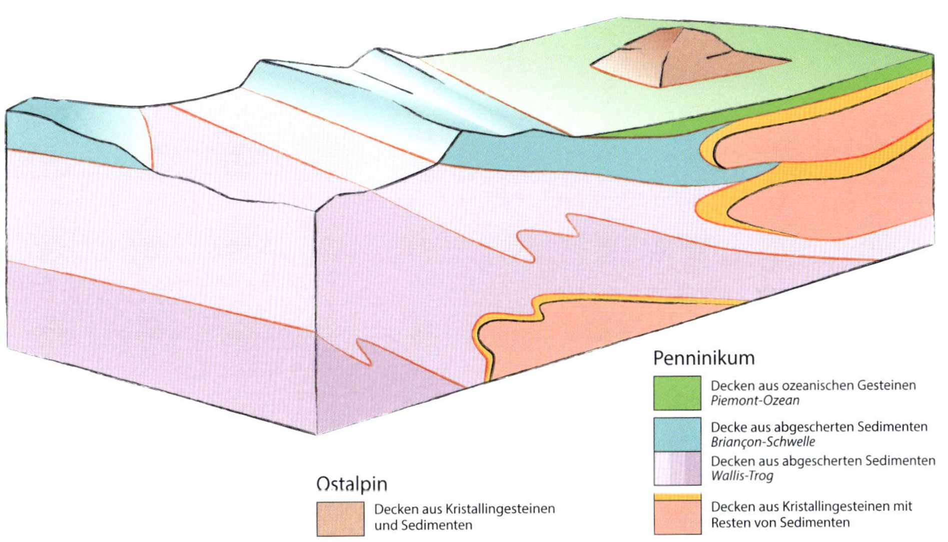

Die Kristallindecken liegen als 3–5 km mächtige Schollen von Kristallingesteinen vor, welche sich quer zu den Alpen über 20 und mehr Kilometer erstrecken und längs der Alpen über mehr als 50 Kilometer verfolgt werden können. Oben auf dem Kristallin ist vielfach ein Rest von Triassedimenten vorhanden. Dies bedeutet, dass die Kristallindecken als Scherben von ihrer Unterlage abgeschert und dann dachziegelartig übereinandergestapelt wurden. In Abb. 4-14 sind als Beispiel zwei solche Kristallindecken dargestellt.

Die Triassedimente im Dach der Kristallindecken reichen im Allgemeinen nur bis zur ersten Evaporitschicht. Die jüngeren Sedimente sind längs der Evaporite abgeschert und als Sedimentdecken weggeschoben und gestapelt worden. In Abb. 4-14 sind die Decken aus Sedimenten des Wallis-Troges und der Briançon-Schwelle unterschiedlich gefärbt dargestellt. Es ist oft recht schwierig, die kristalline Unterlage der Sedimentdecken eindeutig zu identifizieren; zu groß sind die Transportwege, welche die Sedimentdecken zurückgelegt haben. Die Sedimentdecken aus Sedimenten des Wallis-Troges liegen in der Regel zuunterst im penninischen Deckenstapel.

Abb. 4-15 Profilskizze durch den Splügenpass (GR/I).

Die Decken mit ozeanischen Gesteinen liegen zuoberst im penninischen Deckenstapel. Sie besitzen zumeist eine sehr komplexe interne Struktur. Dieser Umstand ist eine Folge davon, dass die ozeanischen Gesteine schon bei der Öffnung des Piemont-Ozeans in kleine Stücke zerlegt wurden und diese bei der nachträglichen Deckenbildung ein ziemliches Durcheinander erlebten.

Abb. 4-16 Profilschnitt der Klippen-Decke vom Stockhorn zum Wiriehorn (BE).

Die penninischen Decken sind in der Ost- und Zentralschweiz von ostalpinen Decken überlagert. In Abb. 4-14 sind die ostalpinen Decken als Klippe bzw. Erosionsrest vermerkt.

Nachstehend wird der Deckenbau des Penninikums anhand einiger ausgewählter Fallbeispiele näher veranschaulicht. Das erste Beispiel zeigt die Kontaktverhältnisse zwischen zwei Kristallindecken (siehe Abb. 4-15). Der Profilschnitt verläuft quer zum Splügenpass (GR/I). In der unteren, der Tambo-Decke, sind die Gneise von Triassedimenten überlagert. Über Quarziten und Dolomitmarmoren folgt dann die Splügen-Zone, ein Sedimentpaket, welches nebst Dolomitmarmor auch Evaporite (Gips) enthält. Die Splügen-Zone ist intern kompliziert verfaltet. Die obere Kristallindecke, die Suretta-Decke, besteht in diesem Querschnitt aus permischen Vulkaniten (Quarzporphyr), welche an der Deckenbasis gewaltig zerschert wurden und heute als Mylonit vorliegen (vgl. Abb. 2-20B). Die Splügen-Zone ist als abgeschertes Sedimentpaket zu deuten, weshalb ihr unterer Kontakt zur Tambo-Decke als wichtige Überschiebung anzusprechen ist. Andererseits ist auch der obere Kontakt, jener zur Suretta-Decke, als Überschiebung anzusehen. Die ganze Splügen-Zone kann

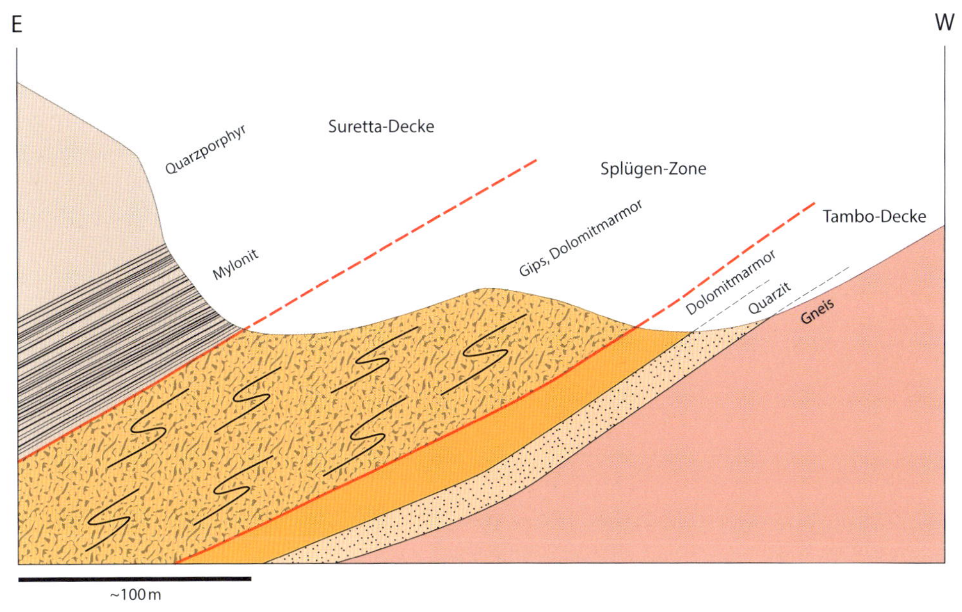
E
W
Quarzporphyr
Suretta-Decke
Splügen-Zone
Tambo-Decke
Mylonit
Gips, Dolomitmarmor
Dolomitmarmor
Quarzit
Gneis
~100 m

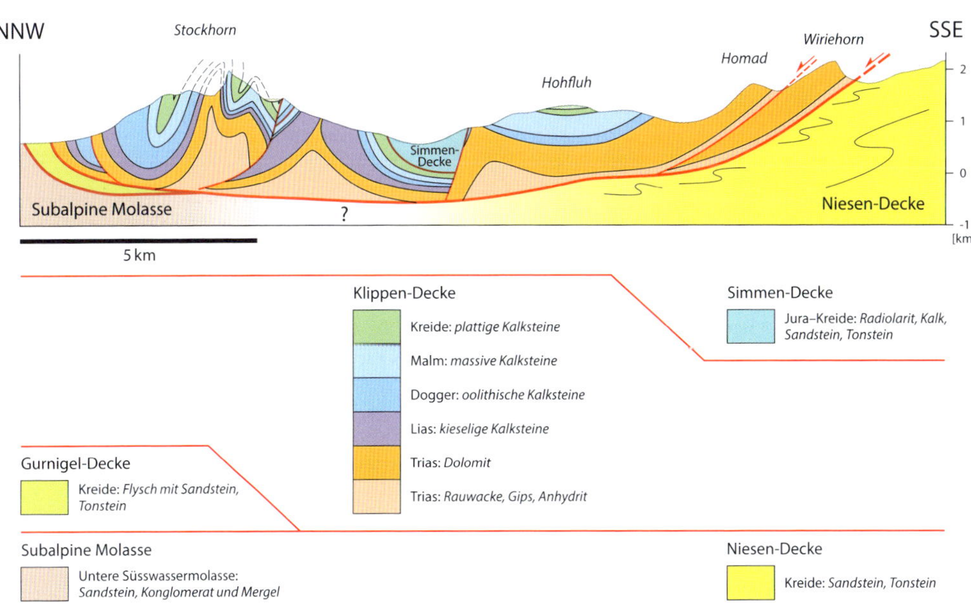
NNW
Stockhorn
Hohfluh
Homad
Wiriehorn
SSE
Simmen-Decke
Subalpine Molasse
?
Niesen-Decke
2
1
0
-1
[km]
5 km
Klippen-Decke
Kreide: plattige Kalksteine
Malm: massive Kalksteine
Dogger: oolithische Kalksteine
Lias: kieselige Kalksteine
Trias: Dolomit
Trias: Rauwacke, Gips, Anhydrit
Simmen-Decke
Jura–Kreide: Radiolarit, Kalk, Sandstein, Tonstein
Gurnigel-Decke
Kreide: Flysch mit Sandstein, Tonstein
Subalpine Molasse
Untere Süsswassermolasse: Sandstein, Konglomerat und Mergel
Niesen-Decke
Kreide: Sandstein, Tonstein

Abb. 4-17 Profilschnitt der penninischen Decken von Sierre bis Les Diablons (VS).

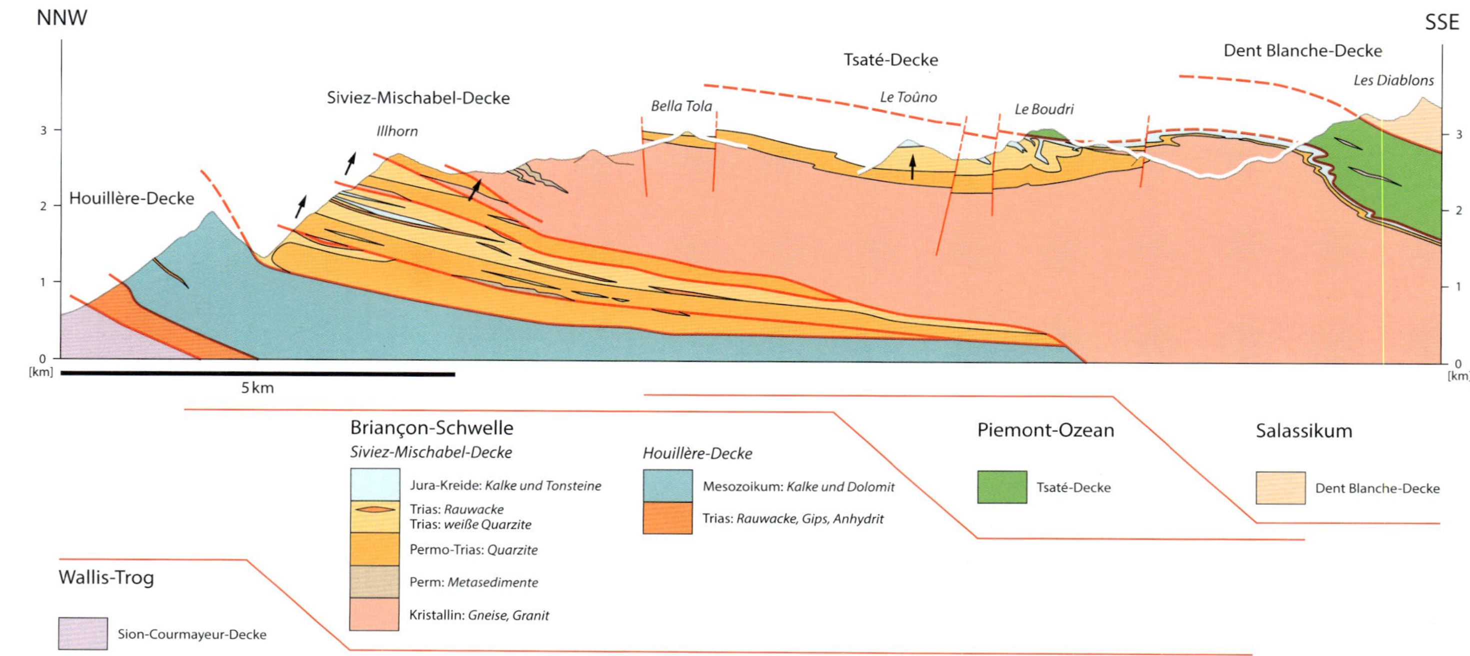

somit als «Überschiebungszone» zwischen zwei Kristallindecken aufgefasst werden. Es bleibt zu sagen, dass die Suretta-Decke in ihrem Dach ebenfalls Reste von Trias-Sedimenten enthält. Wir gehen heute davon aus, dass die jüngeren Sedimente der Tambo- als auch der Suretta-Decke auf der Briançon-Schwelle abgelagert worden sind und bei der Deckenbildung gemeinsam abgeschert wurden. Sie sind heute in den Schamser Decken zu suchen.
Der Profilschnitt vom Stockhorn zum Wiriehorn in Abb. 4-16 ist ein Beispiel weit transportierter Sedimentdecken. Die größte von ihnen ist die Klippen-Decke, welche im Norden auf der Gurnigel-Decke und der Subalpinen Molasse liegt, und im Süden von der Niesen-Decke unterlagert ist. Im Gebiet des Stockhorns sind die Sedimentschichten der Klippen-Decke in enge Falten gelegt. Am Wiriehorn und am Hohmad sind die Schichten durch eine schichtparallele Überschiebung verdoppelt. Diese Falten und Überschiebungen innerhalb der Klippen-Decke zeigen, dass Decken während ihres Transports auch zusammengestaucht wurden. Die Sedimente der Klippen-Decke sind auf der Briançon-Schwelle abgelagert worden. Im Simmental liegt eine weitere Decke, die Simmen-Decke, auf der Klippen-Decke. Deren Sedimente sind im Piemont-Ozean abgelagert worden. Dies beweist das Vorkommen von Radiolarit und Fragmenten von ozeanischen Gesteinen.
Der Profilschnitt in Abb. 4-17 durch die Bergkette zwischen Val d'Anniviers und Turtmanntal (VS) erfasst den gesamten penninischen Deckenstapel. Man erkennt darin insbesondere die Internstruktur einer Kristallindecke, der Siviez-Mischabel-Decke. Diese Kristallindecke weist zwar oben und unten Trias-Sedimente auf, aber nur die oberen sind Sedimente, die direkt auf dem Kristallin abgelagert wurden. Die unteren Sedimente im NNW des Illhorns sind hingegen mehrfach repetierte, normal liegende Sedimente. Die Repetition erfolgte durch schichtparallele Überschiebungen längs Evaporitlagen. Die Siviez-Mischabel-Decke stammt ursprünglich aus der Briançon-Schwelle. Dies gilt auch für die darunterliegende Houillère-Decke. Letztere hat in diesem Querschnitt an ihrer Basis eine Lage Trias-Sedimente aus Evaporiten (Anhydrit), die heute an der Oberfläche als Rauwacken erscheinen. Die Houillère-Decke hat ihren Namen von paläozoischen Kohleschichten, die weiter im Westen auftreten. Sie ist auf die abgescherten Sedimente des Wallis-Trogs, die Sion-Courmayeur-Decke, aufgeschoben. Im Dach der Siviez-Mischabel-Decke liegt die Tsaté-Decke, welche aus Sedimenten und ozeanischen Gesteinen besteht und dem Piemont-Ozean entstammt. Wie man im Profilschnitt erkennt, ist die basale Überschiebung der Tsaté-Decke gefaltet. Offenbar ist die Tsaté-Decke vor der internen Deformation der Siviez-Mischabel-Decke auf diese aufgeschoben worden. Als höchste Einheit in diesem

Abb. 4-18A Blick nach NE auf das Domleschg mit der Kette des Stätzer Horns (GR). Foto © VBS. Die Kette des Stätzer Horns ist aus einer mächtigen Serie von Sandsteinen, Kalken und Tonschiefern (sogenannte «Bündnerschiefer») aufgebaut. Die relativ homogene Verteilung der Gesteinstypen bewirkt, dass keine durchziehenden prägnanten Felswände auftreten. In den bewaldeten Felspartien im unteren Teil des Berghanges oberhalb Scharans und Rothenbrunnen besteht der Felsuntergrund aus Kalkschiefern mit tonigen Zwischenlagen. Dasselbe ist auch in der flachen Partie über den Felsen zu beobachten. Es ist zu vermuten, dass die steile, bewaldete Felspartie auf einen relativ jungen Einschnitt des Hinterrheins zurückzuführen ist, der nur den unteren Teil des Berghanges angeschnitten hat. Allerdings ist auch zu berücksichtigen, dass die Schichten in den Hang hineinfallen, was tendenziell steilere Talflanken zur Folge hat (vgl. hierzu Abb. 3-8E). Die Dörfer Masein und Sarn auf der linken Talseite liegen auf dem gegenüberliegenden flachen Hang des Heinzenbergs. Dieser Hang fällt parallel zu den Schichten im Untergrund ein und ist Teil einer großräumigen Rutschung (vgl. Abb. 3-17).

Querschnitt ist ein Erosionsrest der Dent Blanche-Decke im Gipfel von Les Diablons erhalten. Die Dent Blanche-Decke stammt aus dem Adriatischen Kontinent, und zwar aus einem Fragment, das heute als Salassikum bezeichnet wird (vgl. Diskussion in Abschnitt 4.3.3.).

Im Folgenden sind wiederum einige typische Landschaften im Bild vorgestellt. Sie sollen zeigen, wie sich der tektonische Bau und die beteiligten Gesteinstypen in den Geländeformen durchpausen.

Abb. 4-18A wirft den Blick nach NE auf das Domleschg mit der Kette des Stätzer Horns (GR). Die beiden Bergflanken links und rechts des Hinterrheins sind recht unterschiedlich. Der Heinzenberg links mit den Dörfern Masein und Präz hat eine sanfte Neigung, welche nur zuunterst, vor Thusis-Cazis, steiler wird. Der Felsuntergrund besteht hier aus Tonstein und Sandstein («Bündnerschiefer»), welche hangparallel einfallen. Der ganze Hang samt den sich darauf befindenden Dörfern rutscht talwärts und bildet zuunterst vor Cazis-Thusis einen Wulst (vgl. auch Abb. 3-17). Der gegenüberliegende Hang der Stätzerhornkette besteht aus Kalkschiefern, Sandsteinen und Tonsteinen («Bündnerschiefern»), welche aber hangeinwärts einfallen. Entsprechend fehlt eine großflächige Rutschung. Über den Dörfern Scharans und Rothenbrunnen sind Felswände auszumachen, welche aber etwas unstrukturiert sind und von zahlreichen bewaldeten Runsen durchsetzt sind. Die Felswände unterscheiden sich deutlich von den kompakten Felswänden aus Quinten-Kalk, die im Calanda zu sehen sind. Der Hang zwischen Rothenbrunnen und Scharans sowie unter den Gipfeln Fulhorn - Stätzer-Horn ist flach, aber von zahlreichen Furchen durchsetzt. Furchen und Runsen sind Zeugen der Erosion durch die oberflächliche Entwässerung.

Den Blick nach NNE auf den Rätikon (GR/V) mit Drusenfluh, Sulzfluh und Rätschenflue sieht man in Abb. 4-18B. Die hellen massigen Kalke der Falknis-Sulzfluh-Decke bilden steile Felswände. Es handelt sich dabei um Sedimente, die auf der Briançon-Schwelle abgelagert worden sind. Die Gipfel von Schwarzhorn (Hintergrund), Schollberg und Madrisa bestehen aus Gneisen der Silvretta-Decke und erscheinen viel dunkler gefärbt. Die Silvretta-Decke gehört zum Ostalpin. Vom Pass zwischen Rätschenflue und Madrisa zieht ein grasbedeckter Hang unter der Madrisa durch. Der Hang besteht aus Tonsteinen und Sandsteinen der Arosa-Decke, welche Elemente des Piemont-Ozeans enthält. Die seichten Bergrücken vor der Drusenfluh und der Sulzfluh bestehen aus Sandstein-Tonstein-Abfolgen des Prättigau-Flyschs, welcher im Wallis-Trog abgelagert worden ist. Lokal sind zwischen Prättigau-Flysch und Falknis-Sulzfluh-Decke sogenannte Wildflysch-Linsen zu beobachten.

Links im Vordergrund ist ein heller Felsriegel aus Dolomit sichtbar. Dieser bildet eine Scholle ostalpiner Herkunft innerhalb der Arosa-Decke.

Rechts im Vordergrund befindet sich der Gipfel des Schwarzhorns. Er besteht aus Serpentiniten, die dem Piemont-Ozean zugeordnet werden können. Insgesamt ist auf diesem Foto ein vollständiger Querschnitt mit Gesteinen aus dem Wallis-Trog, der Briançon-Schwelle und dem Piemont-Ozean zu sehen, welche von Kristallingesteinen des Adriatischen Kontinentes (Ostalpin) überschoben worden sind.
Die Abb. 4-18C zeigt die hochalpine Landschaft von Zermatt (VS) mit Matterhorn, Dent Blanche und Obergabelhorn. Blickrichtung ist gegen WSW. Die obere rot-weiße Linie trennt die penninischen Decken unten von der Dent Blanche-Decke oben. Die untere rot-weiße Linie trennt innerhalb der penninischen Decken die Tsaté-Decke (links im Bild) von der Siviez-Mischabel-Decke (rechts im Bild). Die Dent Blanche-Decke besteht aus granitischen Gesteinen, welche die Ausbildung der steilen Felswände und spitzen Gipfel («Hörner») begünstigten. Die harten, granitischen Gesteine sind auch ein Grund dafür, dass die Erosion in diesem Gebiet hohe Berge stehen ließ. Die Gesteine der Tsaté-Decke zwischen den rot-weißen Linien gehören zur obersten der penninischen Decken. Es handelt sich um sandige Marmore, Glimmerschiefer und Basalte, alles Gesteine, die dem Piemont-Ozean zuzuordnen sind. Die Felswände oberhalb von Zermatt zeigen einzelne Steilstufen, welche durch erosionsresistentere Marmorlagen und Quarzite verursacht werden. Die flacheren Hänge darüber wie auch jene am Fuß des Matterhorns sind von metamorphen Basalten und Serpentiniten dominiert und zeigen weniger Schichtstruktur im Gelände. Der Hang rechts unter der rot-weißen Linie mit der steilen strukturlosen Felswand besteht aus Gneisen der Siviez-Mischabel-Decke. Insgesamt betrachtet stehen die Geländeformen der Tsaté-Decke in Kontrast zu den strukturlosen steilen Felswänden der Dent Blanche-Decke und der Siviez-Mischabel-Decke.
Das Foto in Abb. 4-18D zeigt das hintere Avers (GR) mit Mazzaspitz und Piz Platta. Blickrichtung ist nach NW. Die rot-weiße Linie trennt die Platta-Decke (oben) von der Avers-Decke unten. Die Platta-Decke besteht aus Metabasalten und Serpentiniten, welche dem Piemont-Ozean entstammen. Am Mazzaspitz liegen Serpentinite, welche die dunkle Gipfelpartie ausmachen, auf Basalten. Letztere bilden strukturlose Felswände. Unter der steilen Grashalde sind die Tonsteine und Sandsteine der Avers-Decke zu suchen. Die kleinen Felswände unmittelbar unter der rot-weißen Linie werden von Sedimenten eines dünnen Bandes anderer penninischer Sedimentdecken (Schamser Decke) gebildet.
Der Blick in Abb. 4-18E geht vom Grossen Aletschgletscher nach Süden auf die Viertausender des Wallis. Matterhorn, Weisshorn und Dent Blanche bestehen aus Graniten und Gneisen der Dent Blanche-Decke, welche dem Adriatischen Kontinent zuzuordnen ist. Die Gipfel des Alalinhorns (vor der

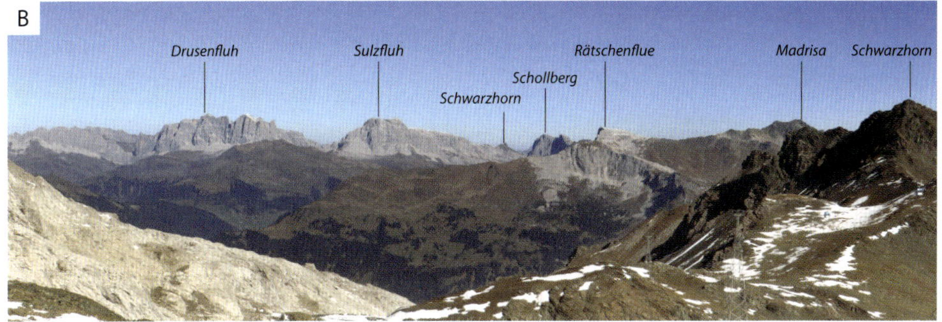

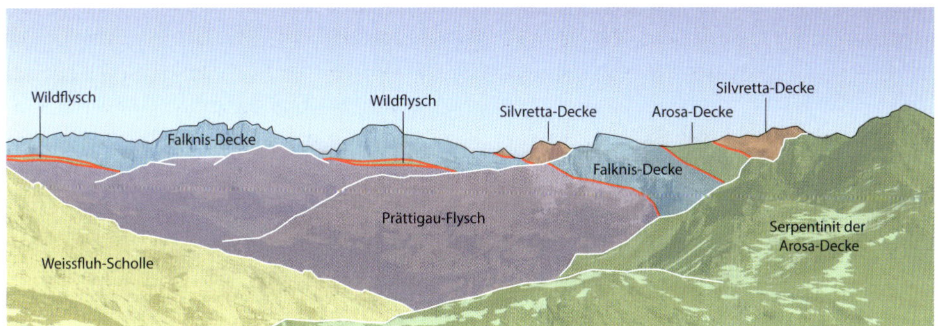

Abb. 4-18B Blick nach NNE auf den Rätikon (GR/V) mit Drusenfluh, Sulzfluh und Rätschenflue. Foto © A. Pfiffner. Die Landschaft im Hintergrund zeigt einen Deckenstapel, der auf spektakuläre Art und Weise Zeugnis davon ablegt, wie der adriatische Kontinent auf den Piemont-Ozean überschoben worden ist und der Piemont-Ozean über dem europäischen Kontinentalrand liegt. Zum europäischen Kontinentalrand zählen der Prättigau-Flysch (abgelagert im Wallis-Trog) und die Falknis-Decke (abgelagert auf der Briançon-Schwelle). Der Piemont-Ozean ist vertreten durch die Arosa-Decke. Diese ist ein Gemisch verschiedenster Elemente, die bei der Überschiebung des adriatischen Kontinentalrandes bzw. der Subduktion des Piemont-Ozeans unter diesen Kontinentalrand entstand. Eigentliches ozeanisches Gestein ist der Serpentinit des Schwarzhorns am rechten Bildrand. Die Weissfluh-Scholle ist ein Sedimentpaket des adriatischen Kontinentalrandes, welches bei der Subduktion in die ozeanischen Gesteine der Arosa-Decke eingespießt wurde. Der adriatische Kontinentalrand ist in der Silvretta-Decke zu suchen. Diese ist aus Kristallingesteinen kontinentaler Kruste aufgebaut. Erwähnenswert sind die dünnen Linsen von Wildflysch zwischen Prättigau-Flysch und Falknis-Decke. Sie beinhalten ein inniges Gemisch von verschiedenartigen Gesteinen in einer tonigen Matrix. Entstanden ist dieses Mélange anlässlich der Überschiebung der Falknis-Decke auf den Prättigau-Flysch.

Dufourspitze, aber kaum erkennbar) und des Grand Combin werden von Basalten des Piemont-Ozeans aufgebaut. Der Dom und der Unterbau des Weisshorns bestehen aus Gneisen der Siviez-Mischabel-Decke, welche zur Briançon-Schwelle gehören. Der Felsuntergrund des Waldhangs über Brig-Glis besteht aus Sandsteinen und Tonsteinen, die im Wallis-Trog abgelagert worden sind. Im Vordergrund beidseits des Aletschgletschers stehen Granite an, die zum Aar-Massiv gehören. Am Mont Blanc rechts am Horizont sind ebenfalls Granite vorherrschend. Sie gehören zum Mont Blanc-Massiv, welches, wie das Aar-Massiv, zum Europäischen Kontinent gehört. Somit zeigt dieses Foto einen kompletten Querschnitt durch die Alpen mit Gesteinen von beiden Kontinentalrändern sowie den Bereichen dazwischen: Wallis-Trog, Briançon-Schwelle und Piemont-Ozean.

In Abb. 4-18F geht der Blick im Val de Bagnes talaufwärts Richtung SE. Die Gipfelpyramide von La Ruinette besteht aus Graniten der Dent Blanche-Decke, jene von Le Pleureur, Tournelon Blanc und Grand Combin aus Sandstein-Tonstein-Abfolgen und Basalten der Tsaté-Decke. Die Kulisse davor wird aus Gneisen der Siviez-Mischabel-Decke aufgebaut. Die Drance de Bagnes hat eine tiefe Schlucht in diese Gneise eingeschnitten. Die flachen, vegetationsbedeckten Talflanken im Vordergrund markieren ein Band von Tonsteinen, welche hier das Tal queren.

In Abb. 4-18G sieht man das hintere Val d'Anniviers mit Blickrichtung nach SSE. Die steilen Gipfelpyramiden vom Zinalrothorn bis zur Dent Blanche sind von Graniten der Dent Blanche-Decke aufgebaut. Diese Decke ist im unteren Schema rot hinterlegt. Unter diesen Gipfeln ziehen in den flacheren Hängen die Gesteine der Tsaté-Decke durch: Sandseine, Kalkmarmore und Basalte. In den Flanken des Garde de Bordon erkennt man dünne Felsbänder, welche Anzeichen von Schichten in der Tsaté-Decke darstellen. Im Vordergrund queren die Gneise der Siviez-Mischabel-Decke das Tal. Bei Le Biolec ist der Hang von einer großen Rutschung betroffen. Die blaue Linie zeigt den Abrissrand der Rutschung, die Pfeile geben die Bewegungsrichtung an.

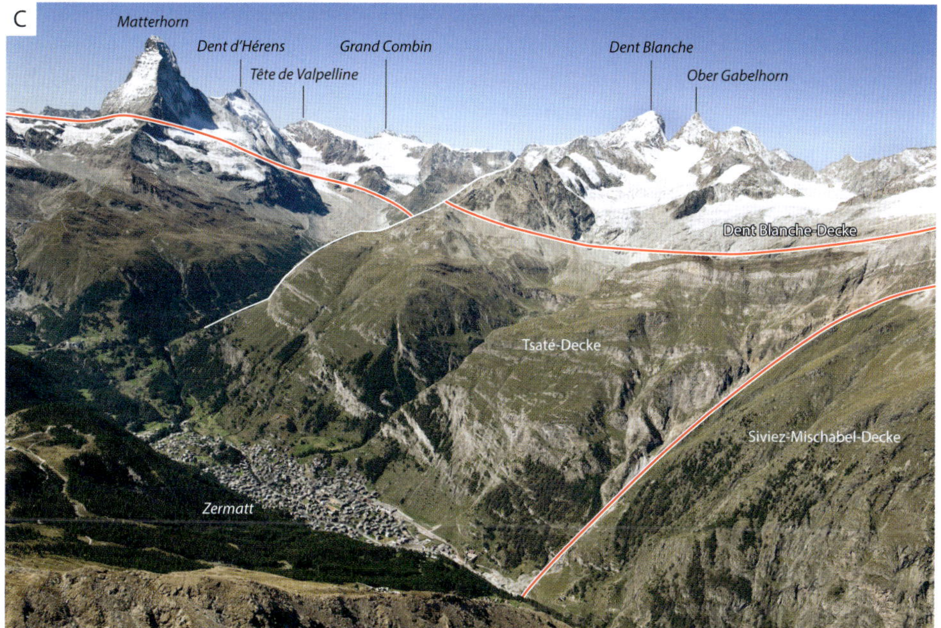

Abb. 4-18C Zermatt (VS) mit Matterhorn, Dent Blanche und Obergabelhorn. Foto © VBS.

Abb. 4-18D Das hintere Avers (GR) mit Mazzaspitz und Piz Platta. Foto © A. Pfiffner.

Abb. 4-18E Blick vom Grossen Aletschgletscher nach Süden auf die Viertausender des Wallis. Foto © VBS.

Abb. 4-18G Das hintere Val d'Anniviers mit Blickrichtung SSE. Foto © www.le-yeti.ch. Das Bild zeigt die Plattengrenze zwischen der adriatischen und europäischen Platte. Die Siviez-Mischabel-Decke besteht aus kontinentalen Kristallingesteinen der Briançon-Schwelle, welche zum ausgedünnten Kontinentalrand von Europa gehört. Die Tsaté-Decke ist aus Gesteinen aufgebaut, welche dem Piemont-Ozean zugeordnet werden. Die Dent Blanche-Decke schließlich enthält kontinentale Kristallingesteine des adriatischen Kontinentalrandes.

Abb. 4-18F Val de Bagnes mit Blick talaufwärts Richtung SE. Foto © VBS.

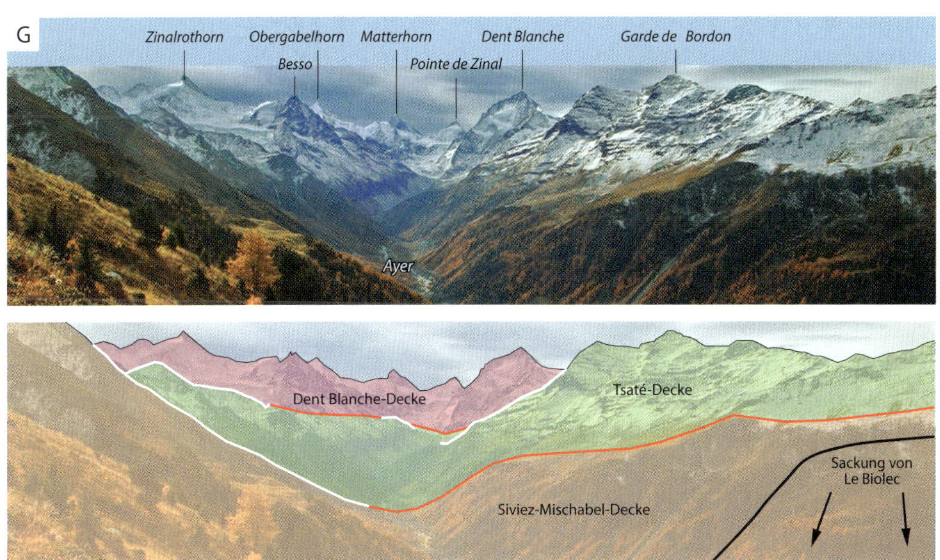

4.3.3 Ostalpin, Südalpin, Salassikum: der adriatische Kontinentalrand

Der adriatische Kontinentalrand, obschon im Mesozoikum ein nahezu zusammenhängender Gürtel, ist heute in den Alpen in drei sehr unterschiedlichen Positionen anzutreffen. Das Ostalpin macht große Teile der Alpen östlich der Linie Fürstentum Liechtenstein-Chur-Chiavenna aus (vgl. tektonische Karte in Abb. 1-13). Erosionsreste davon in den Klippen der Zentralschweiz belegen aber, dass es vor 30 Mio. Jahren noch größere Teile der Schweizer Alpen bedeckte. Das Ostalpin wurde schon zur Kreidezeit durch westgerichtete Überschiebungen in den alpinen Gebirgsbau einbezogen. Das Südalpin liegt heute südlich der Insubrischen Störung, welche sich von Domodossola über Bellinzona ins Veltlin erstreckt, und wurde im Känozoikum durch südgerichtete Überschiebungen Teil des alpinen Deckenbaus. Das Salassikum liegt heute – ähnlich dem Ostalpin – zuoberst im Deckenstapel. Bevor es aber durch nordgerichtete Überschiebungen in den alpinen Deckenbau einbezogen wurde, geriet es zuerst durch südgerichtete Subduktion in große Tiefe und wurde dabei metamorph stark überprägt. Zum Salassikum zählt etwa die bereits mehrfach erwähnte Dent Blanche-Decke.

Im Kristallin des adriatischen Kontinentalrandes finden sich Para- und Orthogneise, Granite und Amphibolite. Sie zeugen von einer geologischen Entwicklung mit mehreren uralten Gebirgsbildungen. Diese wurden jeweils vollständig abgetragen, sodass sich, was die Schweiz anbelangt, zu Beginn des Mesozoikums der Kontinentalrand als flaches Tiefland präsentierte. Ähnlich dem europäischen Kontinentalrand bildeten sich auch hier vereinzelt Gräben, die mit permischen Sandsteinen und Brekzien vom Verrucano-Typ gefüllt wurden.

Die Abfolge der mesozoischen Sedimente ist in Abb. 4-19 vereinfacht zusammengefasst. In der Triaszeit wurden mächtige Dolomitschichten in einem sehr seichtmarinen Umfeld abgelagert und enthalten auch Lagen von Evaporiten, die heute an der Erdoberfläche oft als Rauwacken vorkommen. Da die Dolomitschichten bis mehrere Hundert Meter mächtig sind, muss man annehmen, dass der Meeresuntergrund während der Triaszeit nur langsam absank, sodass die Dolomitbildung Schritt halten konnte und deshalb immer dieselben Bedingungen herrschten. Dies änderte sich drastisch zu Beginn der Jurazeit: Mächtige Brekzienabfolgen, welche an submarinen Steilhängen geschüttet wurden, deuten auf eine rasche lokale Vertiefung des Meeres hin. Seitlich gehen die Brekzien in Kalke und Mergel über, was auf ruhigere Absenkung hindeutet; jedenfalls nahm die Wassertiefe während des Dogger und Malm vielerorts enorm zu (höchstwahrscheinlich mehr als 1000 Meter). Dies lässt sich aus Radiolariten und kieseligen Tonsteinen ableiten, welche sich heutzutage in sehr tiefen Teilen der Ozeane bilden. Die großen Wassertiefen zur Jurazeit

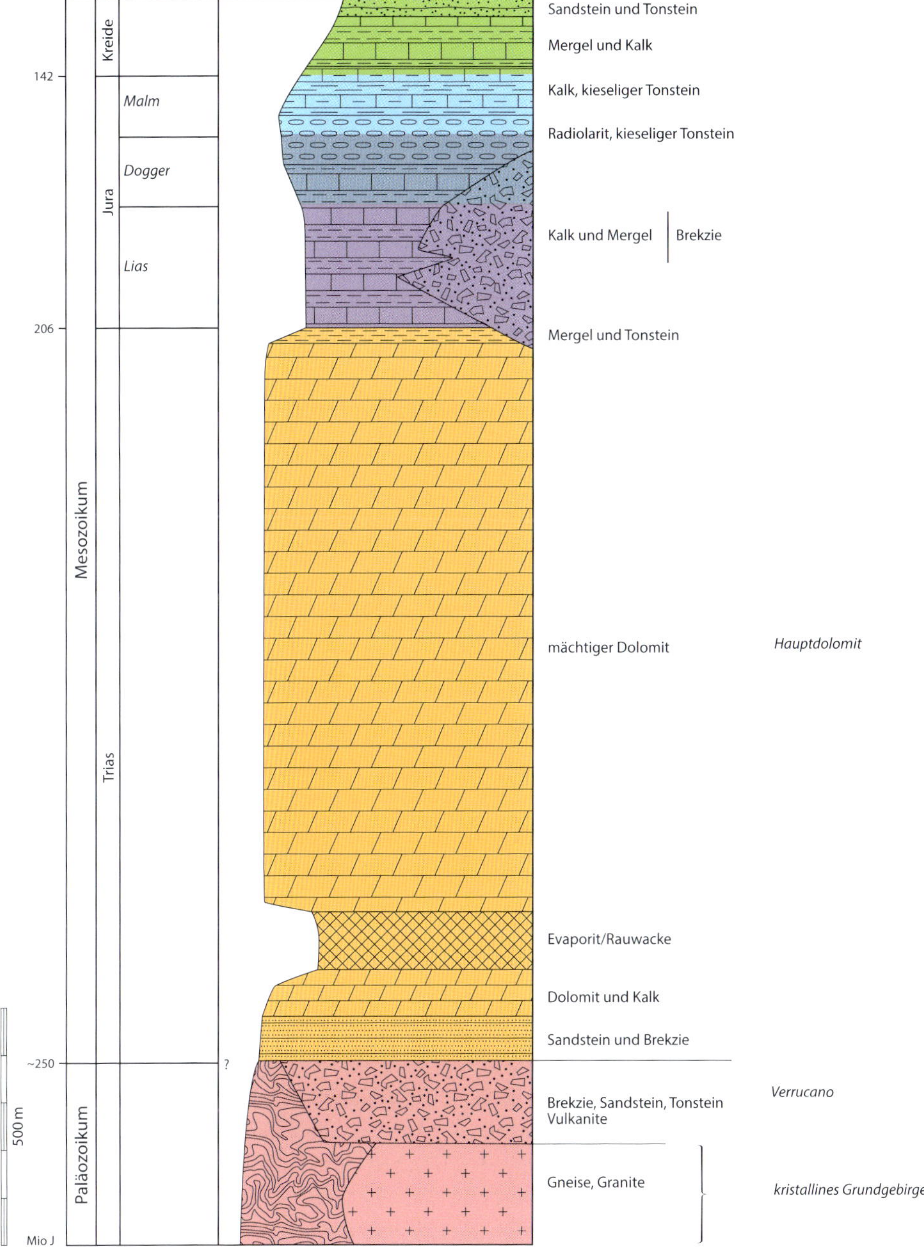

Abb. 4-19 Vereinfachtes Schema der Abfolge der Sedimentschichten im Ostalpin und Südalpin.

korrelieren zeitlich mit der Öffnung des benachbarten Piemont-Ozeans. Diese Öffnung entstand durch das Auseinanderdriften des Europäischen und Adriatischen Kontinents. Hierbei wurde insbesondere der adriatische Kontinentalrand gestreckt. Dabei ergaben sich Abschiebungen, welche die steilen submarinen Hänge bildeten, die die Schüttung von Brekzien begünstigten. Während der Kreidezeit lagerten sich bei nach wie vor großen Wassertiefen Kalke und Mergel ab. Die nachfolgenden Sandsteine künden dann das Vorhandensein eines frühen alpinen Gebirges im Bereich des Ostalpins an, von welchem aus die Schüttung erfolgte.
Der Kontakt zwischen den ostalpinen und penninischen Decken ist von besonderer Bedeutung für die Alpengeologie, da er die Plattengrenze der Adriatischen Platte zum Piemont-Ozean markiert. Ähnlich wichtig ist die Untergrenze der Dent Blanche-Decke des Salassikums. Für das Ostalpin und das Salassikum ist dieser Kontakt eine nahezu horizontale Fläche. Aber beide Einheiten sind durch Erosion teilweise abgetragen worden. Dabei ergaben sich Klippen und Fenster. «Klippen» sind Erosionsreste, bei denen eine tektonisch höhere Einheit ringsum von tieferen Einheiten umgeben ist. Umgekehrt versteht man unter dem Begriff «Fenster» ein Loch, in welchem infolge lokalen Abtrags tektonisch tiefere Einheiten zum Vorschein kommen. In den Abb. 4-20A und B sind zwei berühmte und illustrative Vertreter diskutiert.

Abb. 4-20A Blockdiagramm des Engadiner Fensters, konstruiert mit AdS3.

Abb. 4-20B Blockdiagramm der Dent Blanche-Klippe, konstruiert mit AdS3.

Abb. 4-20A zeigt ein Blockdiagramm des Engadiner Fensters. Hier sind die penninischen Decken von ostalpinen Decken umrahmt. Die tiefste penninische Einheit (grau) sind Bündnerschiefer des Wallis-Trogs, die höchste enthält Gesteine aus dem Piemont-Ozean (grün). Dazwischen liegt ein dünnes Band von Gesteinen, welche von der Briançon-Schwelle stammen. Die ostalpinen Decken des Fensterrandes enthalten Kristallindecken (etwa beim Piz Buin und der Wildspitze) wie auch Sedimentdecken (nördlich St. Anton a. A. und zwischen Zernez und Sta. Maria).
Das Blockdiagramm der Dent Blanche-Klippe in Abb. 4-20B zeigt, wie die Granite und Gneise der Dent Blanche-Decke (rotbraun gefärbt) auf den penninischen Einheiten liegen. In den penninischen Decken stehen die Gesteinsserien des Piemont-Ozeans in unmittelbarem Kontakt mit der Klippe. Es sind dies die Sedimente der Tsaté-Decke (grau) und Basalte und Serpentinite der Saas-Zermatt-Zone (grün). Die Gneise der Briançon-Schwelle sind in rötlichen (Randa) und blass-rötlichen Farben (Dufourspitze) dargestellt.
Anhand von drei Profilschnitten wird der tektonische Bau der ostalpinen Decken illustriert. Diese werden in Graubünden aufgrund ihrer Herkunft in Unterostalpin und Oberostalpin unterteilt. Unterostalpine Decken stammen aus dem distalen (nördlichen) Teil des adriatischen Kontinentalrandes, die oberostalpinen aus dem proximalen (südlichen) Teil. In Mittelbünden

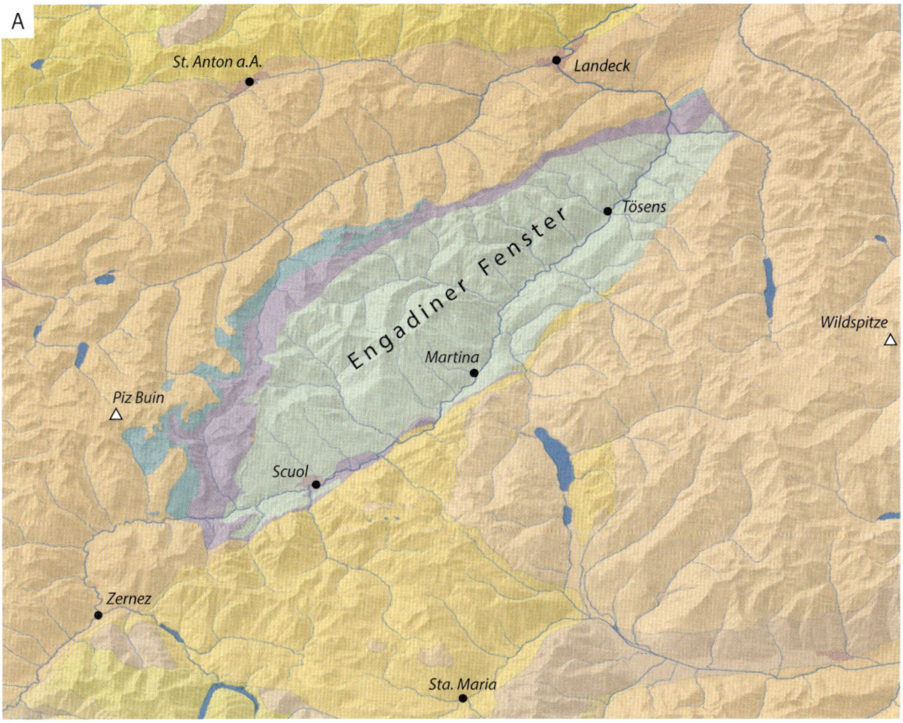

A
St. Anton a.A.
Landeck
Tösens
Engadiner Fenster
Wildspitze
Martina
Piz Buin
Scuol
Zernez
Sta. Maria

B
Evolène
Zinal
Weisshorn
Dent de Perroc
Randa
Dent Blanche
Arolla
Dent Blanche Klippe
Dent d'Hérens
Matterhorn
Zermatt
Breithorn
Dufourspitze

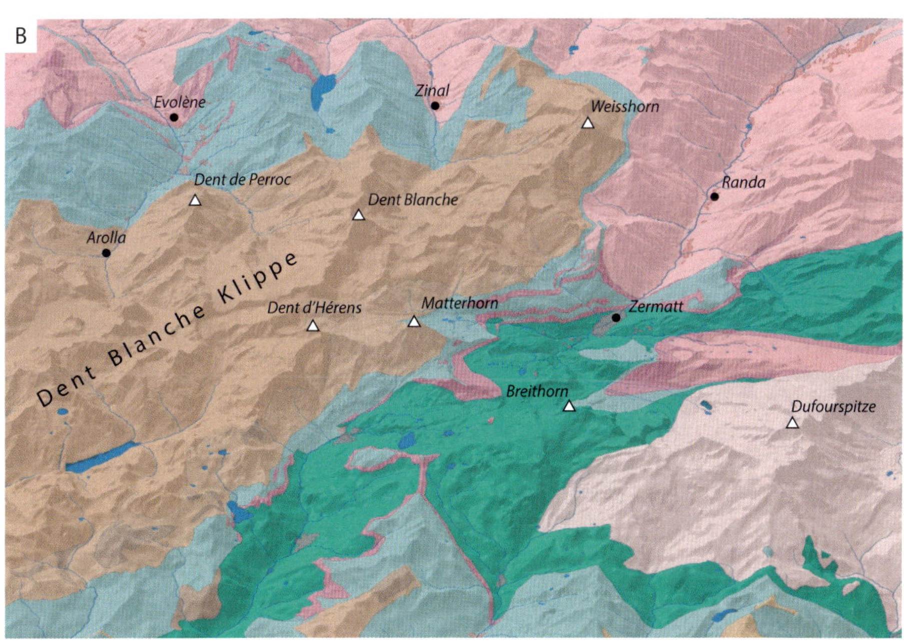

sind beide vertreten, wie dies aus dem Profilschnitt in Abb. 4-21 ersichtlich ist. Der Profilschnitt zeigt die komplexe Interaktion von Überschiebungen und Falten. Die oberostalpine Silvretta-Decke ist durch die Ducan-Abschiebung zweigeteilt. Zwischen Piz Prosonch und Alp Darlux besteht eine scheinbar einfache Struktur. Nähere Betrachtung zeigt aber, dass das Sedimentpaket von Kristallin, permischen und Trias-Sedimenten auf dem Kopf liegt. Offensichtlich ist dieser Sedimentstapel zuerst überkippt und erst danach überschoben worden. Die oberostalpine Ela-Decke liegt ebenfalls in zwei Teilen vor. Ein Teil davon zieht vom Piz Muot nach unten, der zweite Teil bildet bei Palpuogna eine Synform. In beiden Teilen ist die Überschiebung im Anhydrithorizont lokalisiert. Über dem Anhydrit folgen die jüngeren Sedimentschichten. Der Anhydrithorizont ist durch die Wirkung des Bergwassers teilweise zu Rauwacke umgewandelt worden. Diese Rauwacken stellten und stellen Problemzonen für den Vortrieb des Albulatunnels der Rhätischen Bahn dar.
Die unterostalpine Albula-Zone wurde zu einer Antiform aufgewölbt und faltete dabei die bereits darüberliegende Ela-Decke. Die ebenfalls unterostalpine Err-Decke besteht im Wesentlichen aus Kristallin. Der Zusammenhang zwischen Err-Decke und Albula-Zone ist aber nicht klar. Immerhin ist man gezwungen anzunehmen, dass zuerst das Oberostalpin auf das Unterostalpin geschoben wurde und erst nachher die Faltung des Unterostalpins stattfand.
Abb. 4-22 zeigt einen Profilschnitt durch die Gesamtalpen vom Helvetikum in Vorarlberg (AT) durch das Engadiner Fenster bis über die Insubrische Störung ins Südalpin (I). Das Kristallin des Unterhelvetikums reicht weit nach Südosten bis unter das Engadiner Fenster. Das nach NW überschobene Oberhelvetikum reicht nur knapp bis zum Engadiner Fenster. Die penninischen Decken bauen einen Deckenstapel von 10 km Mächtigkeit, welcher aber intern mangels Kenntnissen des Untergrundes nicht weiter differenziert ist. Bei den ostalpinen Decken sind nördlich des Engadiner Fensters das Kristallin der Silvretta-Decke und die Sedimente der Nördlichen Kalkalpen örtlich getrennt. Die Nördlichen Kalkalpen sind von ihrem Kristallin abgeschert, später von diesem aber leicht überfahren worden. Die basale Überschiebung des Ostalpins ist über dem Engadiner Fenster aufgewölbt. Die Aufwölbung selbst ist durch die Engadin-Störung akzentuiert. Südlich des Engadiner Fensters liegen drei Kristallin-Decken vor: Campo, Sesvenna und Ötztal. Lagen von mesozoischen Sedimenten trennen diese Kristallinkomplexe voneinander. Im Südosten steigt die basale Überschiebung des Ostalpins an und bildet unmittelbar vor der Insubrischen Störung eine großräumige Antiform, auf deren SE-Schenkel die Überschiebung steil in die Tiefe taucht. Die Insubrische Störung

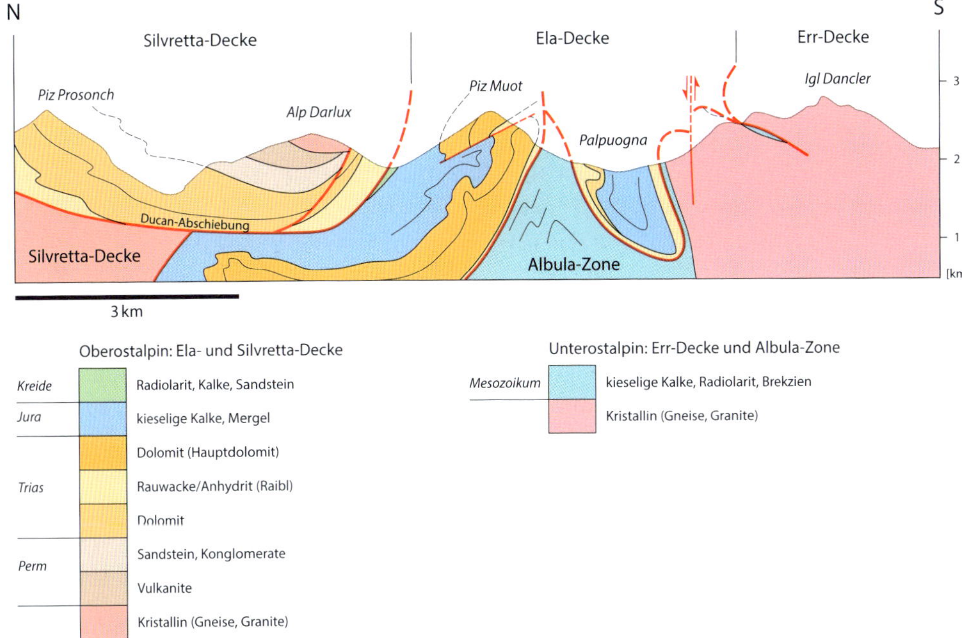

Abb. 4-21 Profilschnitt Preda-Albula, vereinfacht und teilweise geändert nach Froitzheim in Furrer et al. (2015): Erläuterungen zum Geologischen Atlasblatt No. 81, 1237 Albulapass. Im Profilschnitt ist ein recht komplexer Bau der Decken des Unter- und Oberostalpins zu erkennen. Die Überschiebung zwischen Ela-Decke (Oberostalpin) und Albula-Zone (Unterostalpin) ist offensichtlich gefaltet. Insgesamt liegt in der Ela-Decke eine Normalserie vor: Evaporite der Trias (Raibl-Formation mit Anhydrit und Rauwacke) sind zuunterst anzutreffen. Sie bildeten den Abscherhorizont. Darüber folgen die jüngeren Gesteine (Trias, Jura und eine dünne Lage von Kreide). In der Silvretta-Decke liegen die Sedimente auf dem Kopf: auf Alp Darlux bildet das Kristallin den Gipfel, darunter folgen permische Vulkanite und Sedimente, gefolgt von ebenfalls verkehrt liegenden Trias-Sedimenten. Die komplexe Geometrie des Deckenbaus ist das Resultat einer mehrphasigen Deformation, beginnend mit jurassischer Dehnungstektonik (Ducan-Abschiebung) und unterschiedlich gerichteter Deckenbewegungen (westgerichtet in der Kreide, nordgerichtet im Känozoikum).

selbst taucht auch sehr steil nach NW ab. Es handelt sich hierbei um einen Bruch, welcher sowohl eine Seitenverschiebungs- als auch eine Aufschiebungskomponente beinhaltet. Südlich dieser Störung sind granitische Schmelzen des Adamello-Intrusivkomplexes in das Südalpine Kristallin eingedrungen. Der Profilschnitt zeigt, dass das Ostalpin quasi ein Dach auf dem alpinen Deckengebäude bildet, welches durch die Deformationen im Gebäude darunter stellenweise versetzt und gefaltet wurde.

Der tektonische Bau von Südalpin und Salassikum ist anhand einer Profilskizze in Abb. 4-23 veranschaulicht. Im Süden tauchen die südalpinen mesozoischen Sedimente unter die känozoischen Sedimente des Po-Beckens ein. Sie sind in der Tiefe von zwei südvergenten Überschiebungen versetzt. Das südalpine Kristallin unter den mesozoischen Sedimenten, die adriatische Oberkruste, ist ebenfalls schräg gestellt und taucht nach SE ab. Interessant ist nun, dass die noch tiefere adriatische Unterkruste, die Ivrea-Zone, infolge der Schrägstellung bis an die Erdoberfläche reicht. Es ist dies eine Ausnahmeerscheinung, welche uns Einblick in die sonst in mehr als 15 km Tiefe liegenden Gesteine gewährt. Die Schrägstellung ist eine Folge der Aufwölbung des Erdmantels, welcher in diesem Gebiet bis nahe an die Erdoberfläche reicht. Auf dem NW-Schenkel des Gewölbes tauchen Kristallingesteine der Sesia- und Canavese-Zone steil nach NW ein. Diese Gesteine gehören zwar auch zur adriatischen Oberkruste, sie haben aber im Vergleich zum südalpinen Kristallin der Strona-Ceneri-Zone eine spezielle Geschichte hinter sich: Zu Beginn der Bildung der Alpen gelangte dieses Kristallin bei der Subduktion in eine große Tiefe von 50 und mehr Kilometern und wurde dabei metamorph überprägt. Anschließend wurde es durch Überschiebung nach oben auf die penninischen Decken bewegt. Weil dieser Werdegang doch sehr verschieden ist von jenem des Südalpins, wird die Sesia- und Canavese-Zone nicht dem Südalpin zugeordnet, sondern als Salassikum bezeichnet. Zum Salassikum zählt auch die in Abb. 4-18 bereits erwähnte Dent Blanche-Decke.

In der Kontaktzone der beiden Kontinente wurden die penninischen Decken rotiert, steilgestellt und sogar überkippt. Dies erkennt man an der Lage des Stiels der Monte Rosa-Decke wie auch an den anderen Deckenkontakten der penninischen Decken. Der Stiel der Monte Rosa-Decke, welcher auch als Wurzel bezeichnet wird, tauchte ursprünglich nach SE unter die Sesia-Canavese-Zone ein. Heute taucht er nach NW ein und liegt scheinbar über der adriatischen Oberkruste, rotiert um rund 90°.

Nachstehend sind einige typische Landschaften im Bild vorgestellt. Sie

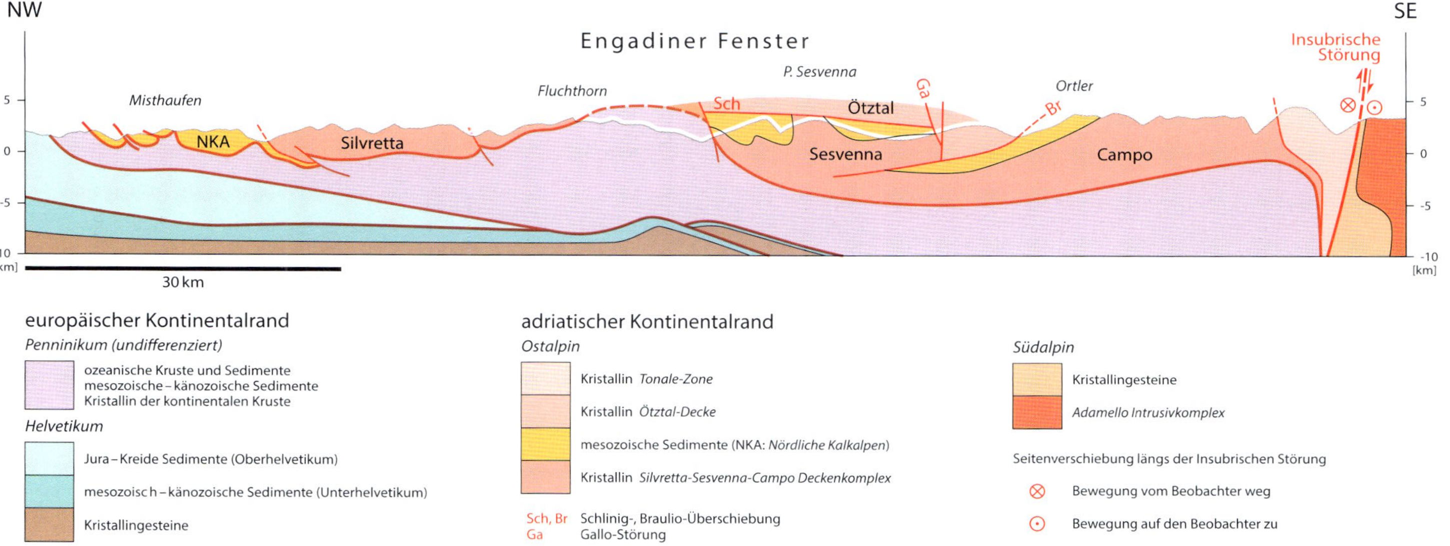

Abb. 4-22 Profilschnitt durch das Ostalpin von Vorarlberg durch das Engadiner Fenster bis ins Südalpin.

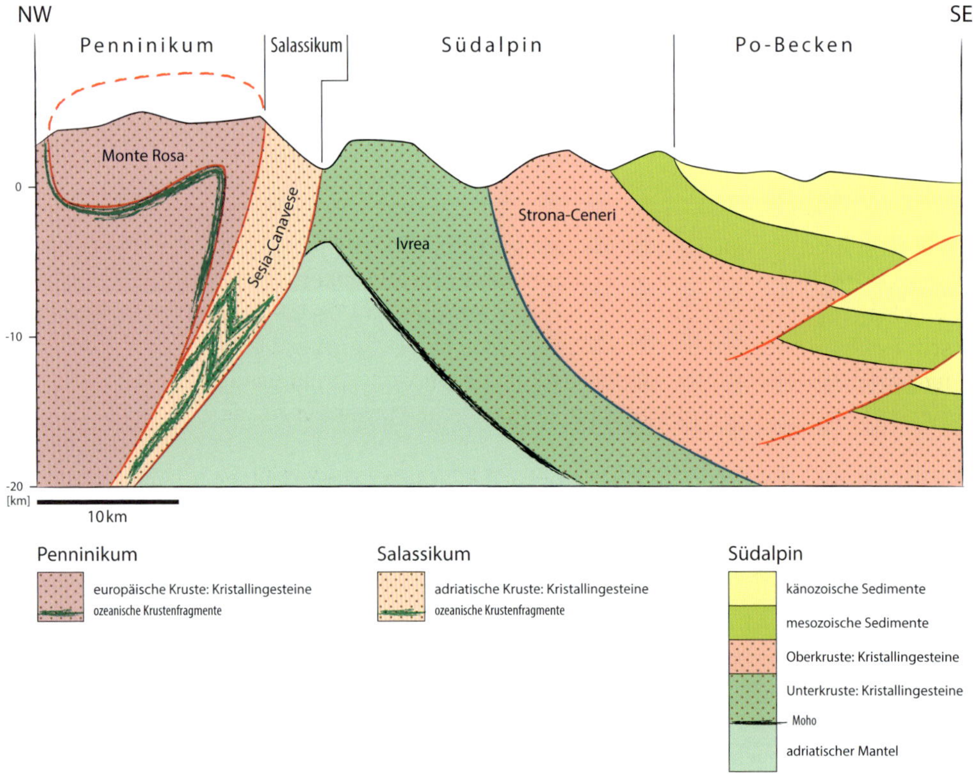

Abb. 4-23 Profilskizze der europäisch-adriatischen Kontaktzone längs Valle d'Ossola-Lago Maggiore.

sollen zeigen, wie sich der tektonische Bau und die beteiligten Gesteinstypen in den Geländeformen durchpausen.

Abb. 4-24A ist eine Panoramaaufnahme vom Parpaner Rothorn mit Blick nach NE. Die Berge am Horizont mit Gross Litzner und Piz Linard sind aus Kristallingesteinen der oberostalpinen Silvretta-Decke aufgebaut. Auch das Furggahorn und die Amselfluh im mittleren Horizont zählen zur Silvretta-Decke. Vom Schiahorn zur Tiejer Flue ziehen die Trias-Sedimente der unterostalpinen Schiahorn-Decke nach rechts unter die Silvretta-Decke. Die vordere Kulisse unten rechts im Bild wird von Kristallingesteinen der unterostalpinen Rothorn-Decke gebildet, jene unten links von Triassedimenten der ebenfalls unterostalpinen Tschirpen-Decke. Der Kontakt zur penninischen Arosa-Decke ist recht komplex. Die Arosa-Decke enthält sowohl Elemente von ozeanischen Sedimenten, Basalten und Serpentinit aus dem Piemont-Ozean als auch Schollen von ostalpinen Einheiten. Im Foto erkennt man eine Linse von Arosa-Decke, die vom unteren Bildrand aufsteigt und auskeilt. Am linken Bildrand baut die

Arosa-Decke die Waldpartie und die Weiden unter der Weissfluh auf. Die Weissfluh besteht aus mesozoischen Sedimenten ostalpiner Herkunft und ist rundum von Gesteinen der Arosa-Decke umgeben. Auch die Tschirpen-Decke ist allseitig von Arosa-Decke umgeben (im Foto nicht sichtbar). Der Kontakt zwischen der Arosa-Decke und den unterostalpinen Decken entspricht der Grenze zwischen dem ehemaligen Piemont-Ozean und dem Adriatischen Kontinent. Die Grenze bildete sich während der Subduktion des Piemont-Ozeans unter die Adriatische Platte. Dabei wurden Stücke der oberen Platte mitgerissen und schwimmen nun als Schollen in den ozeanischen Elementen der Arosa-Decke. Die Durchmischung von Gesteinen unterschiedlicher Herkunft kann auch in kleinerem Maßstab beobachtet werden. Die Arosa-Decke kann somit als Mélange bezeichnet werden und markiert die Plattengrenze zur Zeit der Subduktion.

In Abb. 4-24B schauen wir das Oberengadin hinunter mit Blick Richtung

Abb. 4-24A Panorama vom Parpaner Rothorn mit Blick nach NE. Foto © A. Pfiffner.

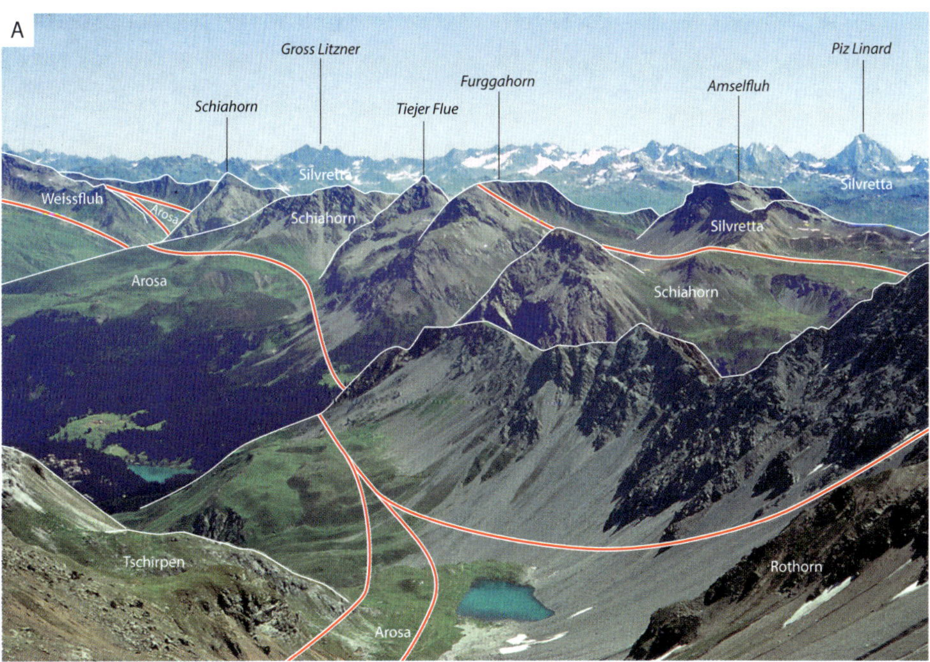

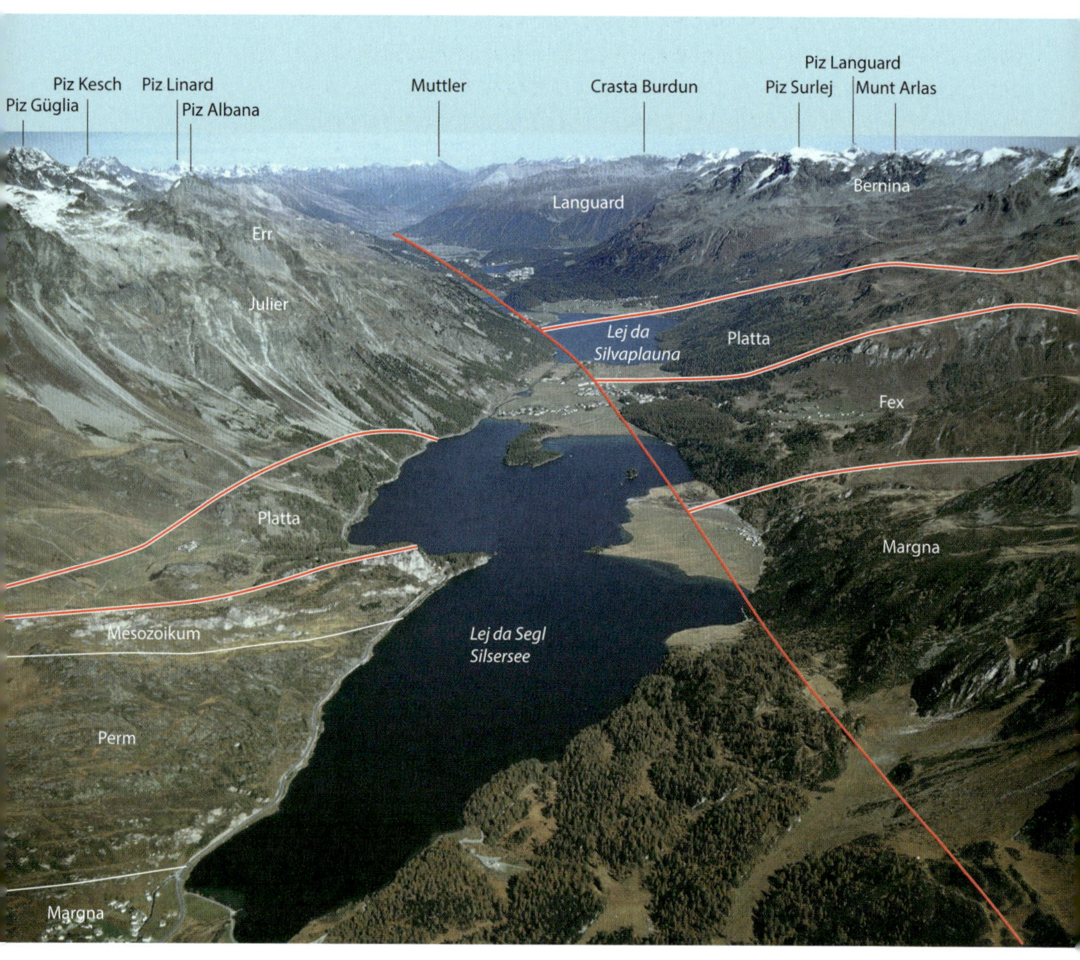

Abb. 4-24B Das Oberengadin mit Blick talabwärts Richtung ENE. Foto © VBS. Die Engadin-Störung ist größtenteils von Abtragungsschutt bedeckt. Ihre Existenz ist durch den Versatz der tektonischen Einheiten angezeigt und manifestiert sich durch die Anlage des Tales, welche durch die zertrümmerten Gesteine längs der Störung beeinflusst wurde.

ENE. Im Talgrund die Seen von Segl/Sils, Silvaplauna und, kaum sichtbar, St. Moritz. Die rote Linie zeigt den Verlauf eines wichtigen Bruches, der Engadin-Störung. Diese kann bis ins Unterengadin verfolgt werden, wo sie das Engadiner Fenster im Südosten begrenzt. Die Zertrümmerung der Gesteine längs dieser Störung hat die Gestaltung der Talanlage wesentlich beeinflusst, weil die zertrümmerten Gesteine die Erosionsresistenz minderte. Beidseits der Engadin-Störung erkennt man einen Deckenstapel aus penninischen, unterostalpinen (inkl. salassischen) und oberostalpinen Decken. Die Deckengrenzen sind als rot-weiße Linien im Foto vermerkt. Wie etwa die Platta-Decke zeigt, sind die Deckengrenzen an der Störung linkssinnig versetzt (links der Störung zieht die Platta-Decke in den Silsersee, rechts der Störung in den Silvaplanersee).
Die unterste Decke, die Margna-Decke, besteht aus hochmetamorphen Gesteinen. Die metamorphe Überprägung legt den Schluss nahe, dass diese Gesteine einst in große Tiefe versenkt wurden, viel tiefer als die benachbarten Decken. Deshalb kann die Margna-Decke analog der Sesia-Canavese-Zone dem Salassikum zugeordnet werden (vgl. Abb. 4-22). Das Kristallin der Margna-Decke ist von Sedimenten überlagert (permische Vulkanite und mesozoische Marmore links am Bildrand, rechts der Engadin-Störung die mesozoischen Sedimente der Fex-Zone). Die Sedimente zeigen in der Landschaft Schichtstrukturen, welche in den Gneisen darunter fehlen. Abgelagert wurden diese Sedimente auf dem äußersten adriatischen Kontinentalrand.
Über der Margna-Decke liegt die Platta-Decke. Sie ist aus Basalten und Serpentiniten aufgebaut, welche dem Piemont-Ozean entstammen. Diese Gesteine wittern zurück und sind morphologisch wenig auffallend. Im Unterostalpin, namentlich der in der Err-, Julier- und Bernina-Decke, bilden Granite steile Felspartien, wie etwa am Piz Güglia und Albana links der Talachse, und Piz Surlej, Munt Arlas und Piz Corvatsch rechts der Talachse. Im Bild wenig in Erscheinung tritt die Languard-Decke in der Crasta Burdun und im namengebenden Piz Languard rechts der Talachse. Die oberostalpinen Decken sind weiter im Hintergrund zu sehen. Es ist dies die Silvretta-Decke in den Gipfeln von Piz Kesch und Linard.
Die Landschaft in der hintersten Valletta dil Güglia nördlich des Julierpasses ist, wie Abb. 4-24C zeigt, farbig. Der Berggipfel Corn Suvretta ist auf der rechten Seite weiß, auf der linken dunkel. Die weißlichen Gesteine sind Trias-Sedimente (hauptsächlich Rauwacken), die dunklen Gesteine sind Kristallin (Gneis und Granit). Der Berg Il Nes («die Nase») ist aus Brekzien aufgebaut. Der rundliche Berg am rechten Bildrand ist ein Vorgipfel des Piz Güglia und besteht aus Granit. Auch die Farben im Mittel- und Vordergrund reflektieren die Gesteinszusammensetzung:

Die roten Flecken sind Radiolarite und wahrscheinlich Tiefseesedimente. Dunkle Partien bestehen aus Brekzien (wie Il Nes), welche an untermeerischen Steilhängen geschüttet wurden. Die weißlichen Gesteinszüge sind Dolomite.
Abb. 4-24D zeigt den Blick vom Piz Güglia nach NNW auf das Unterostalpin von Mittelbünden. Die Pyramiden von Piz d'Ela und Corn da Tinizong/ Tinzenhorn sind aus Dolomitgesteinen (Hauptdolomit) aufgebaut. Beim genaueren Betrachten erkennt man die Schichtung der Sedimente, welche flach nach rechts einfällt. Der Piz d'Err am linken Bildrand besteht aus granitischen Gesteinen, welche entsprechend keinerlei Schichtung erkennen lassen. Der Piz Jenatsch in der mittleren Kulisse weist einen auffallenden gelben Deckel auf. Dieser besteht aus dolomitischen Gesteinen der Trias, welche eine düstere dunkle Einheit überlagern. Diese dunklen Gesteine sind Granite. Der Kontakt zwischen diesen Graniten und den Trias-Sedimenten des Gipfels ist eine Bruchfläche (Abschiebung), welche bei der Öffnung des Piemont-Ozeans entstanden ist. Bei dieser Öffnung wurde der adriatische Kontinentalrand gestreckt; dabei bildeten sich flach einfallende Abschiebungen. Eine ähnliche Beobachtung ist am Piz Lavinér auszumachen; dessen Gipfel besteht aus Trias-Sedimenten. Unter dem Gipfel verläuft eine horizontale Linie, welche in der Geröllhalde durch Schneeflecken markiert ist. Die dunklen Gesteine unter diesem Kontakt sind ebenfalls Granite; auch hier handelt es sich um eine Bruchfläche. Auffallend sind die mächtigen gelblichen Schutthalden. Es sind die Dolomitgesteine, welche bevorzugt zu kantigen Blöcken zerfallen, die diese Schutthalden füttern. Aber auch im flachen Gelände lassen Dolomitgesteine gelbliche Felsinseln stehen. Die Vegetation kann auf den Dolomitgesteinen kaum Fuß fassen. Aus diesen drei Gründen entstehen im Ostalpin vielerorts «Mondlandschaften», wie hier im Bild festgehalten.
Abb. 4-24E zeigt die Flanke der Val dal Botsch im Schweizerischen Natio-

Abb. 4-24C Die Landschaft in der hintersten Valletta dil Güglia nördlich des Julierpasses. Foto © A. Pfiffner

Abb. 4-24D Blick vom Piz Güglia nach NNW auf das Unterostalpin von Mittelbünden. Foto © www.fotocommunity.

C

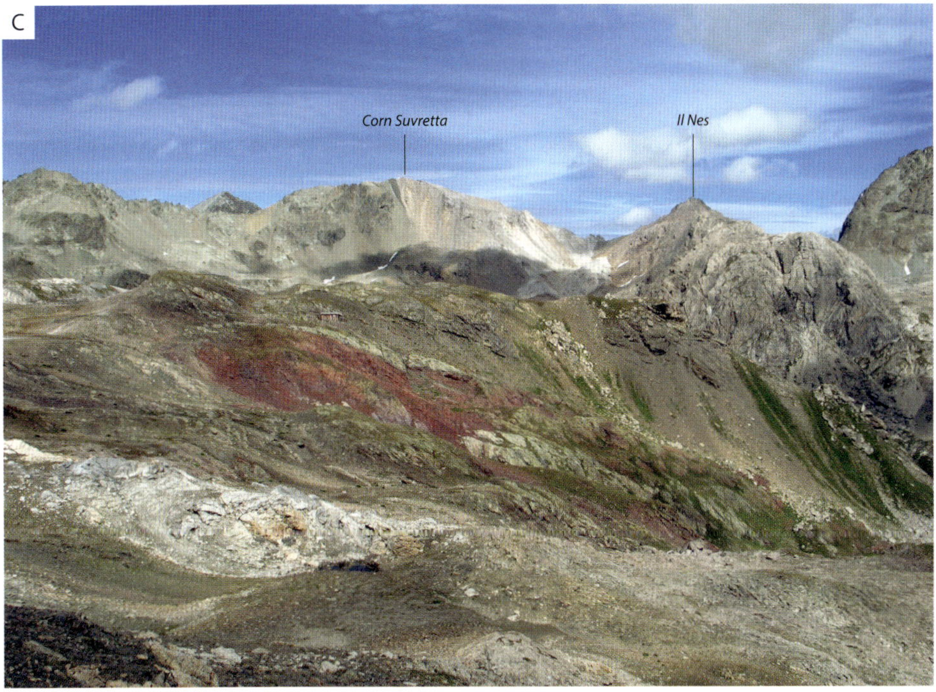

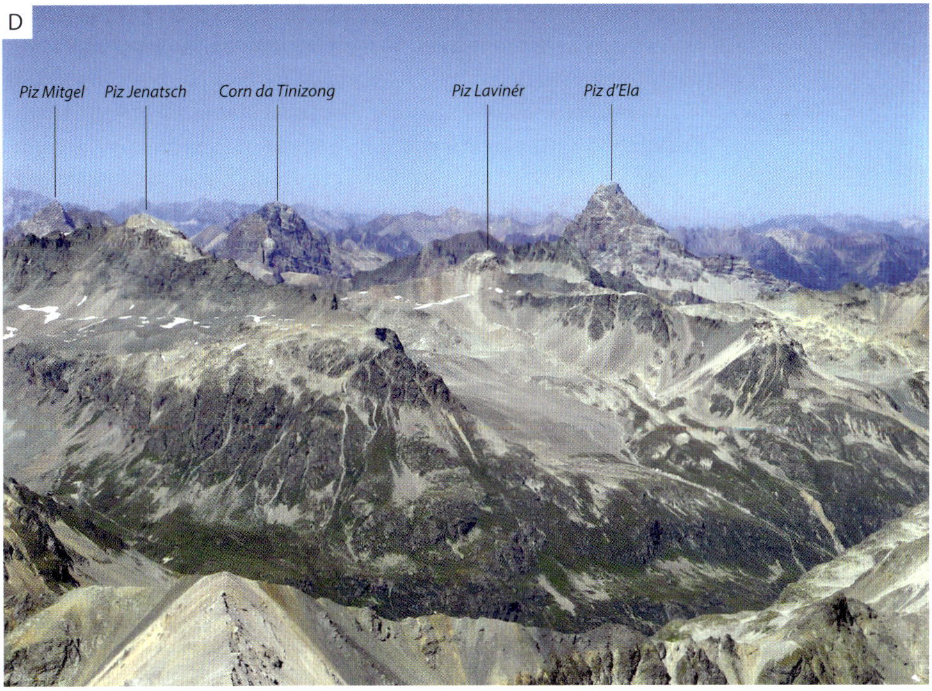

Corn Suvretta
Il Nes

Piz Mitgel
Piz Jenatsch
Corn da Tinizong
Piz Lavinér
Piz d'Ela

D

nalpark/Parc Naziunal. Die zerklüfteten Felswände der Gipfelpartie bestehen aus Dolomit der Trias (sogenannter «Hauptdolomit»). Dieser zerfällt in Blöcke und bildet lange Schutthalden. Bei extremen Niederschlägen kann der Schutt zu Murgängen mobilisiert werden. Diese fressen sich in die Schutthalde ein und hinterlassen lange Rinnen, welche die Wege der Wasser-Schlamm-Geröll-Gemische anzeigen. Unter dem Dolomit liegt eine Schicht von Evaporiten. Diese verwittern zu flachen Hängen, in denen die Evaporite inselartig in der Vegetationsdecke in Erscheinung treten. Ein interessantes Phänomen sind die Türme innerhalb der Evaporitschicht. Wie aber können derartige Türme entstehen?
Die Evaporite bestehen hauptsächlich aus Anhydrit, welcher zentimeterdicke Dolomitbänder enthält. Anhydrit ist wasserlöslich und neigt zu Karstbildung. In Kontakt mit Wasser wandelt sich Anhydrit in Gips um. Durch die damit verbundene Volumenzunahme zerbricht das Gestein inklusive der Dolomitlagen, was die Wegsamkeit für Wasserzirkulation weiter erhöht. Gerät der Gesteinsverband aus Anhydrit und Gips nahe an die Erdoberfläche, werden die Karstöffnungen mit Schutt verfüllt. Ein beträchtlicher Teil des Schutts stammt von zerbrochenen Dolomitlagen der Evaporitschicht selbst, wie auch vom darüberliegenden Hauptdolomit. Durch Kalkausfällung wird die Karstfüllung zementiert und dadurch erosionsresistent. Wird nun durch großflächige Erosion der Hauptdolomit und Teile der Evaporitschicht abgetragen, bleiben die ursprünglich röhrenförmigen Karstfüllungen als Härtlinge zurück und bilden Türme.
Die ebenfalls zum Parc Naziunal gehörende Hochebene Macun mit ihren Seen (vgl. Abb. 4-24F) besitzt einen Felsuntergrund aus Graniten und Amphiboliten, welche vom Gletscher der letzten Eiszeit poliert wurden. Endmoränen der Rückzugsstadien bilden die steinigen Wälle im Vordergrund. Auch die Berge im Hintergrund beidseits der Val Tuoi bestehen aus Kristallingesteinen (Granite, Gneise und Amphibolite).

Abb. 4-24E Blick auf die Flanke der Val dal Botsch im Schweizerischen Nationalpark/Parc Naziunal. Foto © A. Pfiffner. Auffallend sind die hellen Schutthalden mit ihren langen Rinnen, welche den Verlauf von alten Murgängen anzeigen. Die Türme auf der grasbedeckten Flanke links der Bildmitte stellen verkittete Füllungen von Karströhren dar.

Abb. 4-24F Seenplateau Macun (GR) mit Blick nach Norden. Der Felsuntergrund der Hochebene besteht aus Graniten und Amphiboliten der Silvretta-Decke. Ebenso die Berge der Val Tuoi im Hintergrund. Foto © mapio.net.

F

Piz Buin

Dreiländerspitz

Piz Cotschen

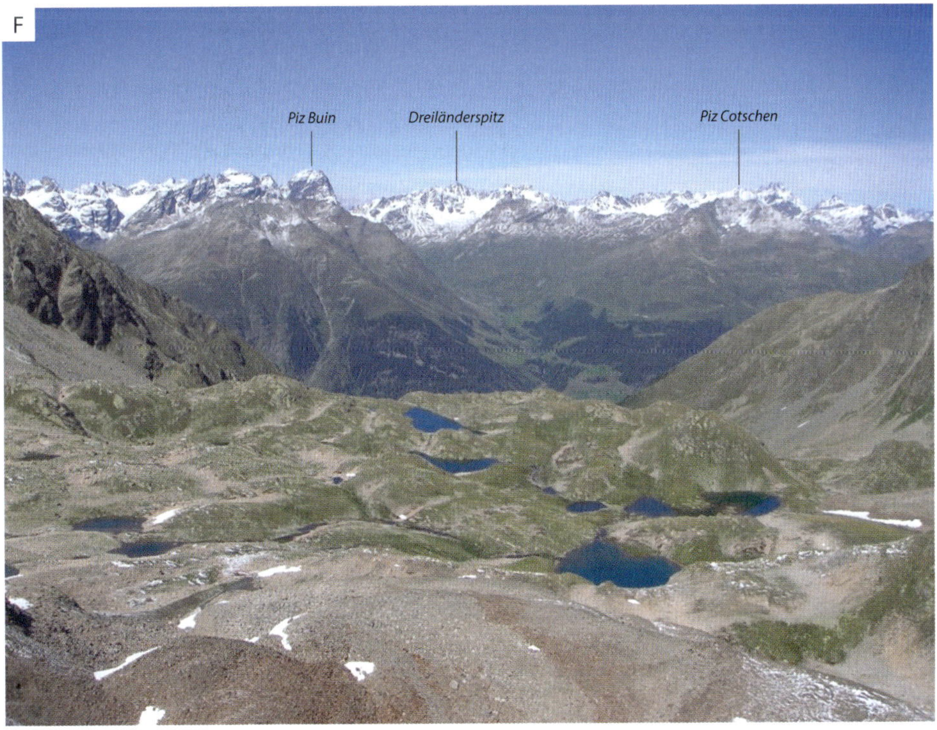

4.4 Typische alpine Landschaften

In den vorangehenden Abschnitten sind die Landschaften und die Gesteine der alpinen Deckensysteme Helvetikum, Penninikum und Ostalpin/Südalpin/Salassikum im Zusammenhang mit dem geologischen Bau diskutiert worden. In diesem Abschnitt liegt der Fokus auf großmaßstäblichen Formen, welche die alpinen Landschaften prägen. Hierzu zählen Längs- und Quertäler, kalkdominierte Landschaften, hochalpine Landschaften sowie die alpinen Seenlandschaften am Beispiel der Zentralschweiz.

4.4.1 Längstäler

Bestünde ein Gebirge aus einem strukturlosen Einzelgesteinstyp, so würde das abfließende Oberflächenwasser von der höchsten Erhebung weg in Richtung Vorland fließen, ähnlich dem Regenwasser auf einem Zeltdach. Die Wasserscheide würde sich im Zentrum und längs des Gebirges entwickeln, also dort, wo die größte Hebung stattfindet und am meisten Niederschläge fallen. In der Realität ist die Gesteinszusammensetzung sehr heterogen; erosionsresistente und weniger resistente Gesteinsformationen sind recht unregelmäßig verteilt und steuern, wo die Erosion Täler bildet und Berge stehen lässt. Nun ist es aber so, dass die Gesteinsschichten in den Alpen eine gewisse Ordnung aufweisen. Die ursprünglich horizontale Schichtung von Sedimenten, aber auch Brüche mit großem Versatz, können zu großräumigen scharfen Grenzen zwischen Gesteinskörpern mit sehr unterschiedlicher Erosionsresistenz führen. Es sind solche Grenzen, wo durch Abtrag der weichen Gesteine Täler entstehen. Da in den Alpen sowohl Falten als auch Überschiebungen zumeist parallel zum Gebirge verlaufen, ist es nicht verwunderlich, dass – obschon das Oberflächenwasser aus dem Gebirge wegfließen muss – auch Längstäler entstehen.
Das wohl auffälligste Längstal der Schweizer Alpen besteht aus drei Segmenten: das Rhonetal von Martigny bis Furkapass, das Urserental und das Vorderrhein-Rheintal vom Oberalppass bis Chur. Dreimal hat hier die Natur dieselbe «Schwachstelle» für die Talbildung benutzt. In den Fotos der Abb. 4-25 werden Einzelheiten dazu gezeigt. Andere Beispiele wären das Inntal im Engadin, welches der Engadin-Störung folgt (wie in Abb. 4-24B diskutiert) oder das Veltlin und Val Morobbia-Centovalli, beides Täler, welche der Insubrischen Störung folgen (vgl. Abb. 3-6A). Schließlich wären die Talungen des Brienzer- und des Walensees zu erwähnen, welche vom Vorhandensein leicht erodierbarer Sedimentschichten (Mergel und Tonsteine) geprägt werden. Diese Sedimentschichten fallen nach außen, d.h. nach NNW ein, weshalb die Schichtgrenzen parallel zu den

Alpen in Richtung WSW-ENE verlaufen. Im Falle des Brienzersees verläuft zwischen dem erosionsresistenten Quinten-Kalk auf der Südseite des Sees und den ebenfalls erosionsresistenten Kreidekalken auf der Nordseite eine mächtige Mergelschicht (Palfris-Formation). Diese wurde ausgehöhlt und verläuft im Untergrund des Brienzersees. Am Walensee ist die Nordseite aus Quinten-Kalk und Kreidekalken aufgebaut und weiche Mergel und Tonsteine im Verrucano, der Trias und des Lias und Dogger sind im Untergrund des Sees anzutreffen (vgl. Abb. 3-12B).

Abb. 4-25A und B zeigen die geologischen Verhältnisse des Rhonetals. Generell gesehen wird der orografisch rechte Hang (im Bild der linke

Abb. 4-25A Das Rhonetal zwischen Fully und Sierre mit Blickrichtung nach ENE. Foto © VBS.

Abb. 4-25B Das Rhonetal zwischen Gampel und Visp mit Blickrichtung nach Osten. Foto © VBS. Die beiden Talflanken unterscheiden sich deutlich in ihrer Morphologie: links die hangparallel einfallenden Kalke des Helvetikums, rechts die fein geschichteten Sandsteine, Tonsteine und Mergel des Penninikums.

Hang) aus Gesteinen des Helvetikums, der gegenüberliegende Hang aus Gesteinen des Penninikums aufgebaut. Zudem verläuft im Talgrund eine wichtige alpine Störung, die Simplon-Rhone-Störung. In Abb. 4-25A erkennt man zwischen Saillon und Conthey Felswände, die aus Kalkschichten bestehen, welche unter den Talboden eintauchen. Der gegenüberliegende bewaldete Hang unterscheidet sich morphologisch von diesem: Höhere Felswände fehlen, weil hier feingeschichtete Tonsteine, Mergel und Sandsteine den Felsuntergrund bilden.
In Abb. 4-25B besteht der orografisch rechte Hang (links im Bild) aus Kalksteinen, welche zwischen Gampel und Visp parallel zur Talflanke unter die Talebene eintauchen. Ähnlich wie in Abb. 4-25A, ist der gegenüberliegende Hang etwas unstrukturiert, weil auch hier Sandsteine, Tonsteine und Mergel vorherrschen. Die Talachse des Rhonetales ist deshalb wohl von drei Faktoren geprägt worden: Die unterschiedliche Gesteinszusammensetzung des Felsuntergrundes auf beiden Talflanken, das Einfallen der erosionsresistenten Kalkschichten des Helvetikums unter das Penninikum sowie die zertrümmerten Gesteine längs der Simplon-Rhone-Störung.
Die Talfurche des Rhonetals setzt sich als Längstal im Goms fort und zieht über den Furkapass ins Urserental und von dort weiter über den Oberalppass in die Surselva. Abb. 4-25C zeigt den Abschnitt Urserental von Realp zum Oberalppass. Diese Talachse verläuft parallel zu einer weichen Sedimentschicht aus Tonsteinen und Sandsteinen (meist Verrucano). Der Talhang auf der Nordseite (links im Bild) hat einen Felsuntergrund aus Gneisen und Graniten des Aar-Massivs, während jener des gegenüberliegenden Talhangs aus Gneisen des Gotthard-Kristallins besteht.
Die Fortsetzung des Längstals vom Oberalppass nach Osten folgt dem Vorderrhein in der Surselva und ab Reichenau dem Rhein. Der Blick von Chur Richtung Reichenau manifestiert die unterschiedlichen Geländeformen beidseits des Rheins (vgl. Abb. 4-25D). Der nördliche Talhang (rechts im Bild) ist geprägt von hohen Felswänden aus Quinten-Kalk und Kreidekalken. Deutlich sichtbar sind die Felswände im Massiv des Calanda. Die Kalke tauchen generell nach Süden unter den Talboden, was besonders deutlich auf den Plateaus von Flimserstein und Alp Mora in Erscheinung tritt. Während diese Kalke zum Helvetikum zählen, ist der südliche Talhang aus fein geschichteten Sandsteinen und Tonsteinen des Penninikums («Bündnerschiefer») aufgebaut. Diese sind weniger erosionsresistent und verantwortlich für die zwar teilweise steilen, aber meist vegetationsbedeckten Hänge. Der flache Gipfel des Dreibündensteins/Term Bel am linken Bildrand ist ein Beispiel für flächigen Abtrag mit geringem lokalen Relief, und steht in Kontrast zu den scharfen Graten und Gipfeln in den Kalken des Helvetikums auf der Nordseite des Rheins. Zwischen Reichenau und Ilanz ist die Talachse undeutlich. Der Grund

Abb. 4-25C Das Urserental mit Blickrichtung nach ENE. Foto © VBS. Die linke Talseite besteht aus Gneisen sowie im Kammbereich (oben) aus Graniten des Aar-Massivs. Die rechte Talseite besteht aus Gneisen des Gotthard-Kristallins. Weiche Tonsteine und Sandsteine bauen den Felsuntergrund unter dem Talboden auf und waren für die Talanlage verantwortlich.

Abb. 4-25D Das Rheintal von Chur bis Reichenau und das Vorderrheintal von Reichenau bis Ilanz mit Blickrichtung WSW. Foto © IG Tektonikarena Sardona/Ruedi Homberger. Der flache schneebedeckte Gipfel links der Bildmitte am linken Bildrand ist der Dreibündenstein/Term Bel.

liegt im Flimser Bergsturz, welcher das frühere Längstal zugeschüttet hat (der Flimser Bergsturz wird in Kapitel 5 näher diskutiert). Die weitere Fortsetzung des Tales von Ilanz gegen Westen ist im Bild nur schwer zu erkennen, folgt aber ebenfalls dem Nordrand des Gotthard-Kristallins.

4.4.2 Quertäler

Quertäler entsprechen zu einem gewissen Grad dem «Normalfall der Entwässerung», bei welchem das Oberflächenwasser vom Kern des Gebirges ins Vorland fließt. Das Gewässersystem kann aber, wie bereits erwähnt, durch die Struktur des Felsuntergrundes gesteuert werden. Wie im vorangehenden Abschnitt 4.4.1 erwähnt, können leicht erodierbare Schichten oder Zonen, die parallel zu den Alpen verlaufen, die Anlage von Längstälern verursachen. Quertäler bilden sich vielfach längs Querstörungen, also Brüchen, die quer zum Gebirge verlaufen und die Gesteine beidseits zertrümmerten. Da nun Längs- und Quertäler gleichzeitig entstehen, führt dies unweigerlich zu einer Interaktion, bei der Gewässer von Quertälern durch solche von Längstälern abgelenkt werden. Umgekehrt können auch Gewässer von Längstälern in Quertäler abgelenkt werden. Man muss nun bedenken, dass im Kern der Alpen eine viele Kilometer dicke Gesteinsschicht abgetragen wurde. Das Gewässernetz entwickelte sich anfänglich in den obersten Decken (zum Beispiel der ostalpinen Decken) und wurde durch dessen Struktur beeinflusst. Anschließend verlagerte sich das Gewässernetz durch Erosion durch die tieferen Decken hindurch. Diese tieferen Decken hatten eine eigene und andere Struktur, welche nun ihrerseits das Gewässernetz möglicherweise rasch veränderte. Eine solche Entwicklung ist nur schwer zu eruieren, weil das alte Gewässernetz im Gebirge vollständig wegerodiert und damit ohne Zeugen zu hinterlassen verschwunden ist.
Im Folgenden wird nun eine Auswahl von Quertälern näher betrachtet. Dabei wird auch der Verlauf der im vorangehenden Abschnitt 4.2.1 diskutierten Rhone und des Rheins zu betrachten sein, da diese irgendwann aus ihren Längstälern austreten müssen, um die Alpen verlassen zu können.
In Abb. 4-26A erkennt man das Rhoneknie zwischen Fully und Dorénaz. Zwischen Martigny und dem Léman fließt die Rhone quer durch die Strukturen im Helvetikum und Penninikum. Vom eigentlichen Knie bis Dorénaz hat sich die Rhone in das Kristallin des Aiguilles Rouges-Massiv eingeschnitten, und zwar schnurgerade, ohne sich um die quer zum Quertal verlaufenden Kalkschichten bei Martigny und St. Maurice zu kümmern. Im Helvetikum setzen sich die Kalke der Dent de Morcles in die Dents du Midi fort, im Penninikum die Kalke der Tour d'Aï in die Bergkette Le Grammont. Die Fortsetzung dieses Quertales von Martigny nach Süden kann in den Quertälern Val d'Entremont (welches zum Grossen Sankt Bernhard

führt) und/oder Val Ferret vermutet werden. Zu dieser Zeit wäre aber der Talgrund bei Martigny viel höher gelegen (auf über 2000 m ü. M. in heutigen Koordinaten).

Eine ganze Anzahl von Quertälern entwässern die Gebirgskette des südlichen Wallis: Val de Bagnes, Val d'Hérémence, Val d'Hérens, Val d'Anniviers, Turtmanntal, Mattertal und Saastal, nur, um die wichtigsten zu nennen. Es muss davon ausgegangen werden, dass diese Täler einst die Alpen als Quertäler verließen und später von der Rhone abgelenkt wurden. Die Talböden dieser alten Quertäler lagen (in heutigen Koordinaten) auf über 2000 m ü. M., da man annehmen muss, dass die Flüsse über die hohe Bergkette des nördlichen Wallis in Richtung Kanton Bern flossen. Denkbar ist, dass die diversen Pässe (z.B. Sanetsch, Rawil und Gemmi) Überbleibsel dieser alten Täler sind. Als Beispiel dieser Quertäler ist in Abb. 4-26B das Mattertal abgebildet. Zwischen Zermatt und St. Niklaus sind die beiden Flanken des Tales aus denselben Gneisen der penninischen Decken aufgebaut. Die Mattervispa hat sich also in einen fast homogenen Felsuntergrund aus Gneisen eingefressen. Möglicherweise erfolgte diese Tiefenerosion, nachdem der Fluss durch die Rhone abgelenkt wurde und fortan von Visp nach Westen auf einem tieferen Niveau floss. Der tiefer gelegene Abfluss verursachte rückschreitende

Abb. 4-26A Das Rhonetal zwischen Martigny und dem Léman mit Blickrichtung NNW. Foto © VBS.

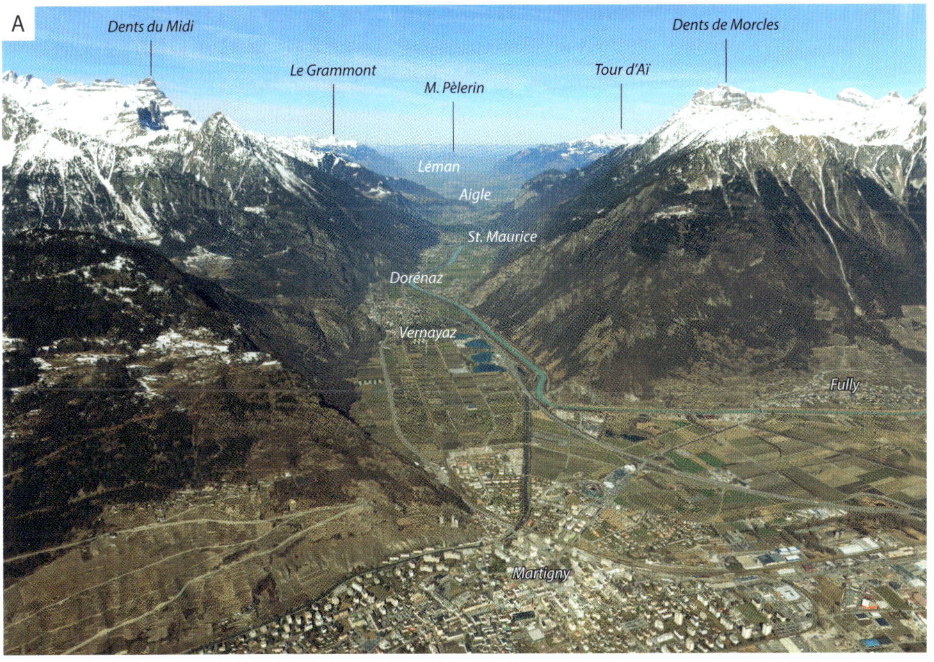

Erosion. Sowohl die Matter- als auch die Saaservispa durchfließen in ihrem obersten Lauf granitische Gesteine, welche dem Fluss genügend Quarzkörner zum Abschleifen des Felsuntergrundes zur Verfügung stellten.

In der Zentralschweiz quert das Reusstal zwischen Andermatt und dem Urnersee das Kristallingestein des Aar-Massivs und Sedimentgesteine des Helvetikums. Eigentlich gehört auch die Talung des Urnersees zu diesem Quertal. Das Foto in Abb. 4-26C zeigt den oberen Eingang in die Schöllenen, wo sich die vereinigten Gotthard- und Furkareuss in die Schlucht stürzen. Die Tiefenerosion in diesem Kerbtal manifestiert sich in den immer wieder auftretenden Felsstürzen aus den übersteilten Talflanken. Die Sage des Teufelssteins bei Göschenen mag ein Ausdruck des Respekts der Bevölkerung vor diesen Felsstürzen sein. In der Schöllenen quert die Reuss die Granite und Gneise des Aar-Massivs, und zwischen Erstfeld und Schattdorf die Sedimente, welche das Kristallin überlagern. Zur Hauptsache bestehen diese Sedimente aus mächtigem Quinten-Kalk, welcher die hohen Felswände beidseits der beiden Talflanken bildet. Die Schichten des Quinten-Kalks queren das Tal im rechten Winkel zur Reuss, oder anders gesagt, das Reusstal verläuft als echtes Quertal quer zu den Schichten.

Ab Erstfeld, und besonders ab Schattdorf, weitet sich der Talboden; die Schlucht wird zum Sohlental, wie dies in Abb. 4-26D ersichtlich ist.

Abb. 4-26B Das Mattertal zwischen Zermatt und St. Niklaus mit Blickrichtung Nord. Bei Randa erkennt man die hellgefärbte Abrissstelle des Bergsturzes des Jahres 1991 und dessen Trümmerstrom unten im Tal. Foto © VBS.

Die Talsohle, auf welcher auch Altdorf liegt, erstreckt sich bis zum Urnersee. Sie entstand durch Aufschüttung mit Geröll und Sand durch die Reuss. Die Gletscher der letzten Eiszeit übertieften das Reusstal ab Erstfeld um mehrere Hundert Meter. Nach dem Abschmelzen des Eises vor ca. 12 000 Jahren entstand ein See, der bis gegen Erstfeld reichte. Dieser wurde sukzessive durch die Sedimentfracht der Reuss zugeschüttet, sodass gegenwärtig nur noch der Urnersee erhalten ist. Die Zuschüttung des Sees läuft auch heute weiter und manifestiert sich besonders deutlich bei den immer wieder auftretenden Überschwemmungen des Talbodens. Die Talflanken beidseits des Urnersees bestehen aus Kalken und Mergeln des Helvetikums. Auch hier verlaufen die Schichtstrukturen quer über die Talung. Die Frage stellt sich daher, wo die nördliche Fortsetzung des Quertals zu suchen ist. Die Reuss fließt bei Luzern aus dem Vierwaldstättersee. Der See selbst ist beileibe kein Quertal. Denkbar ist daher, dass die Ur-Reuss viel früher, also vor den Eiszeiten, im Norden über den Sattel zwischen Fronalpstock und Rossberg floss (vgl. Abb. 4-26D). Nicht auszuschließen ist auch die Möglichkeit, dass das Ur-Reusstal um den Urmiberg (Abb. 4-26B) herumkurvte und die Talung von Lauerzersee-Zugersee benutzte. Auf jeden Fall war die damalige Talsohle in heutigen Koordinaten mehrere Hundert Meter höher gelegen.

Abb. 4-26C Die Schöllenenschlucht bei Andermatt mit Blickrichtung NNE. Foto © VBS.

Ein weiteres klassisches inneralpines Quertal liegt im Falle der Linth vor. Vom Tödi bis zur Linthebene verläuft das Tal generell gesehen Nord-Süd. Abb. 4-26E gibt den Blick vom Schilt talauf Richtung Linthal. Die tieferen Talhänge sind aus Sandstein-Tonstein-Abfolgen aufgebaut. Die Hangneigung ist entsprechend geringer als jene der aus Kalken aufgebauten Gipfelpartien von Ortstock - Höch Turm - Vrenelisgärtli. Das Quellgebiet dieses Quertales liegt beim Tödi. Das Foto in Abb. 4-26F zeigt den unteren Teil des Quertales. Hier werden beide Talflanken von Kalken des Helvetikums aufgebaut. Aber der geologische Bau des Gebirgsmassivs von Schilt - Hächlenstock ist sehr verschieden von jenem zwischen Vrenelisgärtli und Wiggis. Eine wichtige Störung verläuft hier nämlich längs der Talachse und hat höchstwahrscheinlich die Gesteine zerrüttet und so den Verlauf des Quertales maßgeblich beeinflusst.
So wie die Rhone verlässt auch der Rhein die Alpen in einem Quertal. Das Rheinknie befindet sich bei Chur. Aber anders als im Fall der Rhone ist der erste Abschnitt nach dem Rheinknie durch die Struktur des Felsuntergrundes geprägt. Das Rheinknie folgt exakt dem Kontakt zwischen den Kalken des Helvetikums und einer Sandstein-Tonstein-Abfolge des Penninikums. Die Kontaktfläche ist gewölbt. Westlich von Chur taucht sie nach SSE ein, nördlich von Chur nach ENE. In diesem Sinne ist der Abschnitt Chur – Landquart – Maienfeld als asymmetrisches Tal zu bezeichnen,

Abb. 4-26D Reusstal und Urnersee bei Altdorf mit Blickrichtung Nord. Foto © VBS.

Abb. 4-26E Das Tal der Linth mit Linthal. Blickrichtung ist SSW. Foto © Bruno Schlenker.

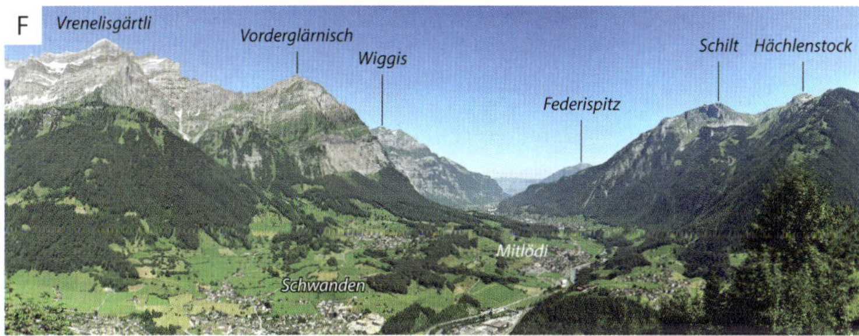

Abb. 4-26F Das Tal der Linth mit von Schwanden talaus mit Blickrichtung NNW. Foto © Tschubby.

dessen Richtung durch das Einfallen der Schichten kontrolliert ist. Aber von Sargans nach Norden bis zum Bodensee liegt ein Quertal vor, welches die Strukturen im Helvetikum und in der Subalpinen Molasse quer durchschneidet. In Abb. 4-26G ziehen die Kreidekalke der Gauschla am linken Bildrand nach rechts (Ost) ins Tal hinunter und tauchen im Wald südlich Buchs unter die Talsohle, um dann bei Balzers auf der rechten Rheinseite wiederum aufzutauchen. Sie setzen sich in den bräunlichen Felswänden des Fläscherbergs am rechten Bildrand fort. In ähnlicher Weise setzen sich die grauen Quinten-Kalke am Ellhorn linksrheinisch im Mazifer fort und steigen dann – außerhalb des Fotos – zum Gonzen hoch. Im Segment Sargans – Balzers liegt somit ein echtes Quertal vor. Zwischen Balzers und Vaduz folgt das Tal jedoch wie bei Chur dem Kontakt zwischen Helvetikum und Penninikum (der Kuegrat besteht aus Gesteinen des Ostalpins; nur ganz unten am Hangfuß sind Sandsteine des Penninikums vorhanden), und erst von Buchs (SG) bis zum Bodensee liegt wiederum ein echtes Quertal vor. Die Kreidekalke des Helvetikums von Altmann-Kreuzberge-Hoher Kasten tauchen unter das Rheintal und steigen auf der vorarlbergischen Seite versteckt hinter dem Kuegrat wieder hoch. Insgesamt zeigt das Rheintal von Chur bis zum Bodensee den Einfluss der unterschiedlichen Gesteine im Felsuntergrund auf die Erosion und den Verlauf der Talachse haben können.

Abb. 4-26G Das Rheintal zwischen Sargans und Bodensee mit Blickrichtung Nord. Foto © VBS. Der Rhein schlängelt sich nach Norden in Richtung Bodensee. Im Segment zwischen dem Knie beim Mazifer und Balzers verläuft der Rhein quer durch die nach rechts (Osten) abtauchenden Kalke des Helvetikums. Die Umbiegung des Rheins links (westlich) von Vaduz folgt dem Kontakt zwischen Helvetikum und Penninikum, längs welchem weiche Mergel, Tonsteine und Sandsteine anzutreffen sind. Der flache Boden des Rheintals entspricht der Füllung eines vom Gletscher der letzten Eiszeit massiv übertieften Tales durch den Rheingletscher (bei Balzers ist der Felsuntergrund des Rheintales auf Meereshöhe!).

4.4.3 Kalkalpen

In den Schweizer Alpen treten die mächtigen Kalkschichten des Helvetikums und der Briançon-Schwelle des Penninikums in gewissen Gebieten derart dominant in Erscheinung, dass man von Kalkalpen sprechen kann. Allerdings treten die Kalkschichten meistens gemeinsam mit Mergelschichten auf. Dünne Mergelschichten unterstreichen die generelle Struktur der Kalkschichten, und mächtigere Mergelschichten greifen ihrerseits landschaftsbestimmend in Erscheinung. Im Helvetikum erstreckt sich ein Gürtel von kalkdominierten Landschaften von Hochsavoyen über das Berner Oberland in die Zentralschweiz und weiter in die Ostschweiz und nach Vorarlberg. Im Penninikum zählt hauptsächlich das Gebiet der Waadtländer und Freiburger Alpen dazu. In den Abb. 4-27 und 4-28 werden einige illustrative Beispiele aus diesen Gebieten herausgegriffen und näher diskutiert.

Im Grenzgebiet der Kantone Wallis und Bern zwischen Sanetsch- und Lötschenpass sind Kalke des Helvetikums anzutreffen. Im Foto der Abb. 4-27A sind die Gipfelpartien von Wetzsteinhorn – Wildstrubel – Rothorn von Felswänden geprägt. Am linken Bildrand, vom Wetzsteinhorn bis zum Wisshore, erkennt man, dass die Felswände nach rechts (Osten) eintauchen, während sie am rechten Bildrand, am Rothorn, nach links (Westen) einfallen. Vom Gletscherhorn bis zum Wildstrubel verlaufen die Felswände horizontal. Sie verlaufen parallel zur Schichtung in den Kalkschichten. Die sattelförmige Einmuldung der Schichten wird als Wildstrubel-Depression bezeichnet. Die Felswände selbst sind aus Quinten-Kalk und Kreidekalken des Helvetikums aufgebaut. Der bewaldete Hang von Lens – Montana – Randogne hat einen Felsuntergrund, der viele Mergel- und Tonsteinschichten enthält, was die geringe und stufenlose Hangneigung erklärt. Der Taleinschnitt am linken Bildrand mit dem Stausee von Tseuzier liegt wiederum innerhalb von Kalkschichten, welche sich in den Felswänden im Wald andeuten.

Das Gebiet Klausenpass – Urnerboden in den Fotos der Abb. 4-27B und C ist vom Wechsel zwischen Felswänden und Grasplanggen gekennzeichnet. Am Klausenpass selbst (Abb. 4-27B) ist der Wechsel durch eine wichtige Überschiebung, die Axen-Überschiebung, bedingt. Diese Überschiebung (rot-weiße Linie im Foto) lässt sich vom Klausenpass in die untere linke Bildecke verfolgen. Die Überschiebungsfläche taucht nach Norden (links im Bild) ein. Auf dieser Strecke verläuft sie innerhalb der Evaporite der Trias, welche größtenteils zurückwittern und vegetationsbedeckt sind. Längs Wegen und Straßen und an einigen Stellen innerhalb der Weiden treten Evaporite als bräunlicher bis gelblicher Verwitterungsschutt zutage. Die darüber folgenden Sedimente des Lias und Dogger sind wesentlich von Tonsteinen und Mergeln geprägt und wittern ebenfalls

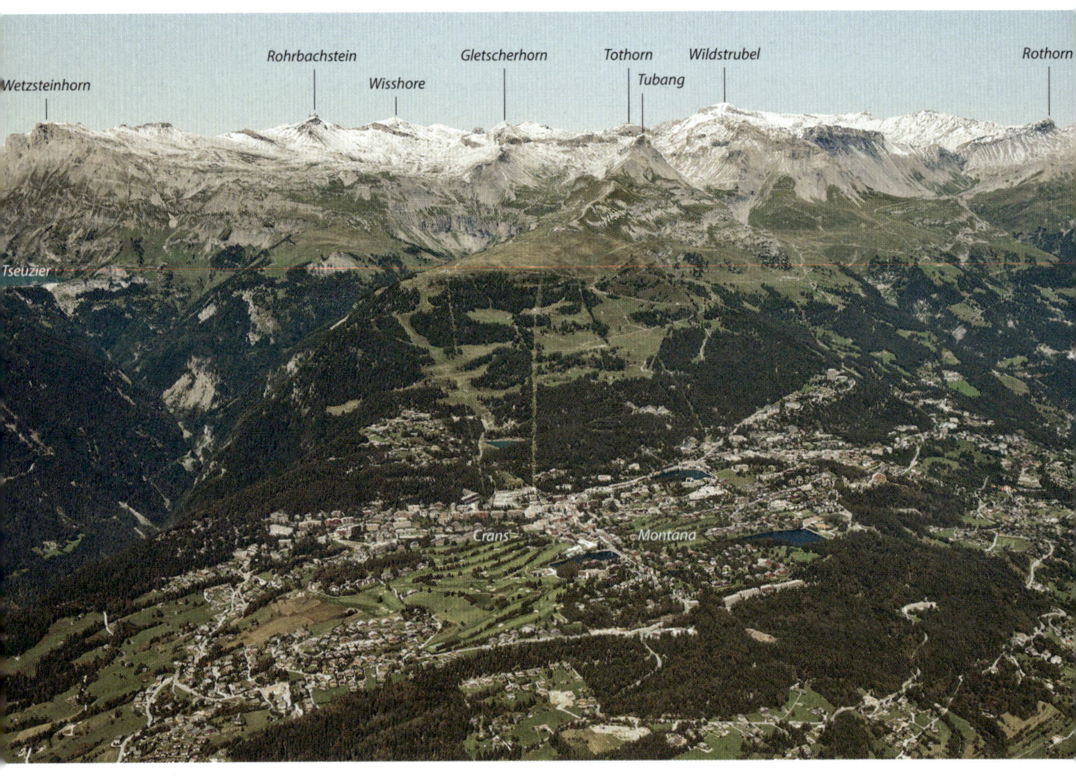

Abb. 4-27A Die Hautes Alpes Calcaires im Wildstrubelgebiet. Blickrichtung ist nach Norden. Foto © VBS.

zurück. Wie im Hang zwischen Klausenpass und Märcher Stöckli erkennbar, bilden einzelne Kalkbänke innerhalb der Mergel Rippen im Hang unterhalb der Geröllhalden. Die darauffolgenden Quinten-Kalke bilden dann hohe Felswände, wie dies am Märcher Stöckli zu beobachten ist. Der Quinten-Kalk zerfällt in Blöcke, welche zur Bildung größerer Schutthalden neigen. Im Bild decken die Geröllhalden die Sedimente des Dogger fast vollständig zu. Das gesamte Sedimentpaket zwischen Klausenpass und Märcher Stöckli wurde längs der Axen-Überschiebung um rund 40 km nach Norden (links im Bild) verschoben. Die südliche Fortsetzung des Sedimentpaketes wurde aber abgetragen und fehlt deshalb südlich des Klausenpasses.
Unter der Axen-Überschiebung sind ebenfalls Kalke vorhanden. Diese bauen den Chamerstock und den Gemsfairenstock auf und sind in den hellen Felsen am unteren Bildrand zu erkennen. Hier zeigt sich besonders deutlich, dass die Kalke schlechte Bodenbildner sind. Im Unterschied zu den Mergeln und Tonsteinen oberhalb der Axen-Überschiebung ist die Vegetationsbeckung auf den Kalken lückenhaft. Interessant ist der Hang nördlich des Chamerstocks: Die planare Hangfläche setzt sich in Rich-

tung Gemsfairenstock fort und bewirkt dort den linearen Verlauf des Horizontes. Diese Fläche ist nichts anderes als die durch den Abtrag herausmodellierte Axen-Überschiebung. Die Evaporite, Mergel und Tonsteine über der Überschiebung wurden abgetragen; zurück blieb ein Sockel aus erosionsresistenten Kalken.

Das Foto in Abb. 4-27C zeigt eine andere Perspektive mit Blick Richtung WNW. Die Felswände des Chamerstocks bestehen aus Quinten-Kalk und Kreidekalken. Die Kalkschichten tauchen nach Norden ein; die oberste dieser Schichten widersetzte sich dem Abtrag und wurde zur Hangoberfläche, wie in Abb. 4-27B schon diskutiert (vgl. auch Abb. 3-16E). Die Kalke des Chamerstocks ziehen nach rechts weiter und bauen die Felswände im Wald auf. Über diesen Kalken zieht die Axen-Überschiebung (rot-weiß markiert) nach links in die Talung des Urnerbodens und von dort – versteckt durch den Chamerstock – zum Klausenpass. Eine markante Felswand aus Quinten-Kalk und Kreidekalken zieht vom Märcher Stöckli über Jegerstöck und Schijen zum Ortstock. Auffallend sind die zahlreichen, parallel verlaufenden Grenzflächen in den Felswänden. Diese Grenzen markieren vielfach auffallende Farbunterschiede, wie dies in den Jegerstöck und am Märcher Stöckli sichtbar ist. In anderen Fällen begrenzen sie weniger steile, grasbewachsene Partien, was etwa in der Felswand des Ortstocks zu sehen ist. Die Grenzflächen sind eigentlich

Abb. 4-27B Die Axen-Überschiebung am Klausenpass mit Blickrichtung ENE. Foto © VBS.

Schichtgrenzen zwischen unterschiedlichen Kalken oder eingelagerte Mergellagen. Da Kalksteine unter dem Einfluss von Temperaturschwankungen in Blöcke zerfallen, bilden sich am Fuß der Felswände Geröllhalden. Zwischen Märcher Stöckli und Ortstock bedecken Geröllhalden die Sedimentschichten des Dogger. Unter den Geröllhalden bildet eine nach rechts mächtiger werdende Schicht aus Kalken und Brekzien des Lias eine sukzessive höher werdende Steilstufe.

Auch die Landschaft nördlich und westlich der markanten Felswand Mächler Stöckli - Ortstock ist durch Kalke geprägt. Hierzu zählen die Bergrücken des Chaiserstocks, Rossstocks, der Schächentaler Windgällen und des Uri-Rotstocks, in welchen man allesamt einzelne Kalkschichten mit unterschiedlicher Färbung erkennen kann. Diese Kalklandschaften sind intensiv verkarstet, wie dies die zahlreichen Höhlensysteme bekunden. Stellvertretend sei hier das Hölloch im Muotathal erwähnt, welches mit seiner Länge von 200 km eines der weltweit größten Höhlensysteme ist.

Im Alpstein (SG, AI, AR) dominieren ebenfalls Kalksteine des Helveti-

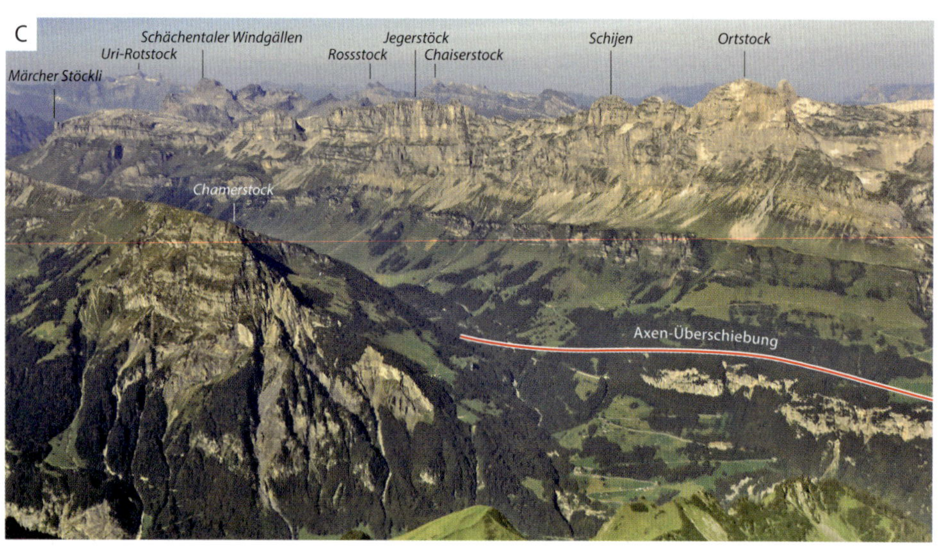

Abb. 4-27C Die Kalkberge beidseits des Urnerbodens. Blickrichtung ist WNW. Foto © A. Pfiffner.

Abb. 4-27D Blick vom Hohen Kasten nach WSW auf Altmann, Hundstein, Säntis und Marwees. Foto © www.e-gallerie.de/gallerie_K.

Abb. 4-27E Blick vom Schäfler nach WSW auf den Alpstein mit Altmann, Säntis und Öhrlikopf, sowie die Subalpine Molasse mit der Kette des Spichers. Foto © A.Pfiffner.

kums im Felsuntergrund. Kalksteine sind zumeist geschichtet: härtere Kalksteinbänke liegen getrennt durch Schichtfugen mit weicheren, zum Beispiel tonhaltigen Lagen vor. Bei der Verwitterung werden diese Unterschiede betont, sodass sich die räumliche Orientierung der Kalksteinbänke an der Oberfläche deutlich abbildet. Insgesamt sind Kalksteine sehr verwitterungsresistent und bilden deshalb häufig hoch aufragende Schichtkämme. Im Falle des Alpsteins sind die Kalksteinschichten derart dominierend, dass die gesamte Region zur Hochzone wurde. Das Foto in Abb. 4-27D zeigt die Landschaft von Appenzell Innerrhoden. Sowohl im Säntis (2502 m; mit Sendeturm) wie auch im Hundstein (2156 m) und Altmann (2435 m) links davon erkennt man, wie die Schichten, angezeigt durch einzelne Kalkbänke, steil nach links in die Tiefe ziehen. Der grasbewachsene Rücken am Horizont der rechten Bildhälfte ist die Marwees (höchster Punkt: 2055 m). Auf deren Flanke fallen drei helle Felstürme auf, die unter dem Namen Dreifaltigkeit bekannt sind. Diese Türme werden von einer senkrecht stehenden Schicht von kompakten Kalksteinen gebildet, welche als Härtlinge herauswittern. Der Widderalpsattel zwischen Hundstein und Marwees ist durch den Abtrag weicher Mergelschichten bedingt. Die Mergelschichten verlaufen parallel zu den Kalksteinbänken im Hundstein, sind aber älter als diese. Sie sind an ihrer bräunlichen Farbe erkennbar und ziehen vom Widderalpsattel ins Tal hinunter. Das Tal ist eine Folge des bevorzugten Abtrags der weichen Mergelschichten. Etwas anders verhält es sich am Fählensee. Hier vereinigen sich zwei Synklinalen, welche vom Zwinglipass und von der Rässegg in Richtung Fählensee hinunterziehen. Die jüngsten Schichten im Kern der Synklinalen sind feinplattige Kalke, und, bereits abgetragen, Mergelschichten. In beiden Fällen ist die Anlage der Täler durch den Verlauf von weichen, leicht erodierbaren Schichten bedingt.

Das Foto in Abb. 4-27E verdeutlicht die erhöhte Lage des Alpsteins im Vergleich zur Subalpinen Molasse im Vorland. Der Öhrlikopf (2193 m) im Alpstein ist rund 550 m höher als der Spicher (1519 m) im Vorland. Im Alpstein selbst erkennt man den Verlauf der Kalkschichten an der Bankung (beispielsweise in den Altenalptürm) und/oder den Schneefeldern, welche auf zurückwitternden Mergelschichten liegen (am Altmann und am Säntis). Dadurch gewinnt man auch Einsicht in die geologische Struktur des Gebirges. Dies sei an vier Beispielen näher ausgeführt.

In den vertikal einfallenden Kalkschichten in den Altenalptürm sind die Kalke auf der linken Flanke älter als jene auf der rechten Flanke. Diese Schichten setzen sich im Vordergrund Richtung Schäfler fort und im Hintergrund erscheinen sie am Öhrli (auf der Kante als Öhrlikopf bezeichnet). Dieselben Schichten bauen die nach links abfallenden Platten von Punkt 2062 und vom Steckenberg auf, in welchen jeweils die obersten

Abb. 4-28 Blick vom Leiterepass in der Gantrischkette Richtung SW. Foto © A. Pfiffner. Die Landschaft ist geprägt von schroffen Gipfeln, welche aus Kalk- und Dolomitschichten aufgebaut sind. Diese Schichten fallen infolge von Falten in unterschiedlichen Richtungen und zum Teil sehr steil an, wodurch die schroffen Gipfel auch zu Schichtkämmen verbunden sind, ähnlich wie im Juragebirge (vgl. Abb. 3-15B und 4-2).

Kalkschichten die jüngsten sind. Die Pakete der Altenalptürm und von Punkt 2062 gehören zu einer Falte (Antiklinale), deren Scharnier abgetragen ist. Im Foto ist der Verlauf der Schichten in der Luft schematisch eingezeichnet.
Die drei anderen Beispiele betreffen Überschiebungen, an welchen der gesamte Stapel von Kalkschichten übereinandergeschoben wurde. Alle Überschiebungen verlaufen über weite Strecken parallel zur Schichtung in Mergelschichten, Gesteine, die sich leicht deformieren lassen und deshalb als Abscherhorizont wirkten (vgl. hierzu Abb. 3-4A). Die wichtigste Überschiebung zieht vom Rotsteinpass nach ENE an den linken Bildrand. Sie ist vielerorts von einer Geröllhalde zugedeckt. Eine zweite verläuft parallel dazu etwas höher in der Flanke des Altmanns. Die dritte schließlich zieht von knapp nördlich des Säntis' durch den Blauschnee das Tal hinunter, und ist hinter dem Steckenberg von Geröllhalden bedeckt. Es existieren im Alpstein noch weitere Überschiebungen, sie sind auf dem Bild aber nicht sichtbar. Es sind diese Überschiebungen, welche das Gesamtpaket der Kalke des Alpsteins vervielfachen und damit erklären, weshalb dieses Kalkgebirge eine derart große Ausdehnung hat.
Im Penninikum ist die Landschaft der Region zwischen Thunersee und Rhonetal, die sogenannten romanischen Voralpen (Préalpes romandes), von Kalksteinen dominiert. Eine Fortsetzung dieser Kalkalpen findet sich in Savoyen im Chablais südlich des Léman. Die Kalksteine sind auf der Briançon-Schwelle des Penninikums abgelagert worden und gehören zur Klippen-Decke. Diese Decke hat auch eine Fortsetzung gegen Osten, ist aber in der Zentralschweiz weitgehend dem Abtrag zum Opfer gefallen und wird in Abschnitt 4.4.5 noch näher diskutiert.
Das Foto in Abb. 4-28 zeigt den Blick vom Leiterepass (Gantrischkette, BE) in Richtung Südwest. Auffallend sind die schroffen Gipfel, hervorgerufen durch mehr oder weniger steil gestellte Kalk- und Dolomitschichten. Am Rocher du Midi und Mont d'Or sind es Dolomite der Triaszeit, an der Mittagflue, Dent de Ruth, Dent de Savigny und Tour de Mayen Kalke des Malms, und am Mont de Grange und Vanil Noir Kreidekalke. Links unten im Vordergrund ist ein Grat, der von einer Wechsellagerung von grauen Kalkbänken und bräunlichen Mergeln aufgebaut ist, zu sehen. Der Verlauf der Gesteinsschichten ist hier besonders leicht zu erkennen.

4.4.4 Hochalpine Landschaft Jungfrau-Aletsch

Die Hochalpine Landschaft Jungfrau-Aletsch wurde ihres spektakulären Hochgebirgscharakters wegen in die Liste des UNESCO-Weltnaturerbes aufgenommen. Der Felsuntergrund dieses Gebietes besteht aus Graniten und Gneisen. Diese Kristallingesteine sind sehr erosionsresistent, des-

halb ist es nicht verwunderlich, dass der verlangsamte Abtrag hohe Berge stehen ließ, welche heute vergletschert sind. Abb. 4-29A zeigt den Blick auf den Grossen Aletschgletscher mit seinen Seiten- und Mittelmoränen. Seitenmoränen sind aus glazialem Geschiebe aufgebaut, welches der Gletscher an seinem Rand aufgetürmt hat. Mittelmoränen entstehen dort, wo zwei Gletscher zusammenfließen und sich zwei Seitenmoränen vereinigen. Das ursprünglich am Gletscherrand aufgetürmte Geschiebe wird vom fließenden Eis talwärts verschleppt. Da sich die Eismassen der zusammenfließenden Gletscher nicht vermischen, bilden die Mittelmoränen ein lineares Gebilde. Die Einzugsgebiete der drei Gletscher, die sich zum Grossen Aletschgletscher vereinen, befinden sich beidseits des Gletscherhorns, zwischen Jungfrau und Mönch, sowie im Kessel zwischen Trugberg und Fiescherhörner.

Abb. 4-29A Der Grosse Aletschgletscher mit Blickrichtung NW. Foto © VBS.

In Abb. 4-29B kommt der Charakter der Felswände besser zum Ausdruck. Namentlich am Bietschhorn, Aletschhorn und dem Grossen Fusshorn erkennt man keine Schichtung in den Felswänden. Vielmehr sind die einzelnen Gipfel mit scharfen Graten versehen, welche vom Gipfel in alle Richtungen ausgehen. Die Vertiefungen zwischen diesen scharfen Graten sind oft mit Eis gefüllt. Die Hohlform im Felsuntergrund wird als

Abb. 4-29B Blick auf das Bietschhorn und Aletschhorn mit Blickrichtung ENE. Im Hintergrund sind die Kristallingipfel der Fiescherhörner, des Finsteraarhorns und des Gross Wannenhorns zu erkennen. Foto © VBS.

Kar bezeichnet. Besonders deutlich sichtbar sind die eisgefüllten Kare am Bietschhorn. Schon die Namen der Fiescherhörner, Grünhorn, Finsteraarhorn, Aletschhorn, Bietschhorn, Gross Wannenhorn und Grosses Fusshorn sprechen für die Form dieser Gipfel; diese sind allesamt aus Graniten und Gneisen aufgebaut.
Nebst dem Jungfrau-Aletschgebiet kann man weitere Gebiete ausscheiden, welche aus granitischen Gesteinen aufgebaut sind, und in denen die höchsten Erhebungen innerhalb der Alpen zu verzeichnen sind. Im Westen ist es das Gebiet des Mont Blanc, der Dent Blanche und des Monte Rosa, in der Zentralschweiz die Gegend vom Grimselpass zum Tödi, das Gotthardgebiet sowie die Berninagruppe in Graubünden.

4.4.5 Zentralschweiz und Vierwaldstättersee

Die Landschaft rund um den Vierwaldstättersee mit seinen prägnanten Bergspitzen ist ein morphologischer Höhepunkt, der eine spezielle Behandlung verdient. Die außerordentliche Kombination vom Vierwaldstättersee, welcher sich in Windungen zwischen den diversen Bergrücken durchschlängelt, und den steilen Bergflanken und Berggipfeln, die den See um 1500 m überragen, stellen einen speziellen Reiz dar, welcher seit jeher zahlreiche Besucher anlockt. Das Gebiet ist aber auch geologisch äußerst interessant, da die Berge rund um den Vierwaldstättersee aus sehr verschiedenartigen Gesteinen aufgebaut sind, die teilweise einen langen Transportweg hinter sich haben.
Der geologische Bau ist in der Karte in Abb. 4-30 zusammengefasst. In der nordwestlichen Hälfte sind Molassesedimente anzutreffen. Ganz im Nordwesten ist es die Mittelländische Molasse, angrenzend im Südosten die Subalpine Molasse (vgl. hierzu auch die Ausführungen in Abschnitt 4.2). Die Stadt Luzern liegt auf der Grenze zwischen diesen beiden Domänen. Zur Subalpinen Molasse zählt als prominenter Vertreter die Rigi. Das grüne Band, welches die südöstliche Hälfte des Kartenausschnittes dominiert, gehört zum Oberhelvetikum, die gelbe Domäne ganz im Südosten zum Unterhelvetikum. Die Gesteine des Oberhelvetikums sind als Decken über mehr als 50 Kilometer über das Unterhelvetikum nach Norden geschoben worden. Die heutige Front dieser Decken ist beispielsweise im Pilatus und am Bürgenstock anzutreffen. Eine Reihe von isolierten «Inseln» verlaufen vom linken unteren Bildrand quer durch das Gebiet des Oberhelvetikums bis an den östlichen Kartenrand. Prominente Vertreter davon sind Stanserhorn und Mythen. Diese «Inseln» bzw. Klippen sind Erosionsreste der penninischen Decken, welche einst das gesamte Oberhelvetikum überlagerten. Die in der Karte violett eingefärbten Einheiten am Stanserhorn, Buochserhorn

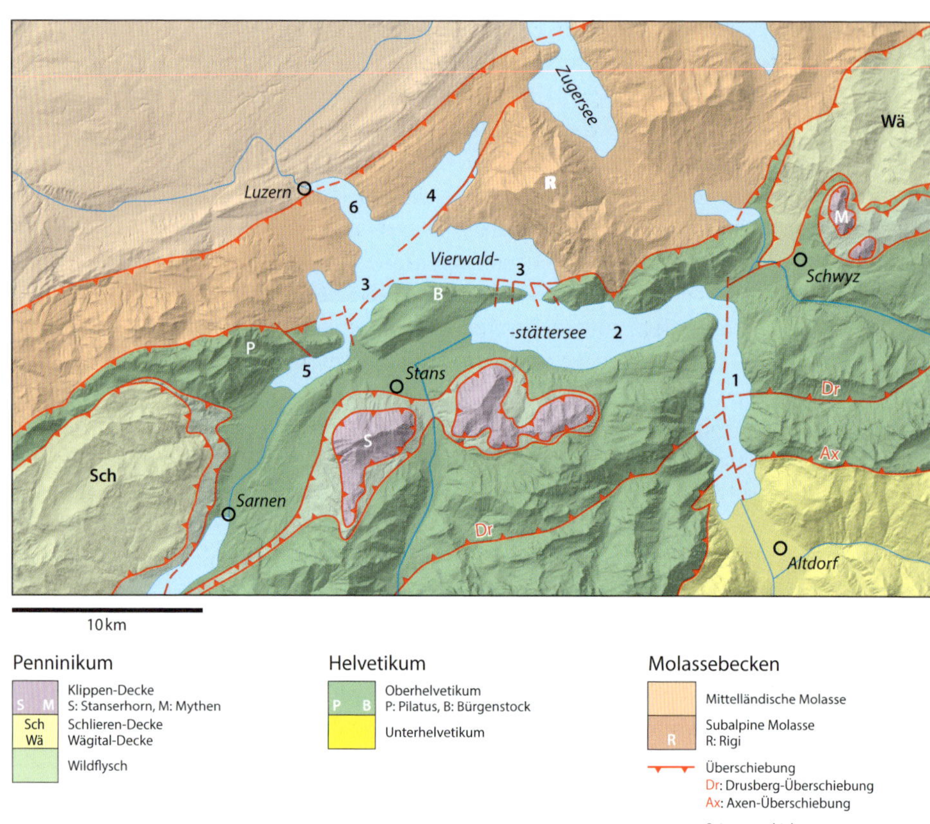

Abb. 4-30 Tektonische Karte der Zentralschweiz. Die Ziffern 1 bis 6 bezeichnen die verschiedenen Seebecken. (Reliefkarte © swisstopo, reproduziert mit Bewilligung der Schweizerischen Landestopografie).

und den Mythen gehören zur Klippen-Decke. Diese wird aus Kalken aufgebaut und war einst zusammenhängend mit der Klippen-Decke der Romanischen Voralpen, die im Abschnitt 4.4.3 diskutiert wurde. Die penninische Schlieren-Decke in der linken unteren Ecke wird aus Sandstein-Tonstein-Abfolgen aufgebaut. Interessanterweise ist am Kontakt zum Oberhelvetikum an der Basis der Schlieren-Decke und der Klippendecke ein dünnes Band von Wildflysch auszumachen. Dieser besteht aus einem Gemisch (bzw. Mélange) von sehr verschiedenartigen Gesteinen. Blöcke diverser Kalke und Sandsteine schwimmen hier in einer Matrix von schwarz glänzenden Tonsteinen, welche von vielen Quarz-

oder Calcitadern durchsetzt sind. Der Wildflysch entstand, als die penninischen Decken über eine Distanz von mehr als 100 (vielleicht 200) Kilometern über das Helvetikum geschoben wurden. Dabei wurden Gesteinsblöcke von den unteren und den oberen Decken losgerissen und in die Kontaktzone eingemischt. Innerhalb der Kontaktzone selbst wurden die Gesteine stark zerschert. Der Wildflysch bildete sozusagen ein Kissen an der Basis der sich überschiebenden penninischen Decken.

Die Rigi, auch als «Königin der Berge» bezeichnet, liegt auf der Nordseite des Vierwaldstättersees. Sie ist aus einer Wechselfolge von Nagelfluhen (Konglomeraten) und Mergeln aufgebaut. Die Schichten fallen mit rund 20° gegen SSE ein und gehören zur Unteren Süsswassermolasse (vgl. Abb. 4-5A). Die erosionsresistenten Nagelfluhlagen bilden heute steile Felswände, während die Mergellagen zurückwittern und als kleine vegetationsbedeckte Bänder im Hang sichtbar sind. Diese Bänder werden von der lokalen Bevölkerung als «Riginen» bezeichnet und haben möglicherweise zum Namen Rigi geführt (vgl. auch Abb. 1-12B). Das Foto in Abb. 4-31 zeigt das konstante Einfallen der Schichten in den Flanken von Rigi Kulm zu Rigi Scheidegg.

Im Profilschnitt darunter wird ersichtlich, dass die Sedimentabfolge der Unteren Süsswassermolasse eine beträchtliche Mächtigkeit von mehr als 3000 m hat. Da Konglomerate bzw. Nagelfluhen die Abfolge beherrschen, muss man annehmen, dass die Rigi dem Ort entsprach, wo der seinerzeitige Urfluss (die Ur-Reuss) aus dem alpinen Gebirge in das Vorland mündete (siehe auch Schema in Abb. 4-5B). Die Konglomeratabfolge des Schuttfächers endet nach WSW abrupt am Vierwaldstättersee (siehe Abb. 4-30). Dies weist darauf hin, dass die Rigi sozusagen das seitliche Ende des Schuttfächers darstellt. In Richtung ENE findet sich demgegenüber eine Fortsetzung der Rigi-Konglomerate im Rossberg (ENE von Arth/Goldau), welcher schon im Zusammenhang mit dem Bergsturz von Arth/Goldau in Abschnitt 4.2 (Abb. 4-8A) erwähnt wurde. Das ganze Paket der Rigi ist auf ein ebenfalls nach SSE einfallendes Paket von Unterer Süsswassermolasse aufgeschoben. Die Abscherung erfolgte in der Ton-Mergel-Abfolge der Unteren Meeresmolasse. Das untere Paket ist seinerseits auf eine steil nach NW einfallende Abfolge aufgeschoben. Letztere ist am linken Profilende zu erkennen und gehört zur Mittelländischen Molasse, welche an der Kontaktstelle zur Subalpinen Molasse aufgerichtet wurde.

Im Westen des Vierwaldstättersee thront der Pilatus (Abb. 4-32). Dieser Berg besteht zur Hauptsache aus Kreidekalken des Oberhelvetikums (insbesondere der Drusberg-Decke), welche auf Untere Süsswassermolasse der Subalpinen Molasse aufgeschoben sind. Die Transportweite dieser Überschiebung beträgt rund 50 Kilometer. Wie im Profilschnitt in

Rigi Kulm
Rigi Scheidegg

NW
SE
Mittel-
ländische
Molasse
Subalpine Molasse
Helvetikum
Rigi Kulm
Rigi Scheidegg
Dr
Ochsenalp
Vierwald-
stättersee
1
0
-1
-2
[km]
5 km
Molassebecken
Untere Süsswassermolasse (USM)
Konglomerathorizonte
Untere Meeresmolasse (UMM)
Oberhelvetikum
Subalpiner Flysch
Drusberg-Decke
Kreidekalke
Palfris-Mergel
Dr
Drusberg-Überschiebung

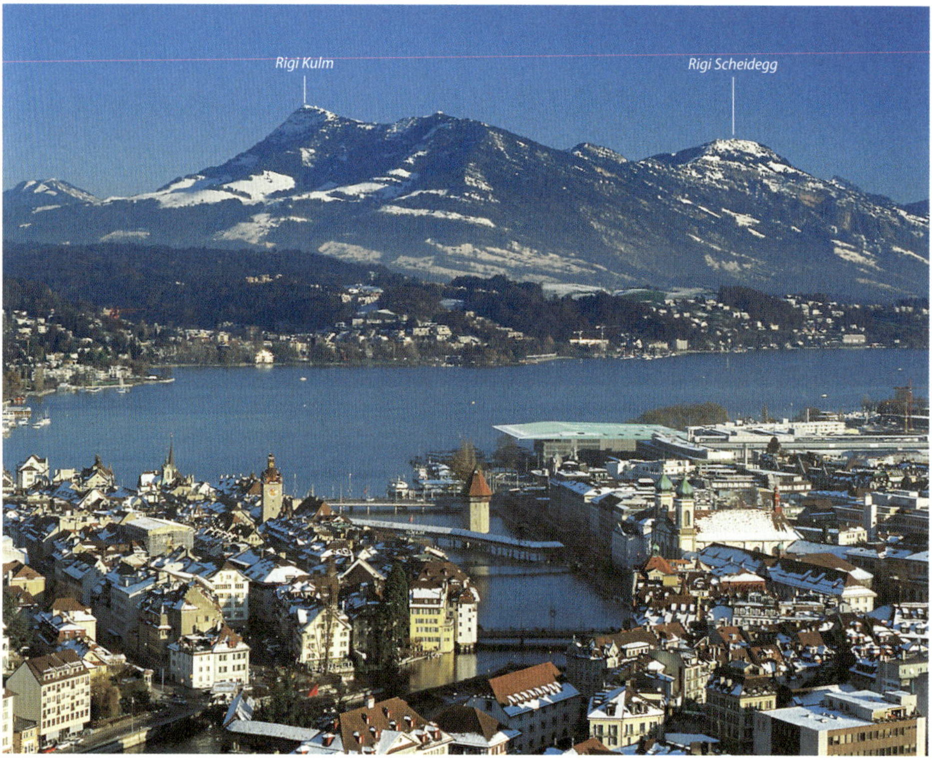

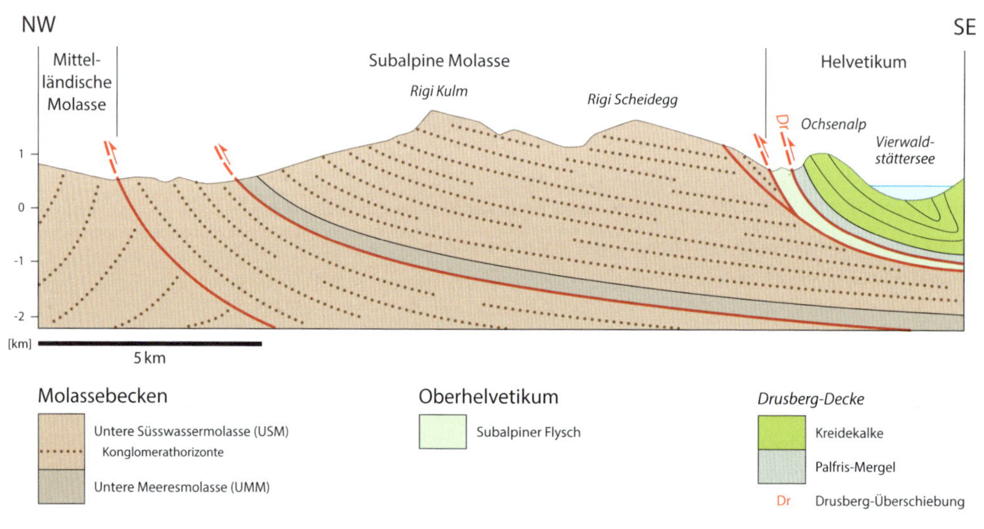

Abb. 4-31 Das Foto zeigt den Blick von Luzern nach Osten auf die Rigi. Foto © Rigi-Bahnen AG. Im Profilschnitt erkennt man die zwei Pakete von Unterer Süsswassermolasse der Subalpinen Molasse, welche im NW an die aufgerichtete Mittelländische Molasse anbranden. Im SE der Rigi Scheidegg sind die Kreidekalke des Helvetikums (Drusberg-Decke im Speziellen) auf die Subalpine Molasse aufgeschoben. Die Kalke weisen im Untergrund des Vierwaldstättersees eine Synklinale auf.

Abb. 4-32 ersichtlich, sind die Kreidekalke intensiv verfaltet und durch Überschiebungen repetiert. Infolge des generellen Einfallens der Kalke nach SE ist die Südostseite des Pilatus flacher als die Nordwestflanke mit ihren imposanten Felswänden. Dieselbe Asymmetrie erkennt man auch im Lopper, dem Felsrücken am linken Bildrand im Foto. Der bewaldete Hang am Fuß des Pilatus' und dessen Fortsetzung im Geländerücken gegen den rechten Bildrand hin besitzt einen Felsuntergrund aus Sandsteinen, Mergeln und Nagelfluhen der Unteren Süsswassermolasse. Da die Nagelfluhen hier spärlicher sind, manifestieren sie sich morphologisch kaum. Der Pilatus hat in Richtung des Betrachters keine Fortsetzung. Das abrupte Ende der Kalke in Richtung Ost ist durch Seitenverschiebungen entstanden. An diesen ist der Block des Pilatus' nach Norden geschoben worden, während die Gesteine auf der anderen Seite der Seitenverschiebung weiter südlich, im Bürgenstock, zurückgeblieben sind. Die Seitenverschiebungen, welche die Morphologie derart prägen, sind in der Karte von Abb. 4-30 eingezeichnet.
Eine Anzahl von spitzförmigen Bergen ist auf der Südseite des Vierwaldstättersees anzutreffen: Bürgenstock, Stanserhorn und Buochserhorn im Foto von Abb. 4-33. Auffallend ist die Form des Bürgenstocks, ein asymmetrischer Rücken, der nach Osten in den See abtaucht. Die asymmetrische Form ist, wie bei Pilatus und Lopper, auf das Einfallen der Kreidekalke zurückzuführen. Der flachere Hang im SSE ist parallel zur Schichtung, die steile Felswand im NNW, die in den See abtaucht, ist eine Folge der Erosionsresistenz der Kalkschichten (ein Stufenhang gemäß Abb. 3-15).
Der Profilschnitt in Abb. 4-33 quert den Bürgenstock im Westen und schließt somit auch den Obbürgenberg ein. Die Kreidekalke von Bürgenstock und Obbürgenberg gehören wie jene des Pilatus zur Drusberg-Decke und zeigen ebenfalls einen Faltenbau. Im Untergrund des Bürgenstocks sind sie auf eine dünne Linse von Kreidekalken aufgeschoben; das Gesamtpaket von Kalken schwimmt auf einem Kissen von Subalpinem Flysch, welches bei der Platznahme der Drusberg-Decke an deren Basis mitgeschleppt wurde.

Abb. 4-32 Das Foto zeigt den Blick von der Rigi nach Westen auf den Pilatus. Im Profilschnitt tauchen die Molasseschichten unter die Kreidekalke des Pilatus. An der Basis dieser Kalke ist bei der Überschiebung der Drusberg-Decke ein Kissen von Subalpinem Flysch mitgerissen worden. Foto © Pilatus-Bahnen AG

Im noch tieferen Untergrund sind Sandsteine, Mergel und Nagelfluhen der Subalpinen Molasse zu erwarten.

Etwas anders sieht es am Stanserhorn aus: Auf dem Foto stellt man – wie beim Buochserhorn – eine symmetrische ruhige Silhouette fest. Der Wanderer wird aber beim Aufstieg oder Abstieg die Hänge rundum als ziemlich steil empfinden. Der Profilschnitt durchs Stanserhorn offenbart eine komplexere Geometrie: eine Synklinale mit zwei recht unterschiedlich mächtigen Schenkeln. Da gerade in der Gipfelregion die Kalkschichten steil einfallen, entwickelten beide Flanken eine ähnliche Form, das Stanserhorn wurde symmetrisch. Im Großen gesehen liegen im Süden und Norden normale Schichtabfolgen vor. Zuunterst sind Evaporite der Triaszeit anzutreffen; diese agierten als Abscherhorizont beim Transport der Klippen-Decke. Unter diesen Evaporiten ist eine Lage von Wildflysch vorhanden, in welche Gesteinsblöcke unterschiedlicher Zusammensetzung eingestreut sind. Der Wildflysch stellt sozusagen ein zusätzliches weiches Kissen dar, auf welchem die Klippen-Decke bewegt wurde.

Im Osten des Vierwaldstättersees sind die beiden Mythen von besonderem Interesse. Im Foto der Abb. 4-34 schwimmen die Felsmassen der Gipfelpartien gleichermaßen auf den sanften vegetationsbedeckten Hängen. Der morphologische Kontrast unterstreicht die Tatsache, dass die aus Kalken bestehenden Felsmassen Erosionsrelikte einer größeren zusammenhängenden Decke sind. Es handelt sich – wie im Falle des Stanserhorns – um die penninische Klippen-Decke. Der innere geologische Bau der Klippe ist im Profilschnitt der Abb. 4-34 ersichtlich. Die Kalke der Jurazeit sind in enge Falten gelegt. Im Sattel zwischen dem Kleinen Mythen und Grossen Mythen ist eine sehr enge Antiklinale vorhanden, deren Kern mit Evaporiten der Triaszeit gefüllt ist. Je eine Synklinale ist in den Gipfeln der beiden Mythen auszumachen. Jene im Grossen Mythen zeigt sich in den Kreideschichten, welche durch ihre rote Farbe im Foto auffallen. Nördlich des Kleinen Mythen ziehen Dogger-Sedimente als Kern einer äußerst engen Antiklinale in die Lücke unmittelbar nördlich des Gipfels. Trias-Evaporite markieren die Basis der Decke; sie agierten als Abscherhorizont beim Deckentransport längs der Klippen-Überschiebung. Abspaltungen dieser Überschiebung zie-

Pilatus
Klimsenhorn

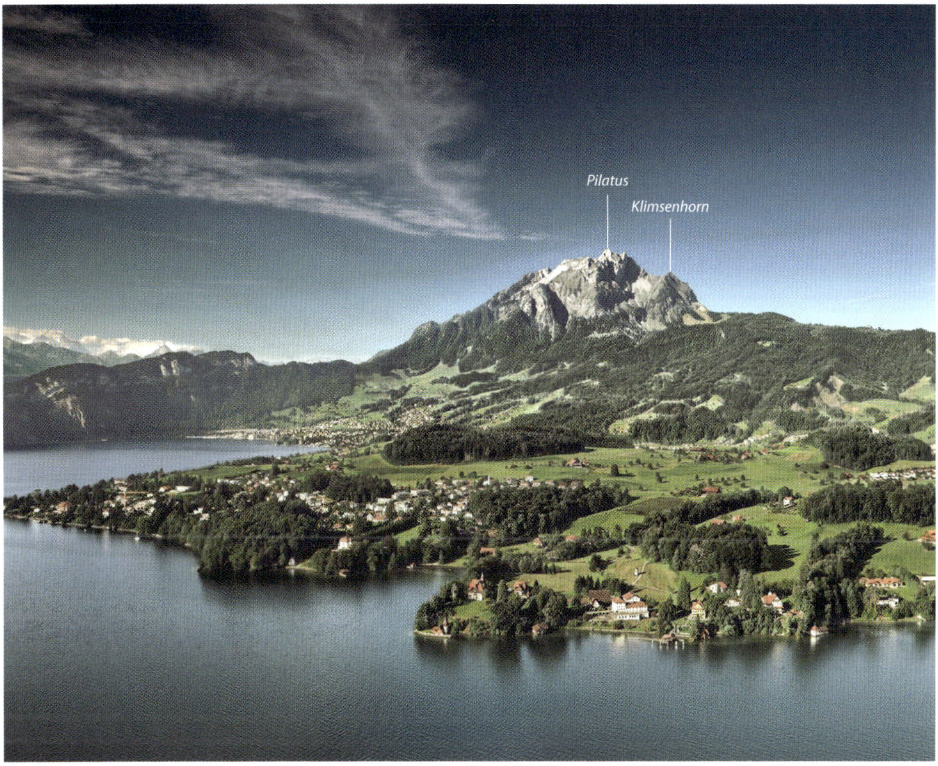

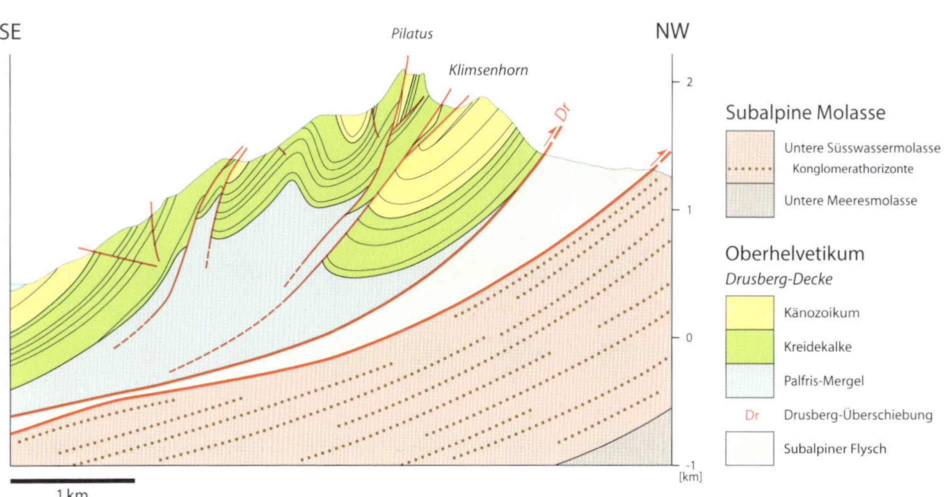

SE
Pilatus
NW
Klimsenhorn
Dr
2
1
0
-1
[km]
1 km
Subalpine Molasse
Untere Süsswassermolasse
Konglomerathorizonte
Untere Meeresmolasse
Oberhelvetikum
Drusberg-Decke
Känozoikum
Kreidekalke
Palfris-Mergel
Dr
Drusberg-Überschiebung
Subalpiner Flysch

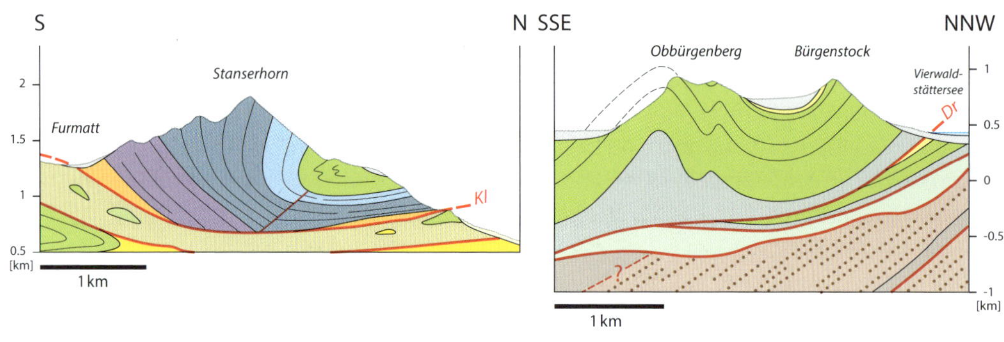

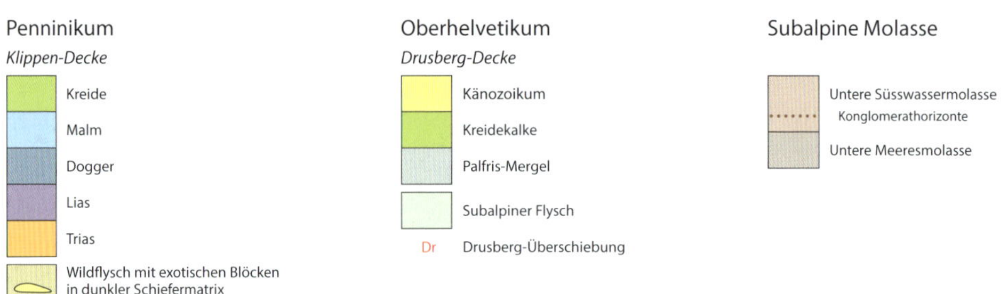

Abb. 4-33 Das Foto zeigt den Blick von der Rigi nach Südwesten auf Stanserhorn, Bürgenstock und Vierwaldstättersee. Die Profilschnitte Bürgenstock und Stanserhorn demonstrieren die unterschiedlichen geologischen Bautypen dieser Berge, Unterschiede, welche letztendlich für die verschiedenartigen Morphologien von Bürgenstock und Stanserhorn verantwortlich sind. Foto © Rigi-Bahnen AG.

hen in die Verkehrtschenkel der beiden engen Antiklinalen, ähnlich, wie dies für zerscherte Verkehrtschenkel in Abb. 3-4A zutrifft. Im Süden muss für die Klippenüberschiebung eine Falte in der Luft angenommen werden. Diese Falte weist darauf hin, dass die Klippen-Decke nach ihrer Platzname nochmals verfaltet wurde. Die Unterlage der Klippen-Decke ist ein mächtiges Paket von Wildflysch, das in den Wäldern unterhalb der Felsen zu suchen ist. Noch tiefer unten ist das Oberhelvetikum zu erwarten.

Wie kam der Vierwaldstättersee zu seiner merkwürdigen Form? Die Gründe hierzu sind vielfältig und müssen für die einzelnen Seebecken (1 bis 6 in Abb. 4-30) getrennt betrachtet werden. Der NS-verlaufende Urnersee (1 in Abb. 4-30) liegt parallel zu einer Störung in den Decken des Oberhelvetikums. Die Gesteine längs dieser Störung sind stärker zerrüttet und somit weniger erosionsresistent. Dadurch konnte sich die Ur-Reuss entlang der Störung leichter einschneiden. Der Urnersee ist Teil des in Abschnitt 4.4.2 diskutierten Quertals der Reuss (vgl. Abb. 4-26D). Das Seebecken zwischen Brunnen und Buochs (2 in Abb. 4-30) verläuft parallel zu einer tiefen Synklinale in den helvetischen Decken (Drusberg-Decke). Im Profilschnitt der Abb. 4-31 ist diese Synklinale im Untergrund des Sees südlich Ochsenalp dargestellt. Diese Synklinale ist eine großräumige Struktur und lässt sich von Schwyz nach Buochs, von dort unter Stans hindurch nach Sarnen, und entlang des Sarnersees verfolgen. Die Gesteine im Kern dieser Synklinalen sind hauptsächlich Mergel, Tonsteine und Sandsteine, bei welchen der Abtrag ein leichtes Spiel hatte. Die Synklinale wurde so zur morphologischen Mulde. Das Seebecken zwischen Vitznau und Hergiswil (3 in Abb. 4-30) folgt dem Überschiebungskontakt der helvetischen Decken auf die Subalpine Molasse. Hier steuerten die weichen Tonsteine und Sandsteine des Subalpinen Flyschs, welche als dünne Lage diese Kontaktzone markieren, zu einer rascheren Bildung eines Tales entlang dieser Kontaktzone bei. Der Durchbruch vom Becken 2 zum Becken 3 bei Vitznau dürfte damit zusammenhängen, dass die Kreidekalke vom Bürgenstock und vom Vitznauerstock in Richtung Durchbruch abtauchen und von mehreren kleineren Querbrüchen durchsetzt sind (vgl. Abb. 4-30). Das Seebecken 4 in Abb. 4-30 liegt gänzlich innerhalb der Subalpinen Molasse und verläuft parallel zu einer Überschiebung innerhalb der Subalpinen Molasse, welche von Küssnacht nach SW zieht. Die Überschiebung verläuft in den leicht erodierbaren Tonsteinen und Sandsteinen der Unteren Meeresmolasse. Im Profilschnitt von Abb. 4-31 ist diese Überschiebung und die damit verknüpfte Untere Meeresmolasse eingezeichnet. Der Alpnachersee (5 in Abb. 4-30) verläuft parallel zu einer Synklinalen in den Kreidekalken. Diese ist im Profilschnitt von Abb. 4-33 zwischen Bürgenstock und Obbürgenberg zu erkennen und zieht von dort Richtung Alpnachersee und von dort in die Schlieren-Decke. Analog zum Seebecken 2 bildete sich längs der Synklinale durch den Abtrag eine Mulde, in welcher der heutige Alpnachersee liegt. Schwieriger zu erklären ist das Seebecken 6 (Abb. 4-33), mit dem Ausfluss der Reuss bei Luzern. Das Seebecken verläuft rechtwinklig durch die Molasseschichten, und Bruchstrukturen parallel zum Becken sind nicht offensichtlich. Zusätzlich ist zu bemerken, dass wenig weiter im SW eine Talung von Horw nach Kriens existiert, deren südlichster Teil vom See geflutet ist. Auch hier können mögliche Störungen parallel zur Talung nur vermutet werden.

Zusammenfassend kann gesagt werden, dass der Vierwaldstättersee vorwiegend den tektonischen Bau des Felsuntergrundes abbildet. Leicht erodierbare Gesteinsschichten längs Brüchen und in Kernen von Synklinalen wurden durch Flüsse und Bäche rascher abgetragen, was zur Bildung von Mulden und Furchen führte. Aber sehr wichtig zu erwähnen ist, dass die Seebecken auch von den Gletschern der Eiszeiten nachhaltig überprägt und vertieft wurden. Die Gletscher fließen bevorzugt in existierenden Tälern, weiten diese aus und vertiefen sie. Aber wenn man die Anlage der Täler im Bereich des Sees in Betracht zieht, muss man annehmen, dass es für die Gletscher recht komplexe Fließmuster gegeben haben muss. Dies mag erklären, weshalb nur einzelne der Seebecken wesentlich übertieft wurden.

Abb. 4-34 Das Foto zeigt den Blick von der Rigi Scheidegg nach Osten auf die Mythen. Foto © A. Pfiffner. Die Mythen werden mehrheitlich durch Kalke aufgebaut, welche in enge Falten gelegt sind. Auffallend sind die roten Kreideschichten in der Gipfelregion des Grossen Mythen. Die Überschiebung der Kalke (Klippen-Decke) auf dem darunterliegenden Wildflysch erfolgte längs eines rot-weiß markierten Abscherhorizonts in einer Evaporitschicht der Trias (Anhydrit, heute als Rauwacke vorliegend). Der Wildflysch unter der Klippen-Decke wurde bei deren Platznahme intensiv zerschert, wovon verschiedene Gesteinsblöcke sehr unterschiedlicher Zusammensetzung und Herkunft zeugen. Der Profilschnitt zeigt den Charakter der Klippen-Decke als Erosionsrest einer großen zusammenhängenden Decke, die von der Westschweiz (romanische Voralpen, vgl. Abb. 4-28) bis nach Graubünden (Falknis-Decke, vgl. Abb. 4-18B) reichte.

Kleiner Mythen
Grosser Mythen

NW
SE
Grosser Mythen
Kleiner Mythen
Kl
2
1.5
1
[km]
500 m
Klippen-Decke
Kreide
Malm
Dogger
Trias
Wildflysch mit exotischen Blöcken in dunkler Schiefermatrix
Kl Klippen-Überschiebung

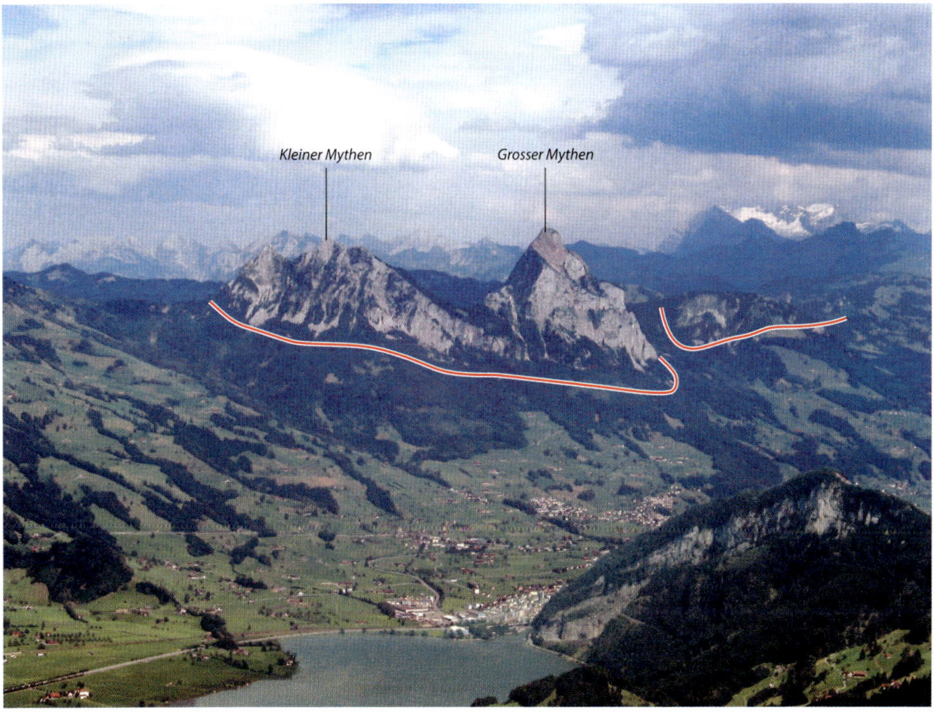

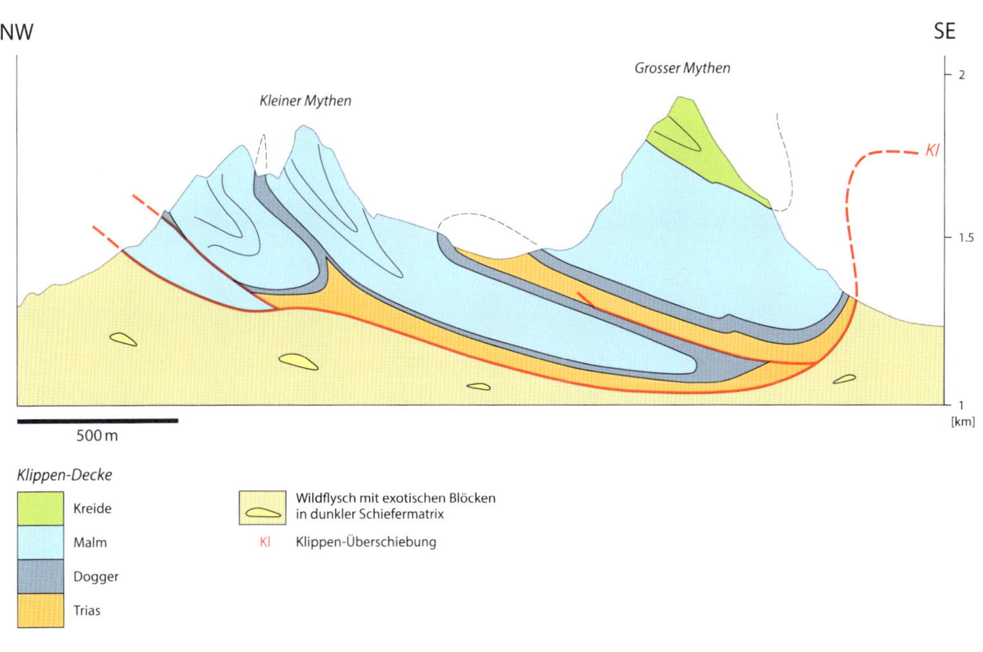

Weiterführende Literatur

Mit * bezeichnete Werke gehören zur Fachliteratur

Bitterli-Brunner, P., 1987. Geologischer Führer der Region Basel. Birkhäuser Verlag, Basel, Boston, und unveröff. Naturhist. Museum Basel, Nr. 19.*

Büchler, H. (Hsg.), 2004. Der Alpstein: Natur und Kultur im Säntisgebiet. Appenzeller Verlag, 4. Aufl.

Feldmann, M., 2016. Ausflug in die Glarner Geologie: 300 Millionen Jahre faszinierender Erdgeschichte. Verlag Baeschlin.

Gerth, R., Homberger, R., Pfiffner, A., Buckingham, Th. & Keel, H., 2018. Faszination UNESCO-Welterbe Tektonikarena Sardona. AS Verlag, 128 pp.

Gnägi, C. & Labhart, T. P., 2015. Geologie der Schweiz. hep verlag ag, 208 pp.

Jäckli, H., 1989. Geologie von Zürich: Von der Entstehung der Landschaft bis zum Eingriff des Menschen. Orell Füssli, 215 pp.

Marthaler, M., 2002. Das Matterhorn aus Afrika. Ott Verlag, Thun, 110 pp. Übersetzung M. Geyer, Originalausgabe 2001. Le Cervin est-il africain? Edition L.E.P., Lausanne.

Miescher, D., 2014. Geologie Liechtensteins: Ein grosses Meer in einem kleinen Land. Liechtensteiner Alpenverein, Schaan, 142 pp.

Pfiffner, O.A., 2014. Geologie der Alpen. UTB/Haupt Verlag, Bern, 3. Auflage, 397 pp.*

Spillman, P., Labhart, T., Brücker, W., Renner, F., Gisler, Ch. & Zgraggen, A., 2011. Geologie des Kantons Uri. Naturforschende Gesellschaft Uri, Bericht Nr. 24, 223 pp. Text und 5 Karten und Profile.

Stadelmann, P. (Hrsg.), 2007. Vierwaldstättersee: Lebensraum für Pflanzen, Tiere und Menschen. Brunner Verlag Kriens, 335 pp.

Stüwe, K. & Homberger, R., 2015. Geologie der Alpen aus der Luft. Weishaupt Verlag, 5. Aufl.

Weissert, H. & Stössel, J., 2015. Der Ozean im Gebirge: Eine geologische Zeitreise durch die Schweiz. vdf Verlag, 3. Auflage, 198 pp.

5 Geologische Geschichte der Alpen

Die eigentliche Bildung der Alpen als Gebirge begann vor etwa 100 Mio. Jahren und intensivierte sich für die Zentralalpen – die Schweizer Alpen – vor rund 50 Mio. Jahren. Die daran beteiligten Gesteine sind aber teilweise viel älter. Granite und Gneise sind mehrere Hundert Millionen Jahre alt und enthalten einzelne Mineralkörner, die schon vor über 2 Mia. Jahren gebildet worden sind. Was die Schweiz betrifft, ist ein Zeitpunkt vor etwa 300 Mio. Jahren für eine Rekonstruktion der Verhältnisse in Kartenform eine günstige Ausgangslage: Aus einer vorgängigen Gebirgsbildung vor 330–300 Mio. Jahren war ein großer zusammenhängender Kontinent, Pangäa genannt, entstanden. Grob gesehen können wir die geologische Geschichte nach diesem Zeitpunkt in drei Abschnitte teilen: das Zerbrechen von Pangäa mit dem Auseinanderdriften der Bruchstücke und der Bildung von Meeresarmen, die Umkehr der Plattenbewegungen, die zur Kollision und dem Auftürmen des alpinen Gebirges führte, und schließlich der großräumige Abtrag im neu entstandenen Gebirge, welcher ein Relief mit Bergen und Tälern verursachte. In den folgenden drei Unterkapiteln werden diese drei Zeitabschnitte in chronologischer Reihenfolge näher beleuchtet.

5.1 Pangäa zerbricht – Meeresarme öffnen sich

Vor 300 Mio. Jahren existierte ein großer zusammenhängender Kontinent, Pangäa genannt. Dieser war durch ein Verschweißen mehrerer Kontinente und Kleinkontinente in der Zeitspanne vor 400–300 Mio. Jahren entstanden. Schrittweise kollidierten dabei die einzelnen Bruchstücke durch konvergente Plattenbewegungen miteinander, wodurch mehrere Gebirge entstanden. Unter anderem gehören die Appalachen, das kaledonische Gebirge von Schottland und Skandinavien sowie das variszische Gebirge von Europa dazu. Das variszische Gebirge in Europa ist heute weitgehend abgetragen. Es erstreckt sich von Portugal über Spanien, Frankreich (Ardennen, Vogesen) und Deutschland (Rheinisches Schiefergebirge, Schwarzwald) nach Tschechien und Polen (Böhmisches Massiv). In der paläogeografischen Karte in Abb. 5-1 sind oben die gegenseitigen Lagen der damaligen Kontinente Baltica, Nordamerika und Afrika vor 300 Mio. Jahren ersichtlich. Im Kontaktbereich zwischen Baltica (Nordeuropa) und Nordamerika hatte sich das variszische Gebirge gebildet, welches recht flächig ausgebildet war. In dessen zentralem Teil ist das Gebiet zu suchen, welches dem künftigen Bereich der Alpen entspricht. Dieser Bereich lag damals nahe des Äquators. Die Referenzpunkte N, B, W und M in Abb. 5-1 zeigen die ungefähre Lage von Nice, Bern, Wien und Milano, und damit die heutige West-Ost und Nord-Süd Dimension der Alpen. Diese Referenzpunkte sind in den folgenden Karten beibehalten, sodass sich verfolgen lässt, wie sich das Gebiet der Alpen im Verlaufe der Zeit auf der Erdkugel nach Norden bewegte. Die Gesteine, welche vor 300 Mio. Jahren im zentralen Teil dieses Gebietes vorherrschten, waren Paragneise, Orthogneise und Amphibolite. Sie sind heute im Kristallin der alpinen Decken und in den Kristallinaufbrüchen (Aar-Massiv, Schwarzwald-Vogesen, Massif central und Böhmisches Massiv) zu finden. Lokal sind sie von kontinentalen Sedimenten überlagert, welche vom Abtrag des variszischen Gebirges zeugen (zum Beispiel die Verrucano-Gesteine).
Die paläogeografische Karte zur Zeit vor etwa 230 Mio. Jahren zeigt den Zeitpunkt des Zerbrechens von Pangäa (Abb. 5-1, Mitte). Die initiale Bruchstelle, das Rift, trennte allmählich den Nordkontinent Laurasien vom Südkontinent Gondwana. Diese Bruchzone querte den Bereich der künftigen Alpen und setzte sich im östlich angrenzenden Tethys-Ozean als Spreizungszone fort, welche diesen Ozean allmählich breiter werden ließ. Ein seichtes Meer überflutete dabei den Austritt der Bruchzone in den Tethys-Ozean. In diesem lagerten sich die Dolomit- und Evaporitgesteine

der Trias ab. Etwas später entwickelte sich eine neue Bruchstelle im Bereich der Alpen (in Abb. 5-1 nicht gezeigt), wodurch die Referenzpunkte Nice und Bern zum Nordkontinent, Milano und Wien zum Südkontinent geschlagen wurden.

Das Auseinanderdriften des Nordkontinents und des Südkontinents verstärkte sich, sodass vor 160 Mio. Jahren Nordamerika von Afrika durch den sich öffnenden Atlantik getrennt waren (vgl. Abb. 5-1, unten). Im Bereich der Alpen hatte sich ebenfalls ein schmaler Ozean geöffnet, welcher sich mit dem Zentralatlantik verbinden lässt. Die Referenzpunkte Nice und Bern sind nun auf dem Nordkontinent, und zwar auf einem flachmarinen Schelfmeer, in welchem Kalksteine gebildet wurden («Jurakalke» und Quinten-Kalk im Helvetikum). Die Referenzpunkte Wien und Milano befanden sich hingegen auf dem Südkontinent, an dessen Nordrand tiefmarine Bedingungen herrschten mit Ablagerung von Kalk-Mergel-Abfolgen und Radiolarit (Südalpin und Ostalpin). Im Piemont-Ozean dazwischen wurden lokal submarine Basalte gefördert, aber eine eigentliche Spreizungszone bestand nicht. Diese Basalte – heute in den penninischen Decken zu finden – sind auch mit Tiefseesedimenten vom Typ Radiolarit verknüpft.

Der Zustand vor 160 Mio. Jahren in Abb. 5-1 (unten) zeigt auch, dass sowohl der Nord- als auch der Südkontinent von seichten Meeren überflutet war. Auf dem Nordkontinent ragten unter anderem Iberia und Baltica aus dem Wasser. Der ganze Bereich von Iberia bis Baltica bildet die Europäische Platte, auf welcher sich die Referenzpunkte Nice (N) und Bern (B) befanden. Auf dem Südkontinent war der nordwestliche Teil von Afrika eine Landmasse, der angrenzende Teil im Südosten war jedoch von einem seichten Meer überflutet. Ein tieferer Meeresarm trennte dieses von einem weiteren seichten Meer, das einen Kontinent bedeckte, welcher im Nordosten von Afrika lag, und auf dem sich die Referenzpunkte Milano (M) und Wien (W) befanden. Dieser (Klein-)Kontinent wird als Adria bezeichnet. Adria hatte im Verlauf der geologischen Geschichte immer eine gewisse Unabhängigkeit von Afrika und erhielt deshalb einen eigenen Namen (die Herkunft des Gipfels des Matterhorns ist deshalb korrekterweise als Adria und nicht als Afrika zu bezeichnen).

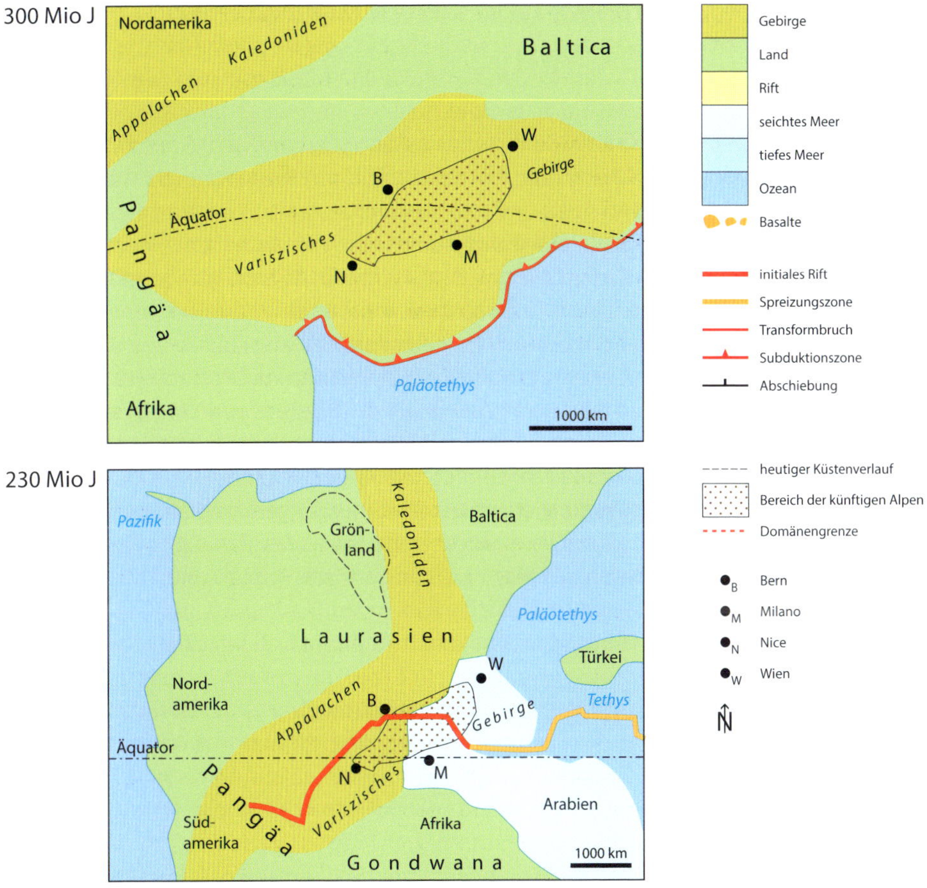

300 Mio J
Nordamerika
Kaledoniden
Appalachen
Baltica
W
Gebirge
B
Äquator
Variszisches
M
N
Pangäa
Afrika
Paläotethys
1000 km
230 Mio J
Pazifik
Grön-
land
Kaledoniden
Baltica
Paläotethys
Laurasien
Türkei
W
Tethys
Nord-
amerika
Appalachen
B
Gebirge
Äquator
N
M
Pangäa
Variszisches
Arabien
Süd-
amerika
Afrika
1000 km
Gondwana
Gebirge
Land
Rift
seichtes Meer
tiefes Meer
Ozean
Basalte
initiales Rift
Spreizungszone
Transformbruch
Subduktionszone
Abschiebung
heutiger Küstenverlauf
Bereich der künftigen Alpen
Domänengrenze
B Bern
M Milano
N Nice
W Wien
N
160 Mio J
Grön-
land
Baltica
Nordamerika
B
Helvetikum
Penninikum
W
Iberia
Piemont
Ostalpin
Zentral-
Atlantik
Vardar
Adria
N
Südalpin
M
Salassikum
Pindos
1000 km
Afrika
Neotethys

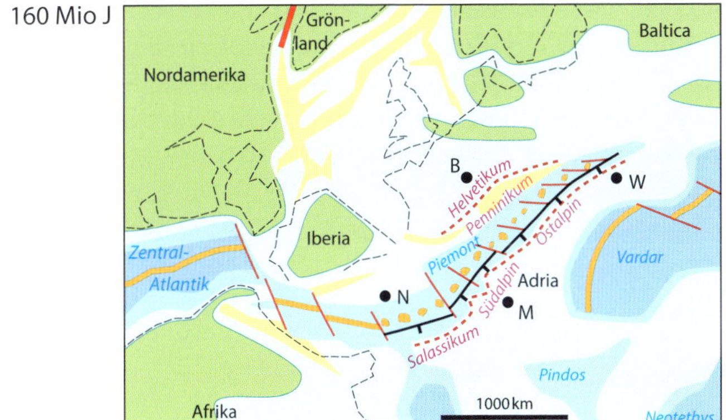

Abb. 5-1 Plattenkonfiguration und Paläogeografie vor 300 Mio. Jahren (Perm), 230 Mio. Jahren (Trias) und 160 Mio. Jahren (Dogger).

5.2 Europa und Adria kollidieren – ein Gebirge entsteht

Die paläogeografische Karte in Abb. 5-2 (oben) zeigt die Situation vor 125 Mio. Jahren. Sie veranschaulicht den Wendepunkt zwischen dem Auseinanderdriften und dem Beginn der Konvergenz von Europa (Nordkontinent) und Adria (Südkontinent). Der Piemont-Ozean war im Begriff, nach Südosten unter Adria einzutauchen, während sich auf dem Südrand von Europa weiterhin ein Zerbrechen manifestierte. Zwischen den Referenzpunkten Nice und Bern öffnete sich ein Meeresarm, der Wallis-Trog, in welchem lokal auch Basalte gefördert wurden. In diesem Trog wurden mächtige Abfolgen von Sandsteinen, Tonstein und mergeligen Kalken abgelagert, die sogenannten «Bündnerschiefer», welche heute in den penninischen Decken anzutreffen sind. Zwischen dem Wallis-Trog und dem Piemont-Ozean war ein submariner Rücken, die Briançon-Schwelle, vorhanden. Auf dieser wurden zu dieser Zeit Kalksteine abgelagert. Im Piemont-Ozean wie auch auf dem angrenzenden Kontinentalrand von Adria gelangten zu dieser Zeit Kalke und Tonsteine zum Absatz, welche heute in Teilen der penninischen, ostalpinen und südalpinen Decken zu finden sind.

Eine wesentlich neue Konfiguration entstand im Folgenden zum Zeitpunkt vor 90 Mio. Jahren (vgl. Abb. 5-2, Mitte). Auf dem Nordkontinent (inklusive der Briançon-Schwelle) setzte sich die Ablagerung von Kalken fort, während im Wallis-Trog und im Piemont-Ozean Tonsteine und Sandsteine das Bild beherrschten. Der Piemont-Ozean tauchte infolge von Subduktion unter den Südkontinent ein. Ein Teil davon war vor 90 Mio. Jahren bereits verschwunden. Auf dem Südkontinent entstand zu diesem Zeitpunkt der älteste Teil des alpinen Gebirges. West-gerichtete Deckenstapelung westlich des Referenzpunktes Wien hoben dabei die Ostalpen zum Gebirge heraus. Diese west-gerichtete Bewegung blieb aber durch zwei Seitenverschiebungen im Norden und im Süden der Ostalpen auf einen engen Korridor begrenzt. Durch die Deckenstapelung und Subduktion gelangten Teile der Ostalpen in große Tiefen von bis gegen 100 km und wurden dabei metamorph überprägt. Man bezeichnet diesen Abschnitt der alpinen Geschichte, die Bildung der Ostalpen, als eoalpine Orogenese.

Eine Änderung in den Plattenbewegungen nach 90 Mio. Jahren bewirkte eine nord-süd-gerichtete Kollision zwischen Europa und Adria. In Abb. 5-2 (unten) ist der Zustand vor 55 Mio. Jahren skizziert. Der Piemont-Ozean war zu diesem Zeitpunkt durch Subduktion komplett verschwunden. In den Zentralalpen wurden die penninischen Decken durch nord-

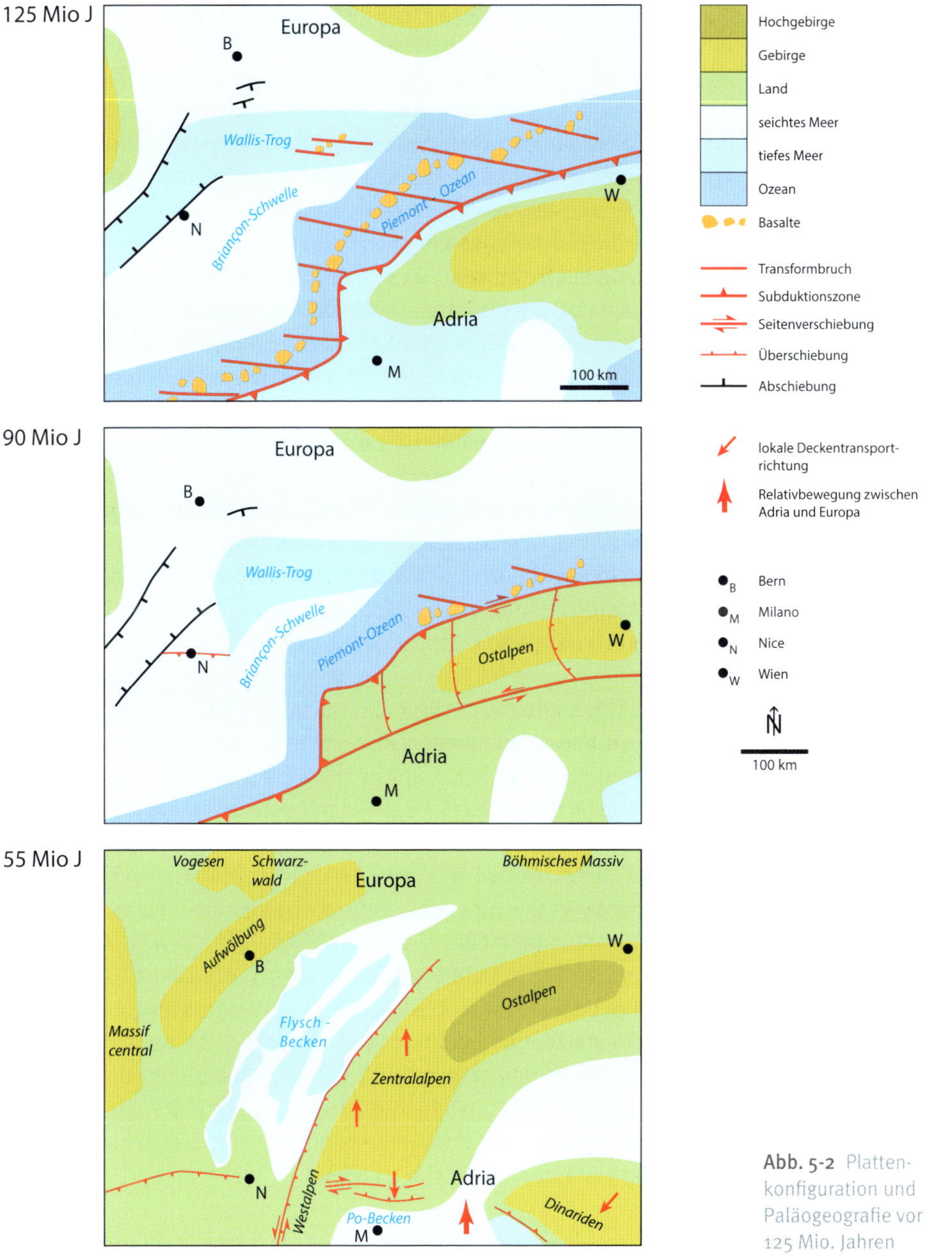

125 Mio J
Europa
B
Wallis-Trog
Briançon-Schwelle
N
Piemont - Ozean
W
Adria
M
100 km
90 Mio J
Europa
B
Wallis-Trog
Briançon-Schwelle
Piemont-Ozean
N
Ostalpen
W
Adria
M
55 Mio J
Vogesen
Schwarz-
wald
Europa
Böhmisches Massiv
Aufwölbung
B
W
Ostalpen
Massif
central
Flysch -
Becken
Zentralalpen
N
Westalpen
Adria
Po-Becken
M
Dinariden
Hochgebirge
Gebirge
Land
seichtes Meer
tiefes Meer
Ozean
Basalte
Transformbruch
Subduktionszone
Seitenverschiebung
Überschiebung
Abschiebung
lokale Deckentransport-
richtung
Relativbewegung zwischen
Adria und Europa
B Bern
M Milano
N Nice
W Wien
N
100 km

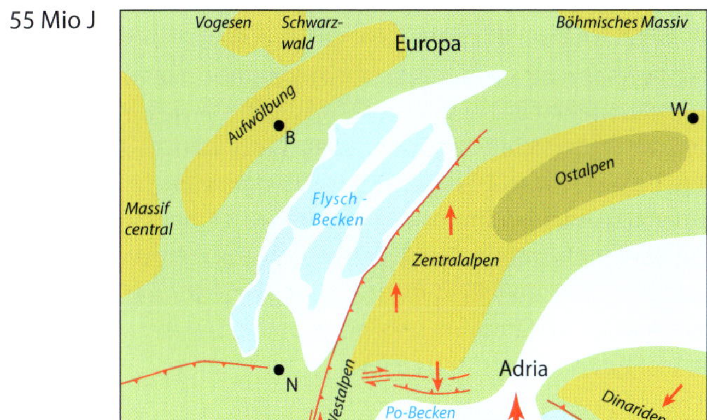

Abb. 5-2 Plattenkonfiguration und Paläogeografie vor 125 Mio. Jahren (Frühe Kreide), 90 Mio. Jahren (Späte Kreide) und 55 Mio. Jahren (Eozän).

gerichtete Überschiebungen bewegt, während im Süden der Zentralalpen die Deckenbewegungen im Südalpin süd-gerichtet waren. Durch die Deckenstapelung wurden die Gesteine im Grenzbereich Adria/Europa in größerer Tiefe metamorph überprägt. Im nordwestlichen Vorland der Zentralalpen bestand ein Restmeer aus Flysch-Becken, in welchen der Schutt der entstehenden Zentralalpen abgelagert wurde. Die Flysch-Gesteine bestehen hauptsächlich aus Sandstein-Tonstein-Abfolgen, welche als submarine Trübeströme lawinenartig vom Beckenrand in die Beckenachse gelangten. Die Aufwölbung im Bereiche des Referenzpunktes Bern (B) wird auf die elastische Verbiegung der europäischen Platte beim Eintauchen unter die adriatische Platte zurückgeführt.
Durch die spätere Heraushebung und den Abtrag des alpinen Deckenstapels gelangten Gesteine an die Oberfläche, die sich einst in Tiefen von über 50 km befunden hatten. Diese stellen wichtige Zeugen dar für das Verständnis des Prozesses von Ozeanbildung und Deckenstapelung. Schöne Beispiele hierfür finden sich in Zermatt (VS) beim Trockenen Steg und in Arosa (GR). Die Aufschlüsse bestehen dort aus Gesteinen des Grenzbereiches zwischen Piemont-Ozean und Südkontinent. Grüne Linsen schwimmen in einer gräulichen bzw. bräunlichen Matrix (vgl. Fotos in Abb. 5-3). Die grünen Linsen sind Fragmente von Basalten und Erdmantelgesteinen, welche beide typisch für jenen Bereich sind, in dem neue ozeanische Kruste entsteht. Die gräuliche Matrix hingegen besteht aus kalkigen Glimmerschiefern, also aus Sedimenten, die ebenfalls einem ozeanischen Bereich zugeordnet werden können. Das Gemisch der Gesteine wird als Mélange bezeichnet und kann auf verschiedene Arten entstehen: durch submarine Rutschungen oder durch tektonische Durchmischung. Bei sedimentären Mélanges rutschen Bruchstücke von Basalten und Mantelgesteinen von submarinen Hochzonen in die angrenzenden Beckensedimente. Tektonische Mélanges entstehen hingegen an Überschiebungen, wenn Fragmente der Gesteine über und unter dem Überschiebungskontakt losgerissen und miteinander vermischt werden. Im Falle vom Trockener Steg ist vorderhand nicht klar, welche der beiden Prozesse zur Mélangebildung führten; möglicherweise waren es sogar beide.

Abb. 5-3A und B Mélange aus Fragmenten von Basalten und Mantelgesteinen (grün) in einer Matrix aus kalkigen Glimmerschiefern. A) Trockener Steg bei Zermatt (VS), B) Hörnli bei Arosa (GR). Fotos © J. Alean.

A

B

Vor etwa 40 Mio. Jahren änderte sich die Plattenbewegung zwischen Europa und Adria; Adria bewegte sich fortan in Richtung NW. In Abb. 5-4 (oben) ist die Situation vor 35 Mio. Jahren skizziert. Die Zentralalpen hatten sich zu diesem Zeitpunkt zu einem Gebirgsstrang mit den Ostalpen vereinigt. Der Gebirgsstrang entwickelte sich auch Richtung Westalpen. Es ist nun wichtig festzuhalten, dass die Zentralalpen ein symmetrisches Gebirge waren: im Norden erfolgten nord-gerichtete Überschiebungen, im Süden süd-gerichtete, wie die Pfeile in Abb. 5-4 andeuten. Im Westen und Norden der Alpen bestand noch ein Flysch-Becken. In diesem gelangten Sandsteine und Tonsteine zum Absatz. In den Sandsteinen findet man verbreitet Bruchstücke vulkanischen Ursprungs (Mineralkörner und vulkanische Bomben), welche auf die Präsenz von Vulkanen im Hinterland des Flysch-Beckens hinweisen. Nord- und nordwest-gerichtete Überschiebungen deuten darauf hin, dass die Alpen in Richtung Flysch-Becken wuchsen und dieses Becken allmählich überfuhren. Die Zentralalpen wuchsen aber auch im Süden, wo süd-gerichtete Überschiebungen Decken das Po-Becken langsam überfuhren. Insgesamt ergibt sich dadurch das Bild eines breiter werdenden bivergenten Gebirges, dessen zentraler Teil in die Höhe herausgestemmt wurde. Im nördlichen Vorland hatte sich die Aufwölbung nahe Referenzpunkt Bern (B) nach Nordwesten verlagert. Zwischen Schwarzwald und Vogesen öffnete sich infolge von ost-west-gerichteter Dehnung der Rhein-Graben, welcher sich versetzt mit dem Bresse-Graben verband. Auch in den Alpen war diese Dehnung aktiv. Ein Beispiel dafür ist die Simplon-Störung, die in Kapitel 3.1, Abb. 3-6B näher diskutiert wurde. Im Süden der Zentral- und Ostalpen war eine wichtige Seitenverschiebung, das Periadriatische Bruchsystem, aktiv. Dessen Segment südlich der Zentralalpen wird als Insubrische Störung bezeichnet und wurde in Kapitel 3.1, Abb. 3-6A näher beschrieben.

Zum Zeitpunkt vor 22 Mio. Jahren (vgl. Abb. 5-4, Mitte) war das Flysch-Becken zugeschüttet und überfahren worden. Größere Flüsse strömten nun aus den Alpen. Jene im Norden der Zentralalpen lagerten große Schuttfächer im Bereiche des Referenzpunktes Bern (B), also im künftigen Mittelland, ab und flossen dann in östliche Richtung in das Wiener-Becken. Die Ablagerungen dieser Flüsse sind heute in der Unteren Süsswassermolasse zu finden (vgl. Abb. 4-5A und B). Die Hochzone westlich des Referenzpunktes Bern (B) stellt das embryonale Juragebirge dar. Auf der Südseite von Zentral- und Ostalpen waren zu diesem Zeitpunkt längs des Periadriatischen Bruchsystems in der Tiefe Granite eingedrungen und – assoziiert damit – einige Vulkane aktiv. Im Po-Becken, welches sich nach Süden im adriatischen Meer fortsetzte, wurden Konglomerate und Sandsteine abgelagert.

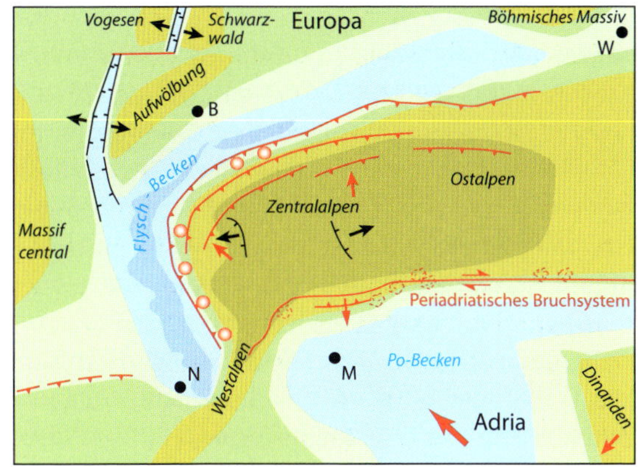

22 Mio J

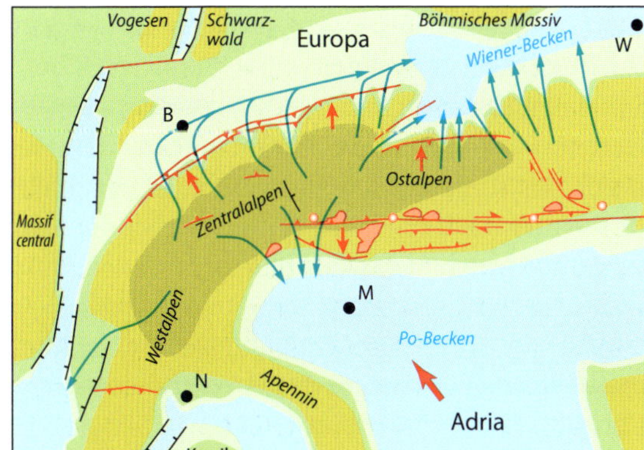

15 Mio J

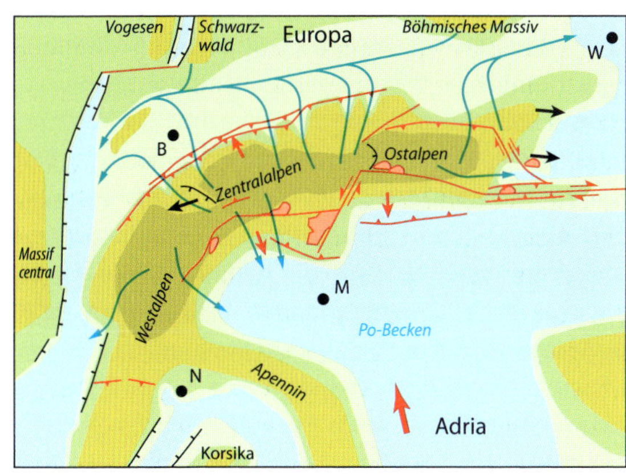

Abb. 5-4 Paläogeografie vor 35 Mio. Jahren (frühes Oligozän), 22 Mio. Jahren (spätes Oligozän) und 15 Mio. Jahren (Miozän).

Eine wichtige Veränderung erfolgte alsdann im nordalpinen Vorland. In Abb. 5-4 (unten) ist die Situation vor 15 Mio. Jahren skizziert. Eine Absenkung im Westen bei Referenzpunkt Bern (B), kombiniert mit der Auffüllung des Wiener-Beckens südlich des Böhmischen Massivs, ließ die Flüsse im künftigen Mittelland nach Westen fließen. Ihre Ablagerungen sind heute in der Oberen Süsswassermolasse zu suchen (vgl. Abb. 4-5B). Die früheren Ablagerungen am Nordrand der Alpen, die Untere Süsswassermolasse, wurde von den Deckenbewegungen erfasst und nach Norden überschoben. Sie bilden heute die Subalpine Molasse. Im Süden der Zentralalpen wurde das Gebirge längs der Insubrischen Störung herausgehoben, sodass die früher in der Tiefe eingedrungenen Granite nun an der Oberfläche erschienen. Gerölle dieser Granite erscheinen in den Konglomeraten, die im Po-Becken abgelagert wurden.
Die vorgängig diskutierten paläogeografischen Karten fassen zusammen, wie die Oberfläche der künftigen Alpen und deren Vorland im Norden und Süden aussah. Aber was passierte mit den Gesteinen, die in die Tiefe versenkt worden sind? Bei der Versenkung nahmen Druck und Temperatur mit zunehmender Tiefe zu, wodurch die Gesteine metamorph überprägt wurden. Je nach Versenkungsgrad wurden sie auf über 500 °C aufgeheizt. Kalksteine wurden dabei in Marmor und Mergel in Granat-Glimmer-Schiefer umgewandelt, um nur zwei Beispiele zu nennen. Die Mineralreaktionen bei der metamorphen Umwandlung sind mit dem Verlust von Wasser verbunden, welches in den Ursprungsgesteinen vorhanden ist. Nach der Versenkung gelangten die Gesteine durch Deckenbewegungen und Abtrag wieder an die Erdoberfläche. Dabei fanden eine Druckentlastung und ein Temperaturabfall statt. Weil nun aber kein Wasser mehr zur Verfügung stand, liefen die Mineralreaktionen in diesen Gesteinen nicht mehr in umgekehrter Richtung ab; die metamorphen Gesteine blieben daher in jenem Zustand erhalten, die den höchsten erreichten Temperaturen und/oder den größten Drücken entspricht. Dies erlaubt uns den Pfad zu rekonstruieren, dem diese Gesteine gefolgt sind. Derartige Rekonstruktionen sind in Abb. 5-5 zusammengestellt. Nebst den Metamorphosedaten sind bei der Konstruktion auch die ursprünglichen Ausdehnungen der Sedimentationsräume erarbeitet worden. Hierzu mussten die Faltungen und Überschiebungen rückgängig gemacht werden (wir sprechen hier von «abgewickelten Profilen»). Obschon die Rekonstruktionen der Profile mit Unsicherheiten behaftet sind, ergeben sich daraus höchst interessante qualitative Einsichten in den Prozess der Gebirgsbildung.
Die Rekonstruktion des Zustandes vor 65 Mio. Jahren (an der Grenze Mesozoikum/Känozoikum) in Abb. 5-5 zeigt, dass der Piemont-Ozean mitsamt Stücken der ozeanischen Kruste und den ozeanischen Sedimenten

bereits unter Adria subduziert war; die Briançon-Schwelle war also im Begriffe, ebenfalls zu verschwinden, während der Wallis-Trog noch in seiner Gesamtbreite erhalten war. Weiter gilt zu beachten, dass der Wallis-Trog und die Briançon-Schwelle aus Sedimenten sowie deren kristallinem Untergrund bestanden. Die Briançon-Schwelle hatte eine kontinentale Kruste, jene des Wallis-Troges besaß hingegen auch ozeanische Segmente (grün im Profilschnitt).

Vor 50 Mio. Jahren war die Briançon-Schwelle subduziert worden und auch der Wallis-Trog zur Hälfte in der Tiefe verschwunden (vgl. Abb. 5-5). Der kristalline Untergrund des Wallis-Troges erreichte dabei eine Tiefe von über 100 km! Am linken Profilrand erschien jetzt die Domäne des Helvetikums, für welche als Referenz der Bereich des künftigen Aar-Massivs angeschrieben ist.

Wenig später, vor 40 Mio. Jahren, war der gesamte kristalline Untergrund des Wallis-Troges in der Tiefe verschwunden, dessen Sedimente hingegen auf die Sedimente des Helvetikums überschoben worden (vgl. Abb. 5-5). Interessant ist nun aber, dass der kristalline Untergrund des Wallis-Troges nicht weiter in die Tiefe tauchte, sondern bereits wieder auf dem Weg nach oben war und sich nun unter der Kruste der Briançon-Schwelle befand. Dieses Auftauchen dürfte u.a. mit dem Auftrieb zusammenhängen, welche diese spezifisch leichten Krustenteile erfuhren.

Während sich in der Adriatischen Platte während der Zeit von 65–40 Mio. Jahren wenig veränderte, erfuhr die Europäische Platte nicht nur Änderungen in der Kruste wie oben besprochen, sondern auch im lithosphärischen Mantel. Dessen südlichster Teil verbog sich am Kontakt zum adriatischen Mantel und tauchte dann steil nach Süden in die Tiefe. Demgegenüber lag der nördliche Teil horizontal. Die Umbiegungsstelle (also das Scharnier) zwischen flachem und steilem Mantel verlagerte sich im Verlaufe der Zeit. Vor 60 Mio. Jahren befand sie sich weit weg vom Referenzpunkt Aar-Massiv, vor 40 Mio. Jahren hingegen unmittelbar südlich davon. Das Zurückrollen der Umbiegungsstelle ist höchstwahrscheinlich auf das Gewicht des hängenden lithosphärischen Mantels zurückzuführen. Der schwere, hängende Mantel zog die Europäische Platte in die Tiefe. Diese war aber steif, sodass nur der Teil am Kontakt zur adriatischen Platte abgebogen wurde. Mit dem Zurückrollen der Umbiegungsstelle wurde gleichzeitig die adriatische Platte angesogen, sodass diese laufend nach Norden rückte.

Vor etwa 30–35 Mio. Jahren brach ein Stück der abtauchenden europäischen Platte ab und versank im tiefen Erdmantel (vgl. Zustand vor 32 Mio. Jahren in Abb. 5-5). Die sich öffnende Lücke zwischen der hängenden und abgebrochenen Platte wurde mit aufströmendem Erdmantel gefüllt. Die damit verbundene Druckentlastung führte zur Bildung von

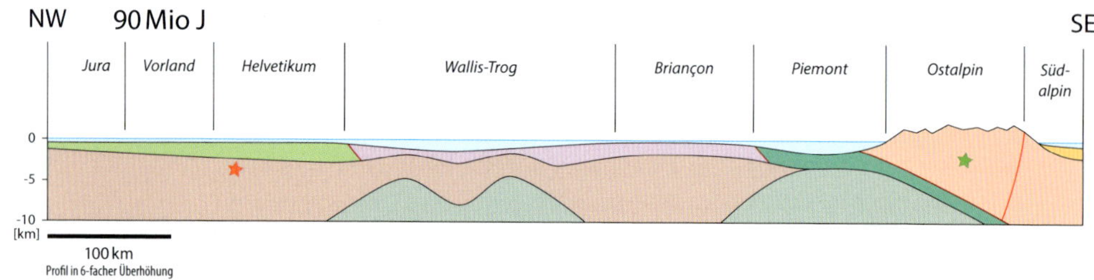

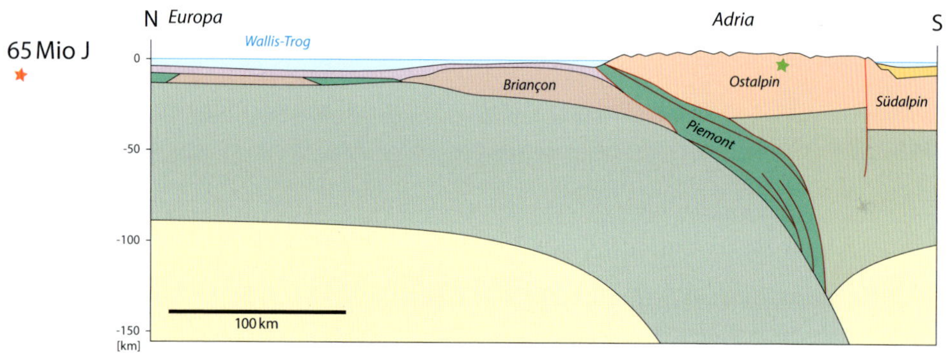

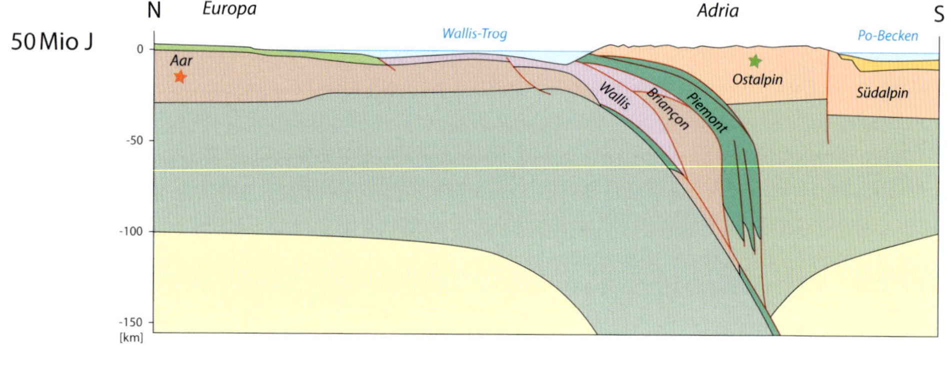

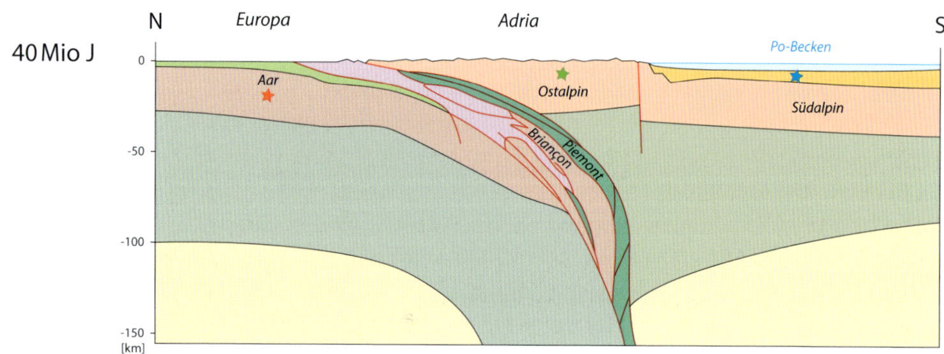

Abb. 5-5 Rekonstruierte Profilschnitte durch die Zentralalpen. Die Profilschnitte zeigen die Situation vor 65, 50, 40, 32 und 19 Mio. Jahren sowie den heutigen Zustand.

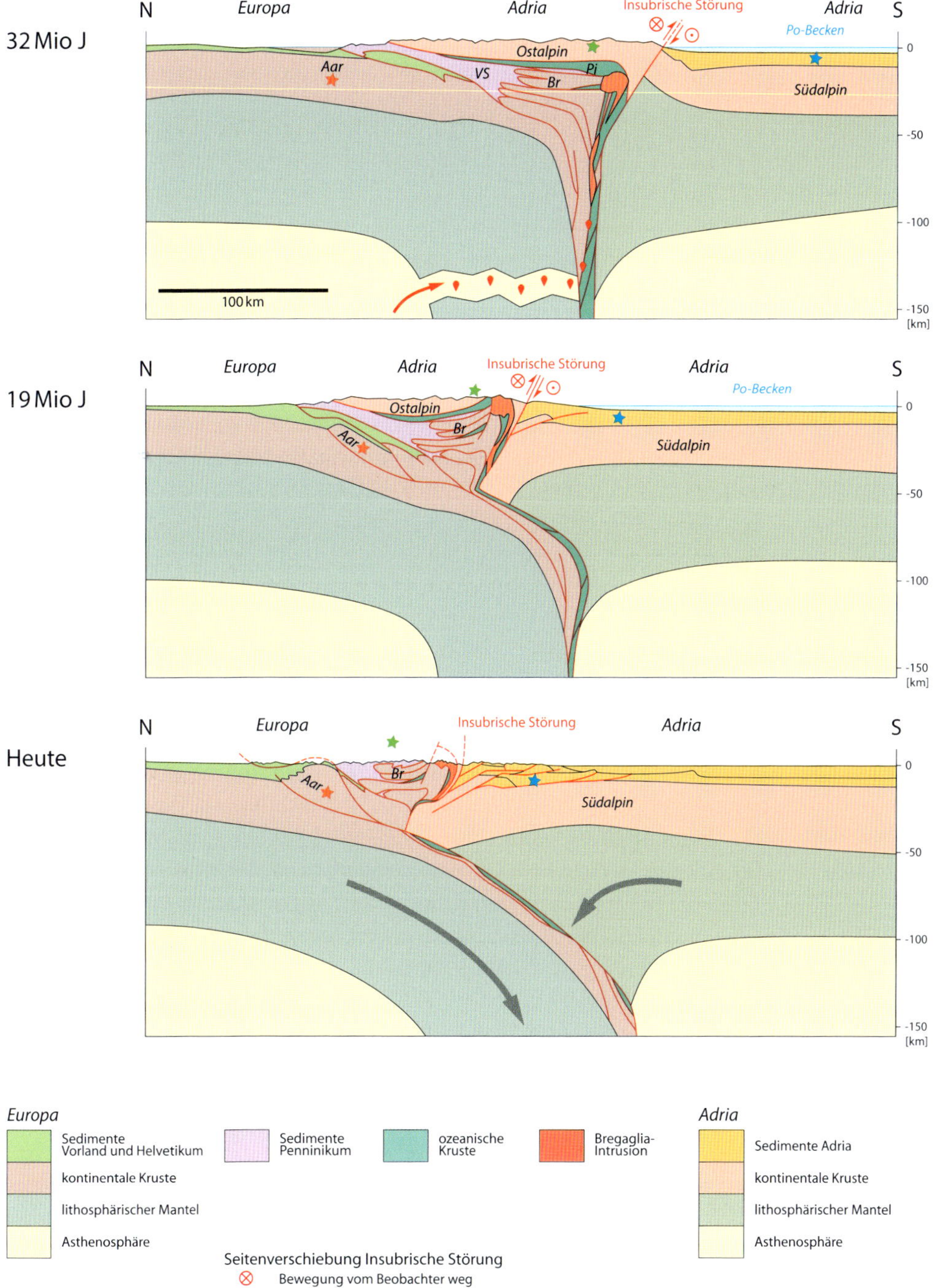
32 Mio J
N
Europa
Adria
Insubrische Störung
Adria
S
Po-Becken
Ostalpin
Aar
VS
Pi
Br
Südalpin
100 km
0
-50
-100
-150
[km]
19 Mio J
N
Europa
Adria
Insubrische Störung
Adria
S
Po-Becken
Ostalpin
Br
Aar
Südalpin
0
-50
-100
-150
[km]
Heute
N
Europa
Insubrische Störung
Adria
S
Br
Aar
Südalpin
0
-50
-100
-150
[km]
Europa
Sedimente Vorland und Helvetikum
kontinentale Kruste
lithosphärischer Mantel
Asthenosphäre
Sedimente Penninikum
ozeanische Kruste
Bregaglia-Intrusion
Adria
Sedimente Adria
kontinentale Kruste
lithosphärischer Mantel
Asthenosphäre
Seitenverschiebung Insubrische Störung
Bewegung vom Beobachter weg
Bewegung auf den Beobachter zu

Schmelztropfen, welche aufgrund ihres geringen Gewichtes den Weg nach oben suchten. Die Plattengrenze zwischen der hängenden Europäischen und der Adriatischen Platte bot diesen Schmelzen einen Weg dazu. In der Folge sammelten sie sich zu einer granitischen Intrusion, der Bregaglia-Intrusion, die sich damals in einer Tiefe von ca. 15 km unter der damaligen Erdoberfläche befand. Im Profilschnitt von Abb. 5-5 mit dem Zustand vor etwa 30 Mio. Jahren ist diese Situation festgehalten. Die europäischen Krustenteile über dem hängenden lithosphärischen Mantel entwichen dabei nach oben und verbogen die ehemaligen Deckengrenzen zu einer Antiform. Der Aufstieg der europäischen Krustenteile erfolgte auf einer gewaltigen, steilen und süd-gerichteten Aufschiebung, der Insubrischen Störung.

Zwischen 30–20 Mio. Jahren vor heute war die Insubrische Störung weiterhin als Aufschiebung aktiv. Zusätzlich fand aber auch eine Seitenverschiebung an dieser Störung statt. Bei dieser bewegte sich Adria relativ zu Europa nach Westen (d. h. auf den Betrachter zu). Wie in Abb. 5-5 ersichtlich, zwängte sich dabei Adria wie ein Keil in die europäische Kruste. Die abtauchende europäische Unterkruste wurde dabei überschoben, während die Oberkruste an der Insubrischen Störung emporgestemmt wurde. Besonders eindrücklich zeigt die Bregaglia-Intrusion die Heraushebung: die Intrusion selbst erfolgte, wie weiter oben schon beschrieben, vor rund 30 Mio. Jahren in einer Tiefe von etwa 15 km unter der damaligen Landoberfläche; 10. Mio. Jahre später (d. h. 20 Mio. Jahre vor heute) war der Intrusivkörper dann bereits an der Erdoberfläche angelangt. Die Heraushebung wurde auch von einem bedeutenden Abtrag begleitet, was das teilweise Verschwinden des Ostalpins sichtbar macht. Auf der europäischen Platte bewegten sich die helvetischen Decken (grün in Abb. 5-5) über das Aar-Massiv, welches eben im Begriffe war, sich nach Norden auf das Vorland aufzuschieben.

In den letzten 20 Mio. Jahren rückte der adriatische Keil noch tiefer in die europäische Kruste hinein (vgl. Abb. 5-5, heutiger Zustand), der Deckenstapel nördlich der Insubrischen Störung wurde dabei um weitere 10–15 km herausgehoben und in der Folge erodiert (im Querschnitt von Abb. 5-5 fehlt deshalb das Ostalpin nun gänzlich). Auch das Aar-Massiv wurde weiter herausgepresst und verfaltete die Deckenbasis der helvetischen Decken. Gleichzeitig wurde der adriatische Keil auch zusammengestaucht. Dies zeigt sich an den süd-gerichteten Überschiebungen im Kristallin und den Sedimenten des Südalpins in Abb. 5-5.

5.3 Entwicklung der Täler und des Flusssystems

Die Entwicklung der Täler ist eine direkte Folge des Abtrags durch das fließende Oberflächenwasser, d. h. die Flüsse. Zwar sind die Täler durch die Gletscher der Vereisungen in den letzten 2 Mio. Jahren vertieft und verbreitert worden, doch geht die ursprüngliche Anlage auf Flüsse zurück. Für die Landschaftsformen der heutigen Täler sind nebst den Flüssen mit ihren Zuflüssen die Gletscher der letzten Eiszeit die wichtigsten Akteure. Sie werden in dieser Reihenfolge diskutiert.

5.3.1 Abtrag und Einschnitt der Täler

Täler sind die direkten Zeugen des Abtrags, den die Alpen mit ihrer Hebung zum Gebirge erfahren haben. Es sind die Flüsse, welche den Abtragungsschutt ins Vorland transportiert haben, und diese Flüsse schnitten sich mit der Zeit immer tiefer in ihren Untergrund ein. Von den Flüssen, die vor 20–30 Mio. Jahren aktiv waren, sind nur deren Schuttfächer im Molassevorland erhalten. Über ihren Verlauf im Inneren der Alpen können wir nur Vermutungen anstellen, da Relikte der alten Täler dem späteren Abtrag zum Opfer gefallen sind. Es gilt zu bedenken, dass die frühere Topografie der Alpen jeweils durch die damals vorhandenen Gesteine an der Landoberfläche und deren Felsuntergrund geprägt wurde. Zwar schnitten sich die Flüsse tendenziell vertikal in die Tiefe ein. Falls aber dort eine völlig andere Gesteinszusammensetzung entblößt wurde, konnte dies die Wasserläufe nachhaltig beeinflussen und ändern. In Abb. 5-6 ist die Entwicklung des Flusssystems für die letzten 6 Mio. Jahre skizziert. Es gilt dabei zu beachten, dass vor allem der Verlauf der Flüsse im Vorland etwas genauer bekannt ist. Die inneralpinen Täler können nur schematisch angegeben werden.

Vor 6 Mio. Jahren beeinflusste ein einschneidendes Ereignis das Entwässerungssystem der Alpen: Zu dieser Zeit trocknete das Mittelmeer samt dem Adriatischen Meer völlig aus, weil der Zufluss von Meerwasser vom Atlantik her unterbrochen worden war. Man bezeichnet dieses Ereignis als «Messinianische Salinitätskrise» (Messinian heißt der Zeitabschnitt von 7,2–5,3 Mio. Jahre vor heute). Als Folge der nun tieferen Erosionsbasis schnitten die nach Süden entwässernden Flüsse, Rhone, Po und Adige, tiefe Schluchten in den Felsuntergrund. In der Magadinoebene und im Lago Maggiore reicht die alte Schlucht bis 700 m unter den heutigen Meeresspiegel hinunter. In Abb. 5-6 sind die Schluchten nördlich und nordwestlich des Referenzpunktes Milano (M) durch Einbuchtungen in den Höhenzonen angedeutet. Im Bereich der Zentralalpen verlagerte sich die Wasserscheide zwischen dem Rhein- und dem Po-System (vgl. Abb. 1-1C) nach Norden Richtung Gotthard. Auf der Nordseite der Alpen entwässerten die Flüsse im Westen der Zentralalpen Richtung Referenzpunkt Bern (B) und flossen dann nach Nordosten ins Donausystem; diese Flüsse können als Vorläufer von Rhone, Aare und Reuss angesehen werden. Ein Vorläufer des Rheins floss aus den östlichen Zentralalpen nach Norden und mündete ebenfalls ins Donausystem. Die Entwässerung des Schwarzwaldes und der Vogesen erfolgte in Richtung Süden in das entstehende Juragebirge, was anhand von Geröllen nachgewiesen werden kann.

In der Zeit bis vor etwa 3 Mio. Jahren fanden große Veränderungen statt. Das Mittelmeer samt Adriatischem Meer wurde wieder geflutet, und damit auch das Po-Becken und die durch die Messinianische Salinitätskrise verursachten Schluchten. Auf der Alpennordseite vereinigten sich die «Alpenrhone», die «Aare» samt Nebenflüssen (Ur-Reuss, Ur-Linth) nordwestlich von Zürich, und flossen dann im Graben zwischen Schwarzwald und Vogesen nach Norden in die Nordsee. Im Unterschied dazu floss der «Alpenrhein» nach dem Austritt aus den Alpen weiterhin nach Norden und mündete in die Donau. Die Umlenkung (oder «Gefangennahme») der «Aare» samt ihren Nebenflüssen war eine Folge von rückschreitender Erosion des «Ur-Rheins», welcher schon damals von Freiburg i.B. über Karlsruhe und Strassbourg floss, und in den Niederlanden in die Nordsee mündete. Der «Ur-Rhein» schnitt sich dabei immer tiefer in den Untergrund ein und verbreiterte gleichzeitig den Einschnitt. Dadurch wurde das Einzugsgebiet größer und erreichte jenes der «Aare». Da der «Ur-Rhein» auf einem tieferen Niveau floss, konnte er die höher gelegene «Aare» anzapfen und umleiten.

Im Kärtchen von Abb. 5-6, welches den heutigen Zustand wiedergibt, ist der «Alpenrhein» vom «Ur-Rhein» angezapft und zum Rhein geworden. Das Kärtchen zeigt auch die jüngsten Überschiebungen der verschiedenen Gebirge. Interessant dabei ist, dass diese jeweils zuäußerst im Gebirge lokalisiert sind. Das bedeutet, dass die Alpen nach außen wuchsen und somit breiter wurden. Die tatsächliche Höhe der Gipfel in der Vergangenheit kann nicht einfach beziffert werden. Man kann davon ausgehen, dass die Alpen früher etwa gleich hoch aus dem Vorland herausragten. Da wir aber wissen, dass die Decken in den Alpen und beispielsweise die Bregaglia-Intrusion um viele Kilometer gehoben wurden, muss der Abtrag in der Vergangenheit Schritt gehalten haben mit der Hebung. In den rekonstruierten Profilschnitten in Abb. 5-5 sind die Hebungsraten und Abtragraten von der Größenordnung 0.5 mm/Jahr, im Bereich nördlich der Insubrischen Störung sogar bis 2 mm/Jahr. Dies entspricht den heute gemessenen Hebungsraten (vgl. Abschnitt 5.4 unten).

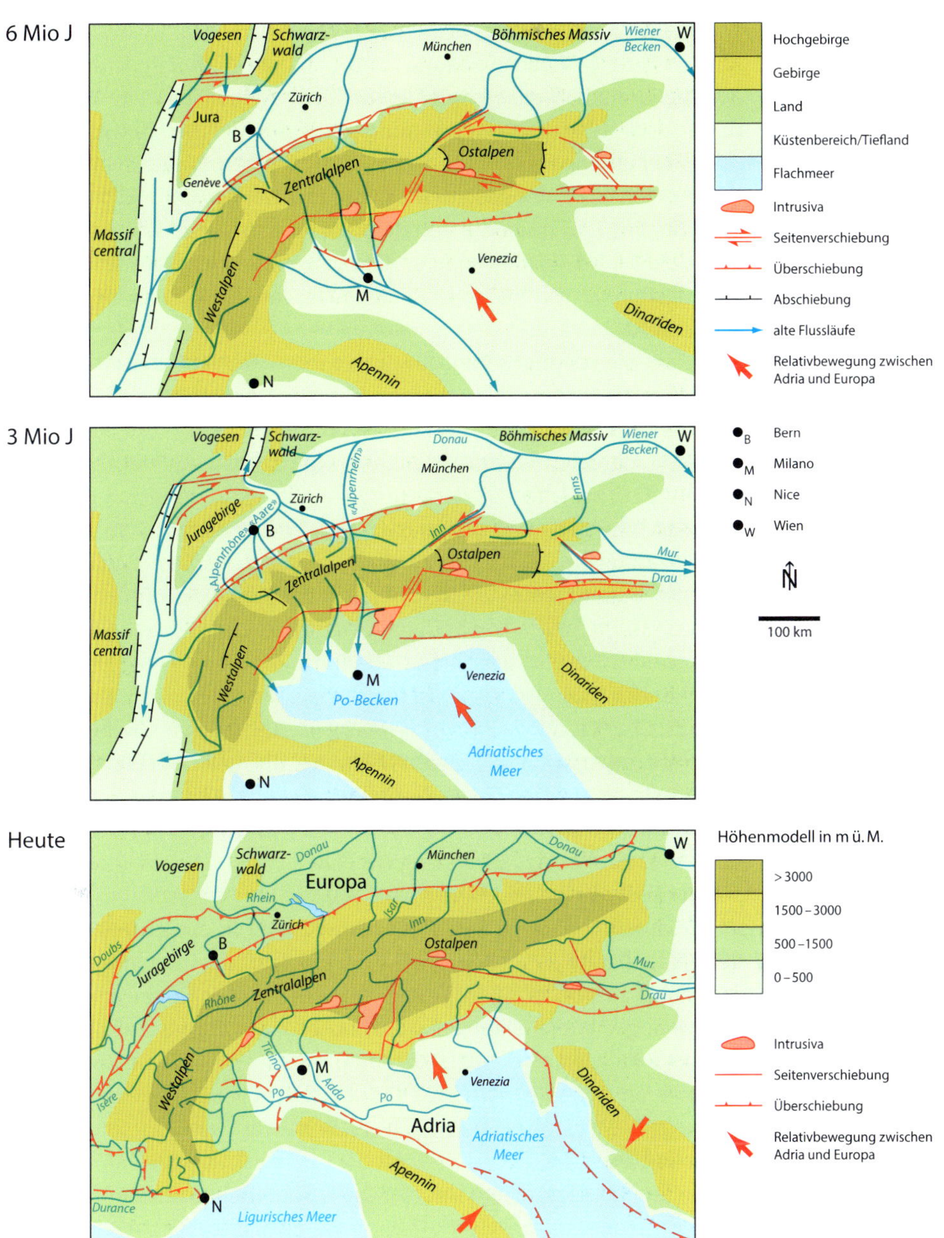

Abb. 5-6 Paläogeografische Karten vor 6 Mio. Jahren (Ende Miozän), 3 Mio. Jahren (Pliozän) und heutige Situation.

Ein illustratives Beispiel für eine inneralpine Flussumlenkung ist der Rhein im Raume von Reichenau. Das Foto in Abb. 5-7A zeigt eine Luftaufnahme des Kunkelspasses mit Blick nach NNW. Das Tal vom Kunkelspass nach Vättis ist ein Trockental, in welchem heute nur noch ein kleiner Bach fließt. Der imposante Einschnitt zwischen Calanda und Simel kann nicht durch dieses Gewässer zustande gekommen sein. In der südlichen Fortsetzung dieses Trockentals fließt der Hinterrhein (vgl. Kärtchen in Abb. 5-7B), allerdings auf einem bedeutend tieferen Niveau. Nun ist zu bedenken, dass sich die Region von Chur-Reichenau gegenwärtig um ca. 1.5 mm/Jahr hebt, und Untersuchungen von Abkühlaltern haben ergeben, dass diese Hebung schon vor 3 Mio. Jahren aktiv war. Berücksichtigt man diese Hebungsrate, so ergibt sich, dass der heute 1357 m ü. M. gelagerte Kunkelspass vor 500 000 Jahren auf einer Höhe von rund 600 m ü. M. lag. Dies entspricht ziemlich genau der Höhe des heutigen Rheins bei Reichenau. Zusätzlich ist zu berücksichtigen, dass der Rhein vor etwa 500 000 Jahren vom ursprünglichen Donausystem in das neue Rheinsystem umgelenkt wurde. Zieht man das Gefälle der alpinen Flüsse und namentlich jenes des heutigen Rheins in Betracht, so ist ein «Ur-Rhein» mit einer Höhe des Flussbettes von rund 600 m ü. M. im Raume des (heutigen) Reichenau plausibel. Im Kärtchen von Abb. 5-7B ist der Verlauf der Urflüsse skizziert. Der West-Rhein entwässerte das Einzugsgebiet des heutigen Hinterrheins und jenes des Vorderrheins. Der Ost-Rhein entwässerte das Oberhalbstein und floss über die Talung der Lenzerheide Richtung Chur und Bad Ragaz. Auch beim Ost-Rhein muss berücksichtigt werden, dass der Pass der Lenzerheide vor 500 000 Jahren lediglich auf rund 600 m ü. M. lag. Zwischen Reichenau und Chur sowie zwischen Thusis und Tiefencastel müssen Pässe existiert haben, welche die Talungen des West- und Ost-Rheins trennten. Diese Pässe wurden durch Zuflüsse langsam abgetragen, bis der Ost-Rhein in den West-Rhein und beide schließlich in den heutigen Rhein umgelenkt wurden. Über den genauen Zeitpunkt dieser Umlenkungen kann aber vorderhand nur spekuliert werden. Das Beispiel zeigt aber immerhin, wie rasch – d. h. in weniger als 500 000 Jahren – sich Talläufe mit der Zeit verändern können.

5.3.2 Die Eiszeiten

In den letzten 2 Mio. Jahren wurden die Alpen mehrfach von Gletschern bedeckt, welche auch weit ins Vorland der Alpen reichten. In Abb. 5-8 ist die Eiszeitstratigrafie in einer Tabelle zusammengefasst. Parallel dazu ist auch eine Zusammenstellung der Menschheitsgeschichte skizziert. Aus dieser Tabelle ist ersichtlich, dass die Eiszeiten vom Menschen und dessen Vorgängern miterlebt wurden. In den Warmzeiten oder Interglazialen zwischen den Eiszeiten schmolzen die Gletscher mehr oder wenig vollständig

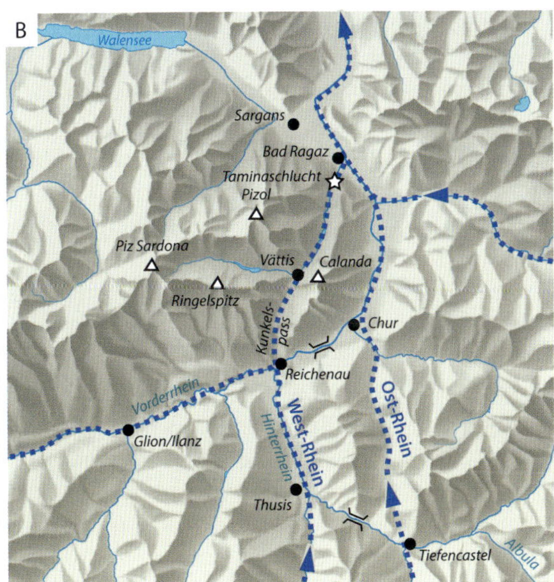

Abb. 5-7 Die Umlenkung des Rheins.
A Blick über den Kunkelspass nach Vättis. Foto © Schweizer Luftwaffe.
B Kartenskizze zum Verlauf des West-Rheins und Ost-Rheins vor 500 000 Jahren.

ab. Die genaue Ausdehnung der Vergletscherung und das Alter der Kalt- und Warmzeiten sind für das Zeitintervall zwischen 2 und 0.5 Mio. Jahren vor heute vorderhand nur ansatzweise bekannt. In der Schweiz sind die ältesten Eiszeiten (Biber, Donau, Günz, Haslach und Mindel) durch Deckenschotter nachweisbar. Die Deckenschotter sind verkittete Kiesablagerungen von Schmelzwässern an der Front der Gletscher. Heute finden sie sich in der Region zwischen Bodensee (Untersee) und Basel. Die älteren dieser Deckenschotter zeigen eine im Vergleich zu heute höhere Lage des Geländes als zur Zeit ihrer Ablagerung an. Etwas tiefer liegen die jüngeren Deckenschotter. Die Unterschiede in der Höhenlage von älteren und jüngeren Deckenschottern sowie der heutigen Geländehöhe illustrieren die erosive Tieferlegung des Geländes in den vergangenen 1.5 Mio. Jahren. Besser datiert sind die fünf Vergletscherungen der letzten 500 000 Jahre. Der moderne Mensch, *Homo sapiens,* tauchte mit dem Beringen-Glazial (dem Späten Riss) auf, und spätestens im Gossau-Interstadial hinterließ der Mensch Spuren im Gebiete der Schweiz: der Höhlenbärenkult im Drachenloch bei Vättis (SG) und im Wildkirchli bei Wasserauen/Schwende (AI). Während der nachfolgenden und letzten Eiszeit, dem Spätwürm oder LGM (Last Glacial Maximum) reichte das Eis bis knapp unter diese Höhlen.
Die Ausdehnung der letzteiszeitlichen Gletscher vor 28 000–14 600 Jahren ist in der Karte von Abb. 5-9 eingezeichnet. In den Alpen ragten nur die höchsten Gipfel als Nunataks aus den Eismassen. Die maximale Eishöhe lässt sich an der Schliffgrenze ablesen. Im Foto von Abb. 5-10 ist die Schliffgrenze im Tavetsch (GR) sehr deutlich ausgebildet; die unteren Hänge und Bergrücken sind glatt geschliffen, die Gipfelpartien weisen scharfe Kämme auf. Weitere Beispiele zur Schliffgrenze finden sich in den Fotos der Abb. 1-10A und 3-21C.
Mächtige Talgletscher stießen im Norden weit ins Vorland. Ihre Ausdehnung lässt sich mit den Endmoränen festlegen. Der Rheingletscher reichte weit über den Bodensee nach Norden, Linthgletscher und Reussgletscher bis in die Gegend von Zürich-Baden. Der Rhonegletscher verzweigte sich über dem Becken des Léman. Ein Arm floss Richtung Nordost ins Mittelland und reichte bis Wangen an der Aare. Nahe Zollikofen vereinigte sich dieser Arm mit dem Aaregletscher. Der andere Arm floss über Genève Richtung Süden. Die Gletscher auf der Südseite der Alpen flossen bis an den Rand der Po-Ebene.

Abb. 5-8 Zeittabelle der quartären Eiszeiten.

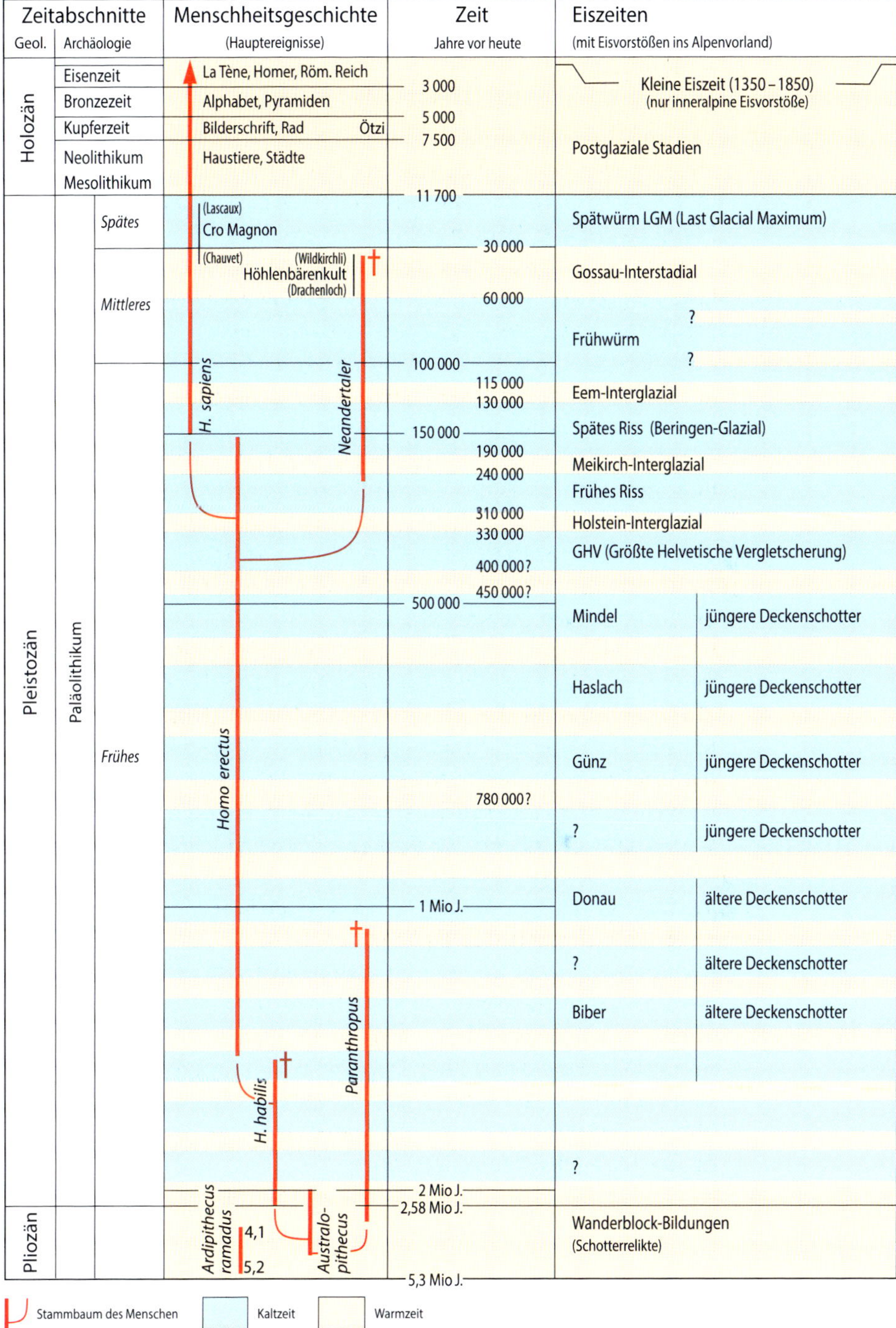
Zeitabschnitte
Geol.
Archäologie
Menschheitsgeschichte
(Hauptereignisse)
Zeit
Jahre vor heute
Eiszeiten
(mit Eisvorstößen ins Alpenvorland)
Holozän
Eisenzeit
La Tène, Homer, Röm. Reich
3 000
Kleine Eiszeit (1350 - 1850)
(nur inneralpine Eisvorstöße)
Bronzezeit
Alphabet, Pyramiden
5 000
Kupferzeit
Bilderschrift, Rad
Ötzi
7 500
Neolithikum
Haustiere, Städte
Postglaziale Stadien
Mesolithikum
11 700
Pleistozän
Paläolithikum
Spätes
(Lascaux)
Cro Magnon
(Chauvet)
Spätwürm LGM (Last Glacial Maximum)
30 000
Mittleres
(Wildkirchli)
Höhlenbärenkult
(Drachenloch)
Gossau-Interstadial
60 000
?
Frühwürm
?
100 000
H. sapiens
Neandertaler
115 000
130 000
Eem-Interglazial
150 000
Spätes Riss (Beringen-Glazial)
190 000
Meikirch-Interglazial
240 000
Frühes Riss
310 000
330 000
Holstein-Interglazial
GHV (Größte Helvetische Vergletscherung)
400 000?
450 000?
500 000
Mindel
jüngere Deckenschotter
Haslach
jüngere Deckenschotter
Frühes
Homo erectus
Günz
jüngere Deckenschotter
780 000?
?
jüngere Deckenschotter
1 Mio J.
Donau
ältere Deckenschotter
?
ältere Deckenschotter
Paranthropus
Biber
ältere Deckenschotter
H. habilis
?
2 Mio J.
2,58 Mio J.
Pliozän
Ardipithecus ramadus
4,1
5,2
Australo-pithecus
Wanderblock-Bildungen
(Schotterrelikte)
5,3 Mio J.
Stammbaum des Menschen
Kaltzeit
Warmzeit

Abb. 5-9 Darstellung des Gletscherstandes im Spätwürm, dem letzten glazialen Maximum (LGM). Quelle: © swisstopo. Der Rhonegletscher teilte sich nördlich Martigny. Ein Arm floss nach Westen Richtung Genève und dann weiter nach Süden. Der andere Arm floss nach Nordosten, bedeckte das Mittelland und vereinigte sich nördlich Bern mit dem Aaregletscher. Der Reussgletscher floss in mehreren Armen nach Norden Richtung Juragebirge, der Linthgletscher nach Nordwesten bis in die Region Zürich. Der Rheingletscher drang nach Norden bis weit über den Bodensee. Eine weitgehend eisfreie Zone bildete der Napf zwischen Aare- und Reussgletscher. In den Alpen ragten die höheren Gipfel aus den Eismassen.

Abb. 5-10 Blick nach NW auf das Tavetsch. Foto © VBS. Die scharfkantigen Kämme von Crispalt, Culmatsch und Piz Nair stehen in großem Kontrast zu den vom Gletscher geschliffenen rundlichen Geländeformen von Alp Culmatsch und Alp Caschlè. Diese Gipfel ragten als Nunatakker aus den Eismassen und wurden von lokalen Kargletschern geprägt (vgl. Abb.3-20). Die Grenze zwischen den vom Eisstrom gerundeten Geländeformen und den von Kargletschern und Frost geprägten Geländeformen in den Gipfelregionen wird als Schliffgrenze bezeichnet. Die regionale Kartierung dieser Schliffgrenzen ist eine Grundlage für die in Abb. 5-9 dargestellte Karte des maximalen Gletscherstandes.

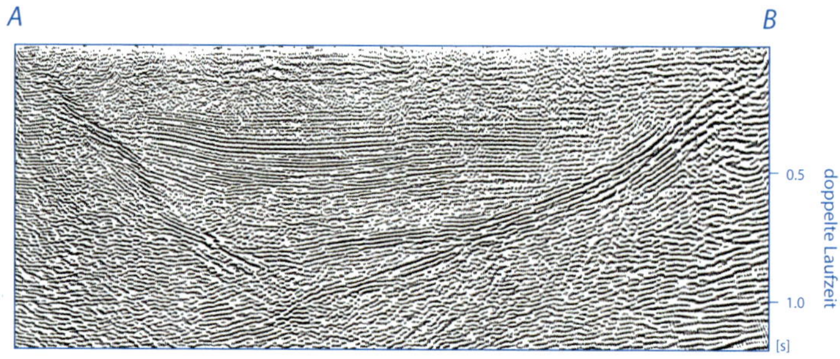

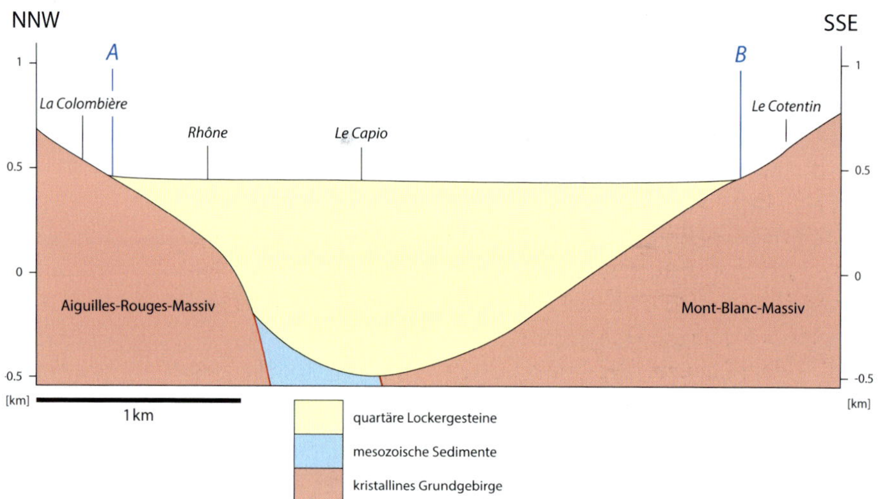

Abb. 5-11 Reflektionsseismische Linie (NFP 20) und Profilschnitt durch das übertiefte Rhonetal bei Le Capio (VS). Der Felsuntergrund im Talboden liegt 500 m unter dem heutigen Meeresniveau.

Nebst den glatt geschliffenen Talflanken verursachten die Talgletscher auch Tiefenerosion. Schmelzwässer am Grunde der Gletscher fraßen sich unter der Last des aufliegenden Eises in den Felsuntergrund; das fließende Eis verbreiterte alsdann den Taluntergrund. In mehreren Fällen wurde der Felsuntergrund bis unter die heutige Meereshöhe ausgeräumt. Abb. 5-11 zeigt als Beispiel das vom Gletscher übertiefte Rhonetal in einem Querschnitt bei Le Capio zwischen Martigny und Fully (VS). Die quartäre Lockergesteinsfüllung des Rhonetals, welche während und nach der letzten Eiszeit eingefüllt wurde, reicht bis auf etwa 500 m unter die Meereshöhe!
Wie schon in Kapitel 3 ausgeführt, weiteten die Gletscher auch im Mittelland die Täler aus. Das Foto in Abb. 3-21F zeigt dies am Beispiel der Talung der Ron mit Baldeggersee und Hallwilersee.
Nebst Erosion hinterließen die Gletscher der Eiszeiten auch glazigene Sedimente respektive glazigene Landschaftsformen. Hierzu zählen Moränen, Drumlins und Schotterterassen sowie einzelne Findlinge. Abb. 5-12 zeigt eine kurze Auswahl von Moränen, ein weiteres Beispiel ist in Kapitel 3 in Abb. 3-21D zu sehen. Der Dischliggletscher im Lötschental (vgl. Foto von Abb. 5-12A) hinterließ nach dem Abschmelzen zwei Seitenmoränen (S). Die Endmoräne (E) ist durch die Schmelzwässer zerfurcht und teilweise abgetragen worden.
Im Gonerli, einem Seitental des oberen Goms, hinterließ der Blasgletscher eine Seitenmoräne (S) auf der Außenseite der Talkrümmung, während die Innenseite lediglich glatt geschliffen wurde.
Das Foto in Abb. 5-12C zeigt den Grenzgletscher bei Zermatt mit einer Mittelmoräne. Diese besteht aus verschleppten Fragmenten der Seitenmoränen des eigentlichen Grenzgletschers, welcher von der Signalkuppe abfließt, sowie des Zwillingsgletschers, welcher vom Castor abfließt. Die beiden Gletscher vereinigen sich auf etwa 3000 m ü. M., bevor der Gornergletscher auf 2500 m ü. M. dazustößt. Der Gornergletscher enthält ebenfalls eine Mittelmoräne, die beim Zusammenfluss zweier Eisströme auf 3200 m ü. M. ihren Anfang nimmt. Die Zunge des Gornergletschers ist aber abgeschmolzen. Trotzdem erkennt man beim (ehemaligen) Zusammenfluss der beiden Gletscher, wie eine Mittelmoräne generiert wird.
Grundmoränen bilden sich an der Basis der Gletscher. Beim Austritt der inneralpinen Gletscher ins Mittelland lagerte sich verbreitet Grundmoräne ab. Diese wurde aber durch das Fließen des Eises lokal zerwühlt. Nach dem Abschmelzen der Gletscher blieben dabei typische rundliche Erhöhungen zurück, die man als Drumlins bezeichnet. Abb. 3-21F zeigt eine Reihe solcher Drumlins im Knonauer Amt.
Im Vorfeld der Gletscher im Mittelland verfrachteten die Schmelzwässer viel Schutt (d. h. Ton, Sand und Kies), und lagerten diesen als Schotter

A
S
S
E
E
E

Abb. 5-12A Seiten- und Endmoräne des Dischliggletscher im Lötschental (VS). Blick nach Süden Richtung Breithorn. Foto © A. Pfiffner.

Abb. 5-12B Seitenmoräne des Blasgletschers im Gonerli. Blick nach SSE in die Gonerlilücke zwischen Pizzo Gallina und Pizzo Nero. Foto © A. Pfiffner.

Abb. 5-12C Zermatt; Blick nach West auf das Matterhorn. Im Vordergrund der Zusammenfluss des Gornergletschers mit dem Grenzgletscher. Drei Mittelmoränen (M) und eine Seitenmoräne (S) prägen das Bild. Foto © Schweizer Luftwaffe.

ab. Abgelagert wurden diese flächenhaft und mit einer ebenen Oberfläche. Morphologisch bilden die Schotter sogenannte Terrassen, eine Bezeichnung, die sich für diese Landschaftsform eingebürgert hat. Aufgrund ihrer Höhenlage lassen sie sich seitlich korrelieren. Die höchsten Terrassen werden als Höhere und Tiefere Deckenschotter bezeichnet, die tiefer liegenden als Hochterrassen- und Niederterrassenschotter. Die Niederterrassenschotter sind die jüngsten Schotter, denn Gletscher und Schmelzwässer erodierten mit der Zeit immer tiefer in ihren Untergrund. Die ältesten, die Höheren Deckenschotter, sind 1 Mio. Jahre alt und älter (vgl. Abb. 5-8) und sind durch zirkulierende Wässer verkittet. Die Schotter im Allgemeinen stellen wichtige Reservoirs für unsere Wasserversorgung dar. Die Schotter werden auch zur Gewinnung von Kies und Sand für die Herstellung von Beton abgebaut. In Abb. 5-13 ist die Kiesgrube Seon (AG) zu sehen. Auf der Luftaufnahme von Abb. 5-13A sieht man die Dimension der Kiesgrube (Stand des Abbaus im Mai 2011). Das Gelände rundum ist flach, entsprechend der terrassenförmigen Oberfläche der Schotter. Die Wand der Kiesgrube im Foto von Abb. 5-13B zeigt die Schichtung der Schotter, hervorgerufen durch die wiederholte Ablagerung von Kies durch die Schmelzwässer. Die abgebauten Schotter gehören zu den Niederterrassenschottern, welche vor 30 000–15 000 Jahren zur Zeit des Spätwürms (LGM) abgelagert worden sind (vgl. Abb. 5-8).
Die ins Mittelland vordringenden alpinen Gletscher transportierten auch größere Gesteinsblöcke, welche vom Felsuntergrund des Einzugsgebietes der Gletscher losgelöst wurden. Nach dem Abschmelzen des Eises blieben diese Blöcke, etwas wahllos verteilt, in den Alpentälern selbst, aber auch im Mittelland liegen. Diese Blöcke werden als Findlinge bezeichnet und fallen dem Spaziergänger oder Wanderer sofort auf. Falls man herausfinden kann, woher aus den Alpen ein Findling stammt, lässt sich daraus ableiten, welcher Gletscher ihn transportiert hat. In den Fotos der Abb. 5-14 ist eine Reihe von Findlingen abgebildet, die vom Rhonegletscher transportiert wurden.
Die Pierre des Marmettes (Abb. 5-14A) liegt in Monthey (VS) nördlich St. Maurice und ist ein Granitblock aus dem Mont Blanc-Gebiet. Zahlreiche weitere ähnliche Granitblöcke sind in der Umgebung von Monthey bekannt. Die Pierre de Marmettes ist heute unter Schutz gestellt und Eigentum der Schweizerischen Akademie der Naturwissenschaften scnat.
Bei Steinhof (SO) südlich Herzogenbuchsee liegt die Grossi Flue, der größte Findling des Mittellandes (Abb. 5-14B). Es handelt sich dabei um einen Orthogneis (früher als «Arkesingneis» bezeichnet), welcher aus dem Val de Bagnes nahe des Mont Collon stammen dürfte. Er wurde von einem Seitengletscher des Rhonegletschers dem Rhonegletscher zugeführt, und von letzterem vom Ausgang des Rhonetals in Richtung

Abb. 5-13A Luftaufnahme (Mai 2011) der der Schotterterrassen der Kiesgrube Seon (AG). Foto © www.hauriseon.ch/index.php/fotogalerie.

Abb. 5-13B Niederterrassenschotter in der Kiesgrube Seon (AG). Foto © www.hauriseon.ch/index.php/kies

A

Herzogenbuchsee (BE) verfrachtet. Es ist überraschend festzustellen, dass somit ein Block aus dem südlichen Wallis ins Becken des Léman und von dort durch den nördlichen Arm des Gletschers nach Steinhof gelangte.
Die in den Abb. 5-14C, D, E und F abgebildeten Findlinge stammen alle aus Urtenen (BE) und Umgebung. Im Dorf selbst ist ein Basalt anzutreffen (Abb. 5-14C); nicht weit davon lag früher ein Eklogit-Block, welcher mit Sicherheit aus dem Südwallis stammte und sogar am östlichen Rand des nördlichen Arms des Rhonegletschers transportiert worden ist. Dieser Eklogit-Block teilt das Schicksal vieler Findlinge: er ist leider gesprengt worden. Ein Stück davon ziert den Eingang eines relativ neuen Hauses, nicht weit von der ursprünglichen Lage. Die weiteren Findlinge, ein Gabbro, ein Granit und ein Gneis, sind ebenfalls vom Rhonegletscher hierher gebracht worden, wobei der Gabbro von Schönegg möglicherweise von Menschenhand um etwa 300 m verschoben worden ist. Die hier gezeigten Findlinge sind nur eine sehr kleine Auswahl aus Hunderten von Findlingen, die man in der Schweiz antrifft. Ihre Verbreitung wurde auch zur Konstruktion der Eiszeitkarte in Abb. 5-9 verwendet. Was die Gesteinszusammensetzung und damit die Herkunftsbestimmung der Findlinge betrifft, ist man mit der Tatsache konfrontiert, dass nur ausgewählte Gesteinstypen die Chance haben, als Findling den Transport auf und im Gletscher zu überstehen. Es sind dies Granite, Gabbros, Gneise, metamorphe Basalte, metamorphe Konglomerate und Sandsteine sowie kompakte Kalke und Dolomite. Tonige, schiefrige und dünngebankte Gesteine zerbrechen und finden sich dann als Brocken im Geschiebemergel der Gletscherablagerungen.

Abb. 5-14A Pierre des Marmettes bei Monthey (VS), Mont-Blanc-Granit; Foto © D. A. Kissling, RTS FONSART.

Abb. 5-14B Grossi Flue; Hornblende-Granit. Foto © www.artfox.ch/okd

Abb. 5-14C Basalt-Findling im Dorf Urtenen (BE). Foto © A. Pfiffner.

Abb. 5-14D Gabbro-Findling bei Schönegg/Urtenen (BE). Foto © A. Pfiffner.

Abb. 5-14E Granit-Findling am Seerain nördlich Moossee (BE). Foto © A. Pfiffner.

Abb. 5-14F Gneis-Findling bei Stöckere nördlich Moossee (BE). Foto © A. Pfiffner.

5.4 Rezente Hebungen und Erdbeben

Obschon die eigentliche Bildung der Alpen schon viele Millionen Jahre zurückliegt, sind auch heute noch Bewegungen im Gange. Dazu zählen Hebungen der Landoberfläche, Erdbeben, tektonische Brüche und tiefgreifende Hangbewegungen.

5.4.1 Rezente Hebungen

Die heute noch andauernde Hebung der Alpen wird durch geodätische Vermessungen und neu auch mit satellitengestützten Messungen bestimmt. Die Karte in Abb. 5-15 zeigt die geodätisch gemessenen Hebungsraten der Schweiz. Die Raten beziehen sich auf einen gewählten Fixpunkt bei Laufenburg. Dieser liegt am Südfuß des Schwarzwalds und befindet sich in einer geologisch gesehen ruhigen Zone. Maximale Hebungsraten von über 1.3 mm/Jahr sind im Wallis und in Graubünden gemessen worden. Wenn auch 1.3 mm/Jahr äußerst bescheiden scheint, bewirkt eine solche Rate doch 1.3 km Hebung in einer Million Jahre, ist also geologisch gesehen relevant. Auf der Karte in Abb. 5-15 ist zu sehen, dass sich der zentrale Teil der Alpen gegenüber dem Mittelland deutlich hebt. Die Hebungsraten im Mittelland sind geringer als 0.4 mm/Jahr, und das Juragebirge im Nordwesten zeigt sogar eine Senkungstendenz auf. Interessanterweise deuten Altersbestimmungen in Gesteinen an, dass die Hebungsraten im Wallis und Nordbünden schon vor 5 Mio. Jahren höher waren als in den umliegenden Gebieten. Sie betrugen über diese 5 Mio. Jahre gemittelt etwa 0.8 mm/Jahr im Wallis und etwa 1.3 mm/Jahr in Nordbünden. In Abschnitt 5.4.2 (Abb. 5-17) wird die Ursache der Hebungen näher erläutert.

5.4.2 Erdbeben

Die Erdbebenaktivität oder Seismizität berücksichtigt die Verteilung der Erdbeben in Zeit und Raum. Mit den heute verwendbaren Messgeräten können kleinste Erdbeben registriert werden; also auch Erdbeben, die vom Menschen nicht verspürt werden. Die Messgeräte erlauben es auch, die vom Erdbeben freigesetzte Energie zu bestimmen. Diese wird als Magnitude durch die nach oben offene Richterskala beschrieben. Bei historischen Beben sind wir auf die Beschreibungen der Zeitzeugen angewiesen. Die Beschreibung der Effekte des Erdbebens wird als Intensität mittels der Mercalliskala ausgedrückt, welche von I bis XII reicht. Die Karte in Abb. 5-16 umfasst alle Erdbeben der Schweiz und näheren Umgebung, welche Schäden verursacht haben. Aus der Karte ist ersichtlich, dass die Regionen mit maximalen Hebungsraten im Wallis und

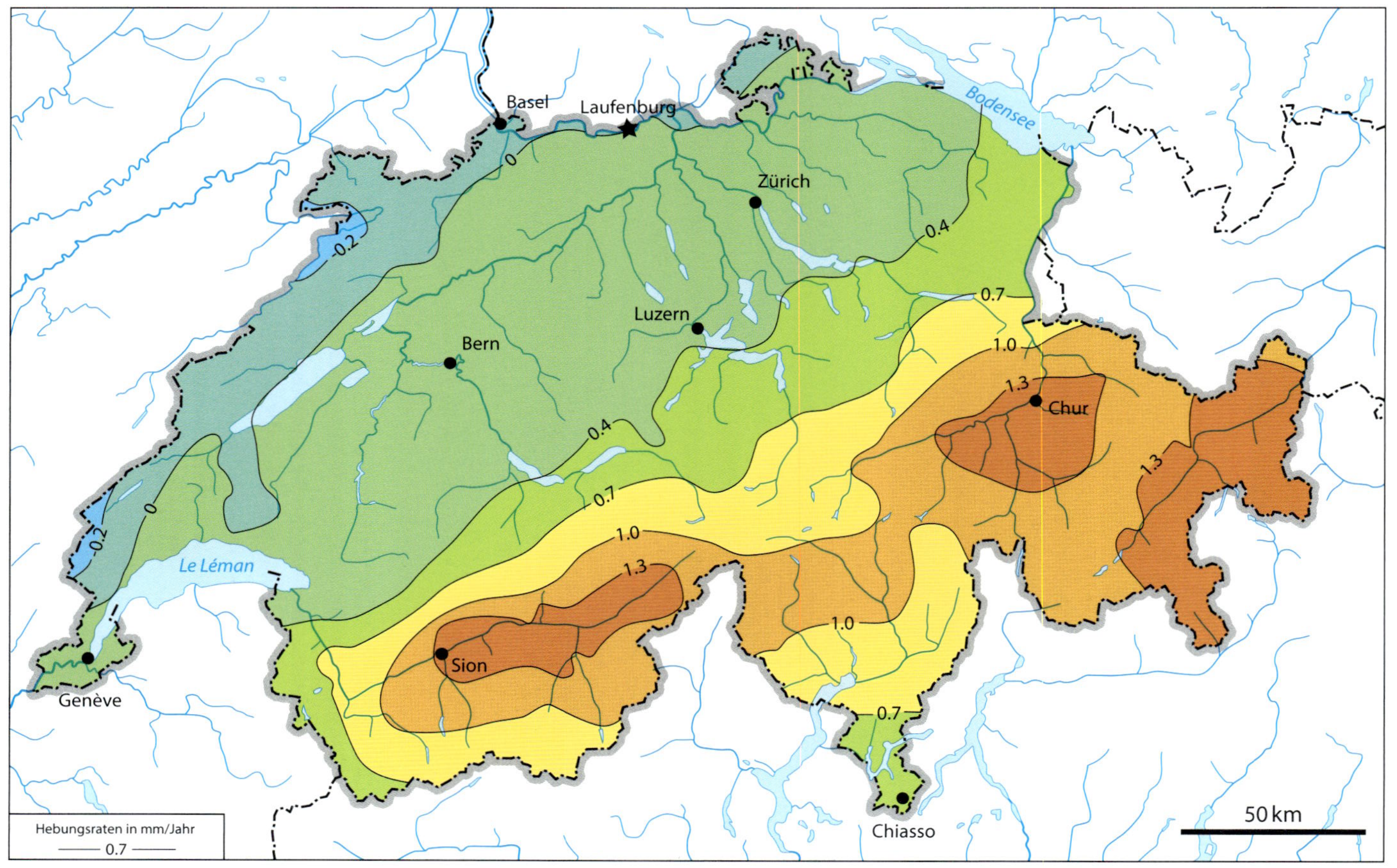
Basel
Laufenburg
Zürich
Bodensee
Luzern
Bern
Chur
Sion
Genève
Le Léman
Chiasso
50 km
Hebungsraten in mm/Jahr
0.7
-0.2
0
0.4
0.7
1.0
1.3

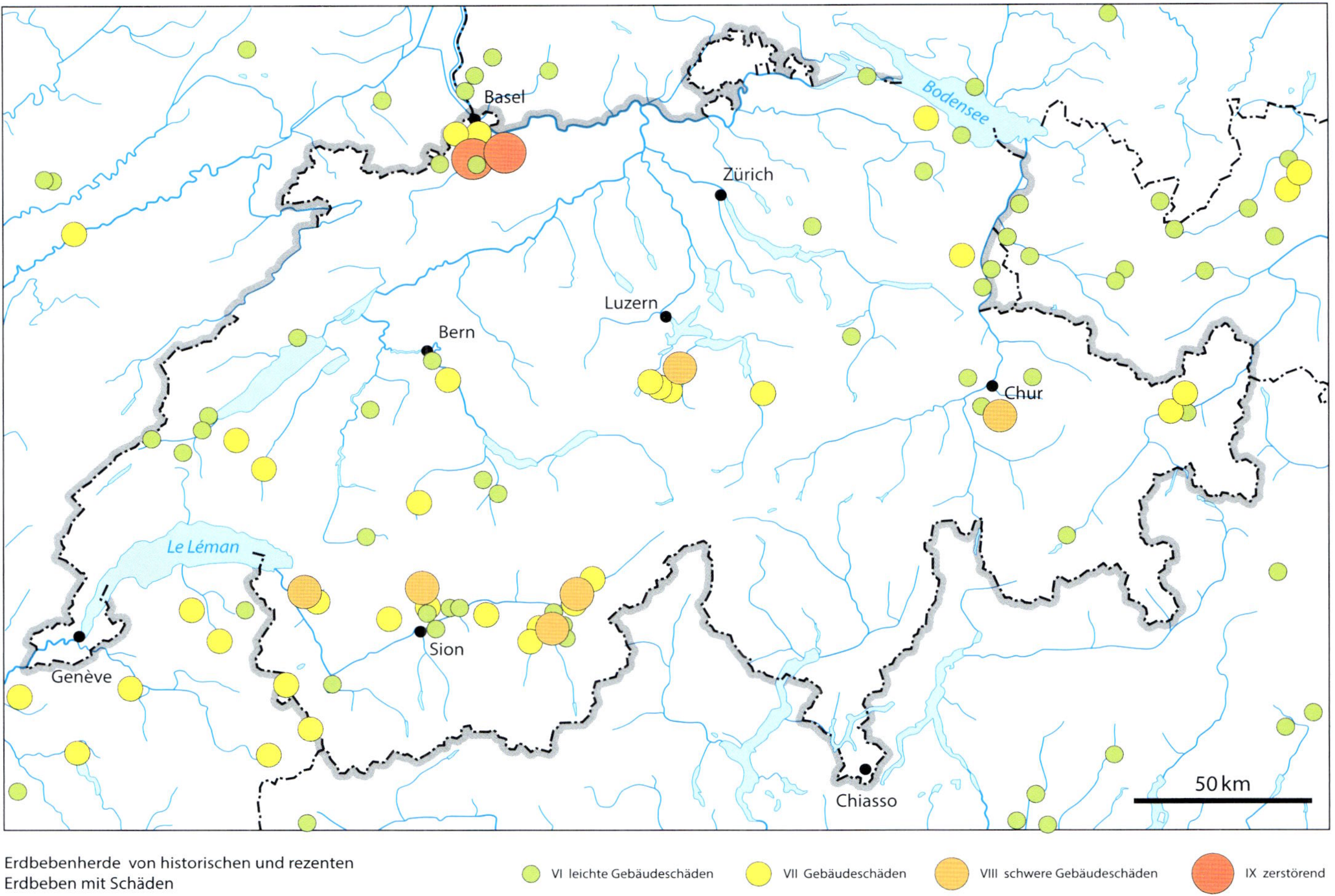

Erdbebenherde von historischen und rezenten Erdbeben mit Schäden

Seite 312:
Abb. 5-15 Karte der rezenten Hebungsraten in der Schweiz. Die Hebungsraten wurden mit Präzisionsnivellement bestimmt. Datenquelle © swisstopo.

Seite 313:
Abb. 5-16 Karte der Verteilung der Erdbebenherde mit Gebäudeschäden (Intensität VI–IX). Datenquelle © Schweiz. Erdbebendienst, ETH Zürich.

Nordbünden auch von Erdbeben mit schweren Gebäudeschäden heimgesucht wurden. Aber auch außerhalb dieser Gebiete sind beispielsweise in der Zentralschweiz Beben mit schweren Gebäudeschäden aufgetreten. Aber die größten Schäden, zerstörerisch mit Intensität IX, sind in Basel aufgetreten. Diese Erdbeben dürften mit der noch andauernden Aktivität des Rhein-Grabens zusammenhängen, welcher sich von Basel nach Norden erstreckt und durch das Auseinanderdriften von Schwarzwald und Vogesen entstand. Aufgrund von historischen Erdbeben und instrumentell gemessenen Erdbeben erstellte der Schweizerische Erdbebendienst eine Gefährdungskarte. Die höchste Gefährdung liegt für das Wallis vor, gefolgt von den Regionen Basel und Graubünden. Abgesehen von Basel widerspiegelt diese Karte die Verteilung der Hebungsraten ziemlich deutlich. Auffallend ist die relativ geringere Gefährdung für das Tessin und das Mittelland zwischen Bern und Zürich. Entsprechend sind in diesen Gebieten (noch) keine Erdbeben mit Schäden aufgetreten (vgl. Abb. 5-16).

Die Verteilung von Erdbebenherden und Hebungsraten sind kombiniert zu betrachten. Hierzu wurde ein Profilschnitt vom Schwarzwald (St. Blasien) in die Po-Ebene (Luino) konstruiert. Der Profilschnitt (Abb. 5-17) zeigt die nach Süden eintauchende Europäische Kruste und deren Kontakt zur Adriatischen Kruste. In den Alpen sind die aufgetürmten Krustenteile mit Kristallingesteinen und Sedimenten zu sehen. Zusätzlich wurden oberhalb der weißen Horizontlinie auch die bereits abgetragenen Decken hinzugefügt. Die eingezeichneten Erdbebenherde sind alle instrumentell bestimmt und nach Magnitude geordnet. Man erkennt sofort, dass im Mittelland die Erdbebenherde über die gesamte Kruste verteilt sind, während sie in den Alpen auf die oberen 15 km beschränkt bleiben.

Oberhalb des Profilschnitts sind die Hebungsraten dargestellt. Man sieht, dass die durch Präzisionsnivellement bestimmten Hebungsraten (CHTRF) gegen die Alpen hin zunehmen, in diesem Querschnitt durch die Zentralschweiz aber ein Maximum von lediglich 1 mm/Jahr aufweisen. Im Süden sind die in Italien aus Präzisionsnivellement bestimmten

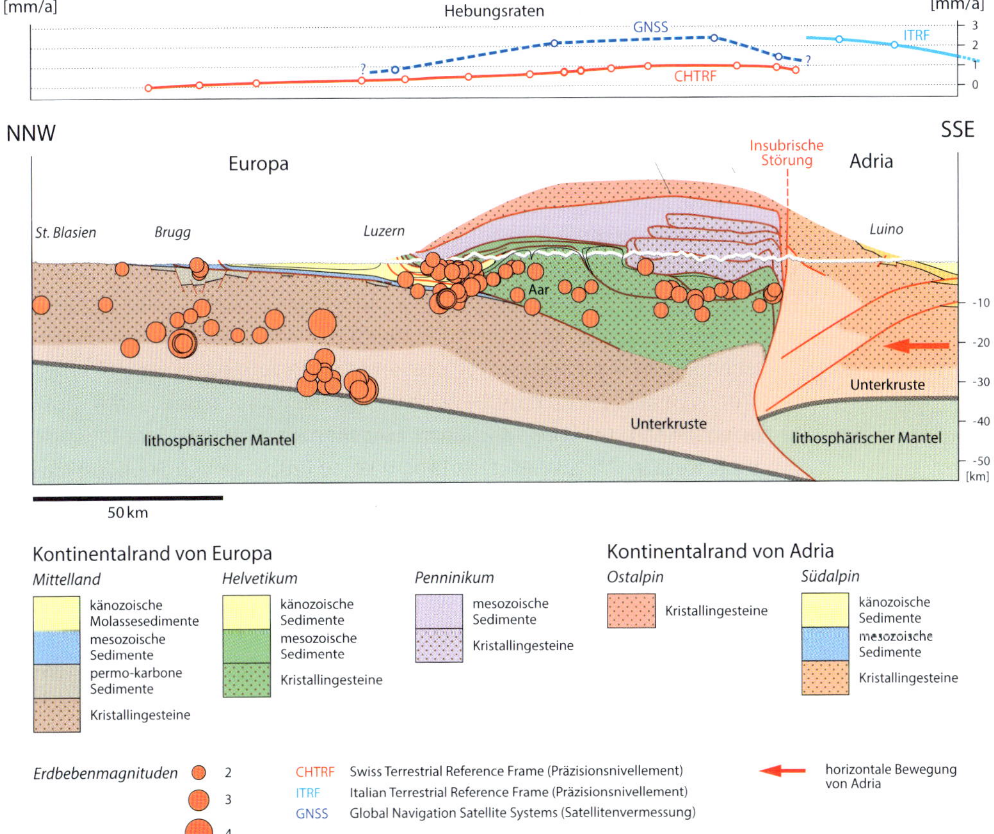

Abb. 5-17 Rezente Hebungen und Verteilung der Erdbebenherde im Profilschnitt Schwarzwald-Lägern-Luzern-Varese.

Daten (ITRF) eingetragen. Diese deuten an, dass die Hebungsraten von den Alpen Richtung Po-Ebene abnehmen. An der Kontaktstelle besteht aber ein frappanter Unterschied, welcher möglicherweise auf den anderen Referenzpunkt in Italien (Genua) und/oder die Messmethode zurückzuführen ist. Die satellitengestützten Messungen (GNSS) zeigen ebenfalls einen Anstieg vom Mittelland in die Alpen, sind aber systematisch höher. Auch hier mag der systematische Unterschied im Referenzpunkt begründet sein, welcher für die Satellitendaten weit nördlich der Schweiz liegt.

Was lässt sich nun aussagen aus diesen rezenten Bewegungen? In die jüngste Entwicklung der Alpen fällt die Aufschiebung des Aar-Massivs (grün in Abb. 5-17) auf die Kruste des Vorlandes (rotbraun in Abb. 5-17) sowie die Heraushebung oder Auffaltung dieses Krustenblocks. Es kann nun sein, dass diese Überschiebung noch nicht ausgeklungen ist und das Aar-Massiv sich noch weiter aufwärts und nordwärts bewegt. Mit einer Aufschiebung des Aar-Massivs muss auch im rückwärtigen Teil mit Bewegungen gerechnet werden, was die Erdbeben nördlich der Insubrischen Störung erklären würde. Das plötzliche Aussetzen von Erdbeben südlich dieser Störung ist aber nicht geologisch, sondern durch das Fehlen von Erdbebendaten bedingt. Schließlich sind auch südlich der Insubrischen Störung süd-gerichtete Überschiebungen jüngsten Alters vorhanden. Auch diese könnten die dortigen Hebungen verursachen.

Satellitendaten zeigen aber auch an, dass sich Adria relativ zu Europa um etwa 1–4 mm/Jahr nach Norden bewegt. Dadurch werden die Alpen zwar langsam, aber auch heute noch zusammengequetscht. Es darf daher spekuliert werden, dass die Alpen heute noch wachsen: an Überschiebungen im Norden und Süden wird der zentrale Teil der Alpen aufgeschoben und gehoben, also sozusagen herausgepresst. Die Erdbeben im zentralen Teil der Alpen bezeugen diese Deformation.

Abb. 5-18A Post-glazialer tektonischer Bruch in der Montagne de Fully, Blick Richtung NNE. Links oben der Col de Fenestral. Foto © A. Pfiffner.

Abb. 5-18B Post-glazialer tektonischer Bruch auf der Gemmi/Jägerboden, Blick Richtung SSE. Foto © A. Pfiffner.

Abb. 5-18C Post-glazialer tektonischer Bruch in der Val Bedretto/Alpe di Manió, Blick Richtung SW. Foto © A. Pfiffner.

A

5.4.3 Rezente Brüche

Bei Geländebegehungen kann man mancherorts lineare Versätze der Geländeoberfläche auf Bergflanken beobachten. Diese Versätze können mehrere Meter betragen und betreffen eine ganz junge, vom Gletscher geprägte Oberfläche. Ähnliche Beobachtungen in Erdbebengebieten lassen sich durch Brüche erklären, die von den Erdbeben aktiviert wurden. Für die beobachteten Brüche in der Schweiz ist diese Erklärung auszuschließen, da entsprechende Großbeben nicht nachgewiesen werden können. Eine sorgfältige Analyse der Brüche in den Alpen hat ergeben, dass zwei Prozesse zur Bruchbildung vorhanden sind: tektonische Brüche, bei denen die Gesteinsblöcke auf beiden Seiten des Bruches durch erdinnere Kräfte gegeneinander verschoben werden, und gravitative Bewegungen, bei welchen der Hang unter Einfluss der Schwerkraft tiefgründig abgleitet. Anhand einiger Fotos sollen Brüche dieser zwei Kategorien vorgestellt werden.

Die Brüche in Abb. 5-18 sind postglazial und tektonischer Natur. Im Beispiel von 5-18A quert der Bruch eine Hochfläche in der Montagne de Fully (VD). Der Bruch versetzt eine Landoberfläche, welche von großen Gesteinsblöcken übersät ist. Die Gesteinsblöcke waren schon vorhanden, als der Bruch angelegt wurde. Im Beispiel von 5-18B auf der Gemmi durchschlägt der Bruch ein mächtiges Paket von Quinten-Kalk. Im Vordergrund sieht man den Versatz der Landoberfläche (der Teil links ist gehoben). Hinter der Verflachung bilden die längs des Bruches zertrümmerten Gesteine eine Rinne. Die jüngste Bewegung an diesem Bruch versetzt eine Grundmoräne, ist also post-glazial. Das Beispiel 5-18C zeigt einen Bruch in der Val Bedetto, der eine Seitenmoräne versetzt. Der talseitig gehobene Block staut das Wasser in zahlreichen kleinen Tümpeln. Bei allen drei Beispielen bleibt der Versatz am Bruch über größere Distanz erhalten, was auf eine tiefgreifende Störung deutet.

Abb. 5-19 zeigt Phänomene, welche auf gravitatives Gleiten zurückzuführen sind. Die Fotos in 5-19A und 5-19B wurden im Gebiet von Andermatt (UR) aufgenommen. In beiden Fällen handelt es sich um relativ steile Bergflanken, in welchen Brüche parallel zur Talflanke verlaufen, die jeweils den talseitigen Block gehoben haben und welche nun Wasser zu Tümpeln stauen. Beide Seelein heißen Lutersee. 5-19A ist westlich von Andermatt unter dem Rossmettlengrat, 5-19B nordöstlich von Andermatt in der Flanke des Schijenstocks. Für beide ist typisch, dass sich der Versatz längs des Bruches sehr rasch vermindert. Dies bedeutet, dass diese Brüche nicht sehr tief gründen können, sondern nur oberflächliche Partien von circa 100 m erfassen. Durch das Herauskippen der Gesteinspakete zwischen den einzelnen Brüchen wird der talseitige Block gehoben, wodurch am Bruch ein sogenanntes Nackentälchen entsteht, in welchem sich das Wasser sammelt.

Abb. 5-19A Rezenter gravitativer Bruch am Lutersee westlich Andermatt (UR). Blick Richtung SW. Foto © A. Pfiffner.

Abb. 5-19B Rezenter gravitativer Bruch am Lutersee nordöstlich Andermatt (UR). Blick Richtung ENE. Foto © A. Pfiffner.

Abb. 5-19C Rezenter gravitativer Bruch am Cuolm da Vi oberhalb Sedrun/Camischolas (GR), Blick Richtung SE. Foto © M. Persaud.

Abb. 5-19D Rezenter gravitativer Bruch am Unghürstöckli (Schneehüenderstock) westlich der Fellilücke (UR). Blick Richtung W. Foto © A. Pfiffner.

Ein etwas anderes Phänomen liegt bei 5-19C auf dem Cuolm da Vi oberhalb Sedrun/Camischolas (GR) vor. Hier rutscht die oberste Schicht des gesamten Hangs nach Süden. Durch die Rutschbewegung wird der Hang zerrissen, sodass sich tiefe Spalten öffnen. Oben auf dem Cuolm da Vi bewegt sich der Hang mit 25 cm/Jahr, unten am Hangfuß mit 4 cm/Jahr. Ein nochmals anderes Phänomen lässt sich beispielsweise westlich der Fellilücke am Unghürstöckli beobachten (Abb. 5-19D). Der ganze Berg (auch unter dem Namen Schneehüenderstock bekannt) besteht aus vergneisten Graniten, in denen die Schieferung vertikal stehende Platten verursacht. Zuoberst am Grat kippen diese Platten unter ihrem Gewicht talwärts, wie dies die weißen Striche andeuten. Sie verschieben sich dabei wie Bücher in einem Regal, die man kippen lässt. Die Gneisplatten (bzw. Bücher) bewegen sich so zueinander, dass die obere jeweils von der unteren abgleitet. Links des Mastes auf dem Gipfel sieht man diese Versätze deutlich. Das Phänomen des Abgleitens mit Rotation wird in der Fachsprache als Hakenwurf bezeichnet.

5.5 Rezenter Abtrag der Alpen

Nebst dem bis heute andauernden Wachstum der Alpen ist auch deren Erosion nicht aufzuhalten. Wie schon in Kapitel 3.2 diskutiert, erfolgt der Abtrag durch fließendes Wasser, durch Massenbewegungen, durch die Wirkung von Gletschern und durch Lösung. Im Landschaftsbild zeigen sich von diesen Prozessen vor allem die Wirkung des fließenden Wassers und der Massenbewegungen. Bei den Gletschern manifestiert sich im Gelände momentan deren Abschmelzen vielmehr als ihre Wirkung im Abtrag. Auch die Lösungsprozesse beeinflussen die gegenwärtigen Landschaftsformen kaum, da sie langsam verlaufen und kleinmaßstäbliche Effekte haben. Aus diesen Gründen werden die glazialen Prozesse und die Lösungsprozesse an dieser Stelle nicht weiter behandelt.

5.5.1 Erosion durch fließendes Wasser

Die Erosion durch fließendes Wasser manifestiert sich besonders deutlich durch das Wachstum der großen Deltas der Alpenflüsse Rhone, Rhein und Ticino in den randalpinen Seen. Überschwemmungen und Murgänge nach heftigen Niederschlägen belegen, dass Erosion im Maßstab eines Menschenlebens unregelmäßig stattfinden, wobei wir Spitzenereignisse als Katastrophen erleben. Der Effekt solcher Spitzenereignisse ist in Abb. 5-20 illustriert. Die Engelberger Aa überschwemmte im Jahre 2007 das untere Engelbergertal bei Wolfenschiessen Dörfli (vgl. Foto 5-20A). Von ähnlichen Überschwemmungen wird das Reusstal bei Altdorf fast regelmäßig heimgesucht. Solche Hochwasser waren vor dem Bau der Staudämme in den Alpen noch viel häufiger. Das Foto in Abb. 5-20B zeigt das von Murgängen heimgesuchte Urserental. Die Rüfen gingen 1987 von beiden Talflanken nieder und verursachten große Schäden in der Landwirtschaft. Die fächerartige Form der Ausläufe der Murgänge gegen den Talboden hin bezeugen, dass hier immer wieder Murgänge niedergingen.
Jahr für Jahr transportieren die Flüsse gewaltige Mengen von Sediment in die großen Seen, in welchen dieses im Mündungsdelta abgesetzt wird. Die Deltas wachsen dabei in den See hinaus und schütten diesen langsam zu. Abb. 5-21 zeigt das Maggiadelta im Lago Maggiore, ein Paradebeispiel, das zeigt, wie das Delta in den See hinaus wächst. Pro Jahr führt die Maggia dem Delta rund 274 000 m^3 Sediment zu. Verteilt man dieses Volumen auf das Einzugsgebiet der Maggia von rund 930 km^2, ergibt dies einen durchschnittlichen Abtrag von 0.3 mm/Jahr. Diese Rate ist nur eine Größenordnung, da der Abtrag enormen lokalen und zeitlichen Schwankungen unterworfen ist.

A

B
Realp

Abb. 5-20A Überschwemmung durch die Engelberger Aa bei Wolfenschiessen Dörfli (NW). Blick Richtung Nord. Foto © VBS.

Abb. 5-20B Murgänge im Urserental. Im Vordergrund Realp. Blick Richtung NW. Foto © VBS.

Abb. 5-21 Das Maggiadelta bei Locarno (TI) mit Blickrichtung NW. Foto © VBS. Ascona (links im Bild) und Locarno (rechts im Bild) sind auf dem Delta gebaut, welches in den See hinaus wächst.

Die Deltas der Rhone in den Léman und des Rheins in den Bodensee sind in Abb. 5-22 abgebildet. In 5-22A sieht man die Mündung des Rheins bei Hard in die Fussacher Bucht. Sie existiert erst seit dem Fussacher Durchstich im Jahre 1900, welcher die Länge des Flusses verkürzte und dadurch den Geschiebetransport erhöhte und gleichzeitig die Überschwemmungsgefahr verringerte. Weitere Binnenkanäle und Dämme weiter flussaufwärts im St.-Galler-Rheintal trugen ebenfalls zur Bändigung des Rheins bei. Der früher versumpfte Talboden wurde dabei durch die Flusskorrekturen trockengelegt. Heute führt der Rhein etwa 3 360 000 m^3 Sediment in den Bodensee. Verteilt man dieses Volumen auf das Einzugsgebiet von 9326 km^2, so erhält man eine mittlere Abtragrate von 0.36 mm/Jahr, also gleich viel wie für die Maggia und mit derselben Einschränkung bezüglich der Schwankungen. In dieser Abtragrate ist jenes Gesteinsvolumen, das durch Kalklösung in den Bodensee gelangt, nicht inbegriffen.
Auch die Rhone war an mehreren Stellen zwischen Brig und der Mündung in den Léman versumpft und wurde deshalb durch zahlreiche Flusskorrekturen korrigiert. Bei der 1. Rhonekorrektur wurde 1863–1884 der Verlauf des Flusses mit zwei Dämmen fixiert. Um den Geschiebetransport zu gewährleisten, wurden Buhnen angelegt; das sind kurze Querdämme, die von den Dämmen aus in Richtung Flussmitte gingen und so für einen großen Abfluss in der Flussmitte sorgten. In der Folge entstanden durch Zuflüsse von der Seite her durchnässte Zonen außerhalb der Dämme. Dieses Wasser musst dann mit zusätzlichen Kanälen abgeführt werden. In der 2. Rhonekorrektur von 1930–1960 wurden die alten Dämme verbreitert und erhöht. Trotzdem wurde durch den unvollständigen Geschiebetransport die Sohle des Flussbettes erhöht, sodass die Rhone bei Hochwasser überfloss. Durch den Kiesabbau im Fluss wurde ab etwa 1950 versucht, die Sohlenerhöhung zu verhindern. Im Bereiche des heutigen Rhonedeltas ist der Kanal St. Triphon - Noville zu erwähnen, welcher östlich der Rhone verläuft und in der 1. Rhonekorrektur angelegt wurde. Durch die Verdämmung und Begradigung der Rhone und ihrer Zuflüsse wurde der Talboden sukzessive trockengelegt und für die Landwirtschaft nutzbar gemacht. Die Rhone führt heute pro Jahr 2 965 000 m^3 Sediment in den See. Verteilt man dieses Volumen auf das Einzugsgebiet von 10 427 km^2, so ergibt sich eine Abtragrate von 0.28 mm/Jahr, vergleichbar mit jener des Rheins und der Maggia.
Interessant ist in diesem Zusammenhang ein Tsunami, der im Jahre 563 große Zerstörungen rund um den Léman verursachte. Selbst in der römisch/burgundischen Siedlung, die an der Stelle der heutigen Stadt Genève steht, überflutete der Tsunami die Stadtmauern. Ausgelöst wurde der Tsunami durch einen Bergsturz, welcher höchstwahrscheinlich

A

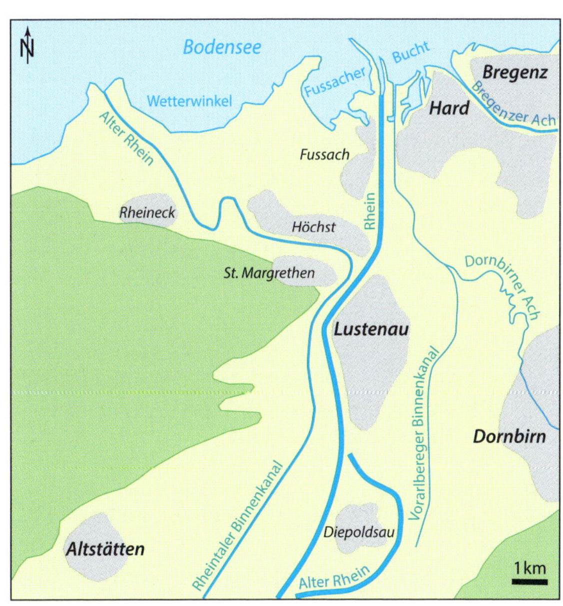

Abb. 5-22A Das Rheindelta mit Blickrichtung SE. Foto © marcelkl. Das Kärtchen zeigt den Verlauf des alten Rheins und des heutigen Rheins samt den diversen Entwässerungskanälen, die bei der Korrektur von 1900 gebaut wurden.

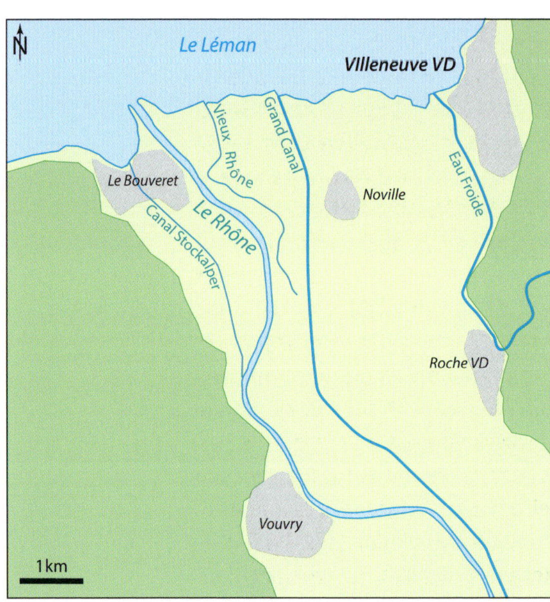

Abb. 5-22B Das Rhonedelta mit Blickrichtung SW. Foto © www.artenschutz.ch/biotope/LesGrangettes/grangettes_2. Das Kärtchen zeigt den Verlauf der alten und der heutigen Rhone samt den Entwässerungskanälen, die bei den Korrekturen von 1863–1884 und 1930–1960 gebaut wurden.

vom Grammont, dem Berg westlich des Rhonedeltas, auf den Mündungsbereich bei Les Evouettes (VS) niederging (vgl. Abb. 5-22B).
Wachsen nun die Alpen oder werden sie abgetragen? Alle drei Beispiele, Maggia-, Rhein- und Rhonedelta liefern eine durchschnittliche Abtragrate von ca. 0.3 mm/Jahr. Detailliertere Untersuchungen an einzelnen Zuflüssen im Alpeninneren zeigen, dass im Zentrum der Alpen die Raten höher sind (rund 1 mm/Jahr), während sie im randlichen Bereich deutlich niedriger sind (rund 0.1 mm/Jahr). Dies hängt mit der Gesteinsbeschaffenheit des Untergrundes und der Höhenlage zusammen. Insgesamt gesehen ist aber das regionale Muster der Abtragraten sehr ähnlich jenem der Hebungsraten (Abb. 5-15), und auch die Werte sind fast identisch. Somit muss man annehmen, dass sich zum heutigen Zeitpunkt Hebung und Abtrag die Waage halten. Es ist hingegen davon auszugehen, dass die Vergletscherungen, während derer andere Abtragmechanismen herrschten, dieses Gleichgewicht kurzzeitig störten.

5.5.2 Erosion durch Hangrutschungen und Bergstürze

Hangrutschungen und Bergstürze werden auch als Massenbewegungen bezeichnet. Beide Prozesse erniedrigen die Bergflanken und unter Umständen auch die Bergrücken, und tragen so zum Abtrag des Gebirges bei. Im Falle von Hangrutschungen sind die Bewegungen langsam. Die Geschwindigkeiten können aber zeitlichen Schwankungen unterworfen sein. Aktive Hangrutsche, welche von den Bewohnern des Gebietes wahrgenommen werden, bewegen sich mit 10 cm und mehr pro Jahr. In Abschnitt 3.2.2 sind bereits die Rutschungen am Heinzenberg (Abb. 3-17A–C) und bei Brienz/Brinzauls (Abb. 3-17D) erwähnt, und in Abschnitt 5.4.3 die gravitativen Bewegungen bei Andermatt und am Cuolm da Vi (Abb. 5-19). Weitere prominente instabile Hänge sind im Lugnez (GR) sowie bei Falli Hölli (FR) vorhanden.
Im Lugnez ist ein Gesteinsvolumen von 3.8 km^3 an der Rutschung beteiligt. Der Hang bewegt sich mit bis zu 30 cm/Jahr hangabwärts. Das Foto in Abb. 5-23A gibt einen Eindruck über die Ausdehnung und die heutigen Geschwindigkeiten der Hangrutschung. Ein Abrissrand verläuft oben längs des Grates Piz Mundaun - Piz Sezner. Ein weiterer Abrissrand verläuft etwa in der Mitte des Hanges. Der Hang im Vordergrund, auf welchem das Dorf Lumbrein steht, ist stabil. Aber weiter hinten ist der ganze Hang in Bewegung. Ab Beginn der Messungen im Jahre 1887 bis ins Jahr 1989 bewegte sich beispielsweise das Dorf Peiden horizontal gemessen um knapp 20 m und senkte sich dabei um 4 m. Auf dem Foto von Abb. 5-23A sind die heutigen Geschwindigkeiten der Bewegung als Pfeile dargestellt. Die höchsten Geschwindigkeiten von etwa 30 cm/Jahr sind

unten im Hang, bei Peiden zu messen. Im oberen Teil der Sackung, wie etwa bei Morissen, sind die Geschwindigkeiten langsamer (5 cm/Jahr). Der Profilschnitt in Abb. 5-23A verdeutlicht, dass nur die obersten 100–200 m des Hanges in Bewegung sind. Der Felsuntergrund besteht hier aus metamorphen Kalkschiefern und Tonsteinen. Die Schichten fallen parallel zum Hang ein. Die Schicht aus wasserundurchlässigen Tonsteinen staut das von oben eindringende Regenwasser, wodurch das Gestein aufgeweicht wird. Als Folge gerät das darüberliegende Gesteinspaket aus Kalkschiefern unter seinem Eigengewicht ins Rutschen. Obschon durch das Rutschen Wülste im Gelände auftreten, bewegen sich die Gebäude passiv hangabwärts, ohne dabei gekippt zu werden. Es konnte eindeutig der Nachweis erbracht werden, dass Regenfälle, welche die Rutschmasse durchnässen, die Sackungsgeschwindigkeiten erhöhen.

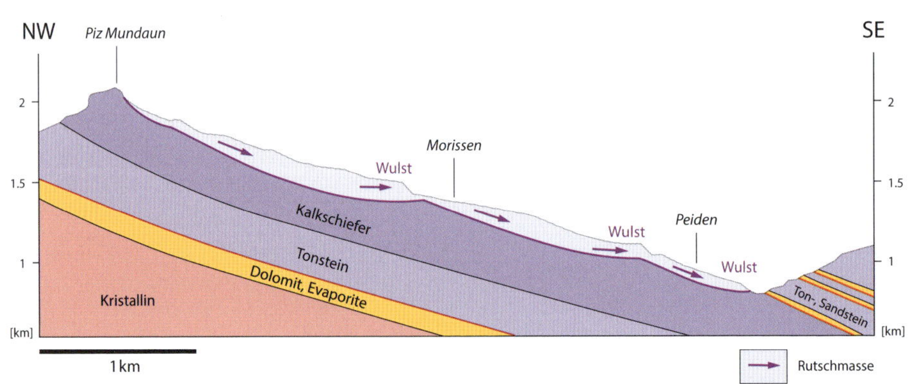

Abb. 5-23B Die Rutschung von Falli Hölli (FR) südlich Plasselb mit Blickrichtung Ost. Die Rutschung ging 1994 in den Flyschgesteinen vom Schwyberg ab. Foto © H. Raetzo, BAFU.

Abb. 5-23A Die Sackung im Lugnez (GR). Das Foto gibt einen Überblick auf die Sackung samt Abrissnischen und die heutigen gemessenen Geschwindigkeiten der Bewegung. Die Länge der Pfeile entspricht der lokalen Geschwindigkeit. Im Profilschnitt sieht man das Einfallen der Schichten sowie die ungefähre Mächtigkeit der Sackungsmasse. Blickrichtung hangaufwärts nach Osten. Foto © Com_FC35-0002-083.

Aus diesem Grunde wurde der Hang mit einem Drainagesystem versehen, mit dem Erfolg, dass die Geschwindigkeiten an Stellen mit hohen Werten auf einen unbedenklichen Wert von etwa 10 cm/Jahr reduziert werden konnten.

Ganz anders sieht es bei der Rutschung Falli Hölli (FR) aus, bei welcher im Jahre 1994 eine ganze Siedlung zerstört wurde. Auch hier besteht der Felsuntergrund aus Sandsteinen und Tonsteinen. Der Hang geriet im Mai 1994 nach intensiven Niederschlägen im Frühjahr ins Rutschen, nachdem er längere Zeit scheinbar stabil war. Die letzte große Rutschung kann auf das Jahr 1612 datiert werden. Hingegen deuten Satellitenaufnahmen darauf hin, dass der Rutsch von 1994 schon ab 1988 in Gang gesetzt wurde. Das Foto in Abb. 5-23B zeigt das Ausmaß der Zerstörungen und Veränderungen im Gelände. Das Gesamtvolumen der Rutschmasse wird auf 0.003 km³ geschätzt. Obschon dieses Volumen im Vergleich zur Sackung im Lugnez klein ist, waren die Schäden im bewohnten Gebiet gravierender. Die Rutschmasse bewegte sich viel schneller, zeitweise mit bis 6 m/Tag; wobei die Gebäude dabei gekippt und teilweise zerdrückt wurden. Die Siedlung wurde insgesamt um etwa 200 m hangabwärts versetzt und musste schließlich aufgegeben werden. Die Bewegungen dauern heute noch an, sind aber langsamer. Das Beispiel Falli Hölli illustriert, wie die Prozesse der Erosion im Maßstab eines Menschenalters diskontinuierlich verlaufen.

Wenn im Zusammenhang mit den Flussdeltas und der Sackung von Falli Hölli auf die Schwankungen der Erosionsraten hingewiesen wurde, so gilt dies erst recht bei den Bergstürzen, welche lokale und singuläre Ereignisse darstellen. Im Folgenden werden die wichtigsten Bergstürze in der Schweiz in chronologischer Reihenfolge diskutiert. Die Bergstürze von Tamins und Flims werden gemeinsam behandelt, da hier für die Landschaftsgestaltung eine enge Interaktion stattfand. Der Flimser Bergsturz ist zugleich das größte Einzelereignis in den Alpen, mit einem Volumen von ca. 11 km³. Die Karte in Abb. 5-24A zeigt die relative Lage der Bergstürze, die Abrisskanten und die Sturzbahnen. Der Taminser Bergsturz ging von der Felsnische des Säsagit beim Kunkelspass nieder und querte das Tal bei Reichenau. Ein Teil der Trümmermasse floss dabei Richtung Hinterrhein. Hinter dem Bergsturzriegel staute sich das Wasser des Hinter- und Vorderrheins zu einem See, dem Bonaduzer See. Dieser wurde bald einmal wenigstens teilweise mit Geschiebe aufgefüllt. Der etwas jüngere Flimser Bergsturz ging vom Flimserstein nieder und breitete sich im Vorderrheintal fächerartig sowohl nach Westen in Richtung Ilanz/Glion, nach Süden ins Safiental sowie auch nach Osten Richtung Reichenau aus. Durch die Wucht des Aufpralls wurden die Sande und Kiese unter dem Bonaduzer Sees zu einem Brei verflüssigt. Dieser Brei erleichterte die Verfrachtung der Trümmermasse und mobilisierte sogar

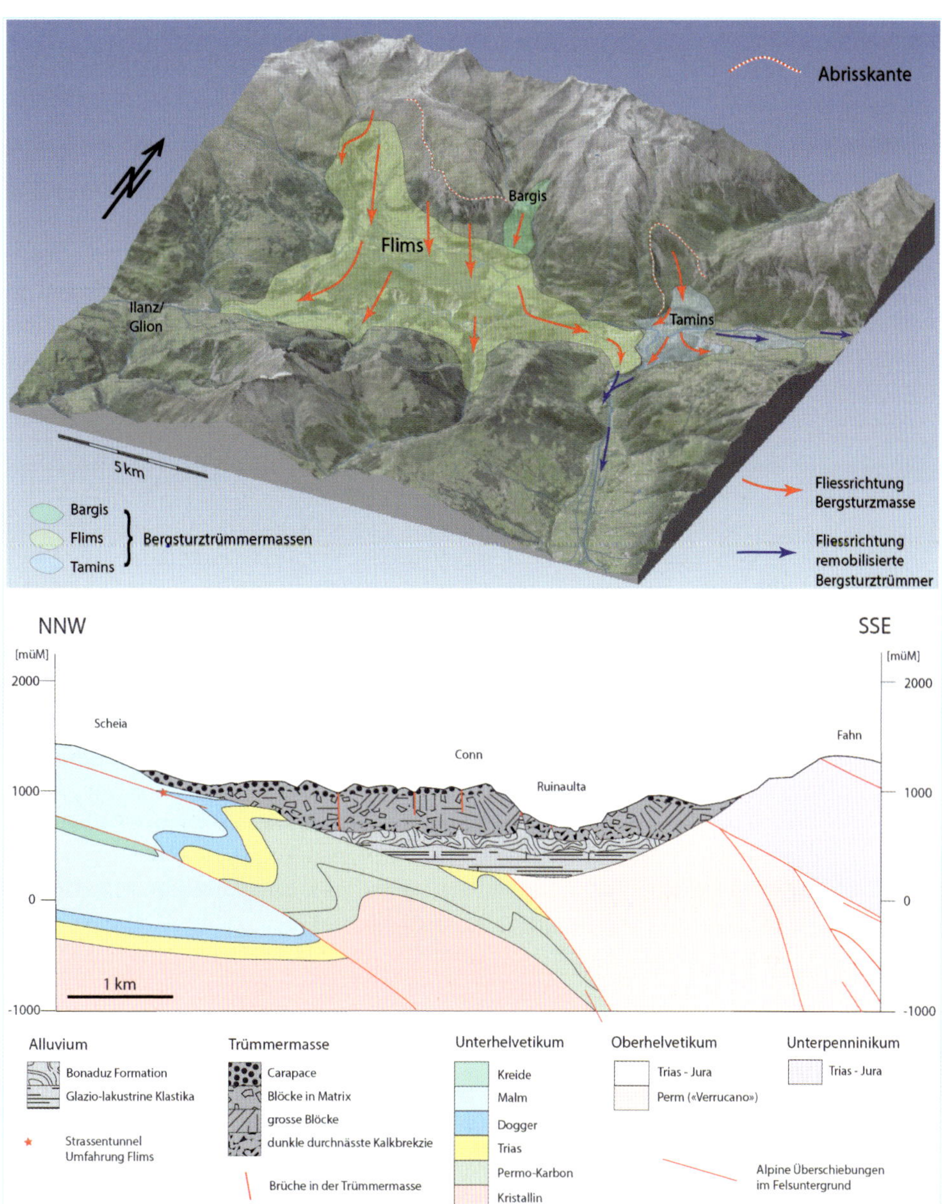

Abb. 5-24A Blockdiagramm und Profil der Bergstürze von Tamins, Flims und Bargis (GR). Blockdiagramm und Profil der Bergstürze von Tamins, Flims und Bargis (GR). Unten ein Profilschnitt durch den Flimser Bergsturz von Scheia nach Fahn.

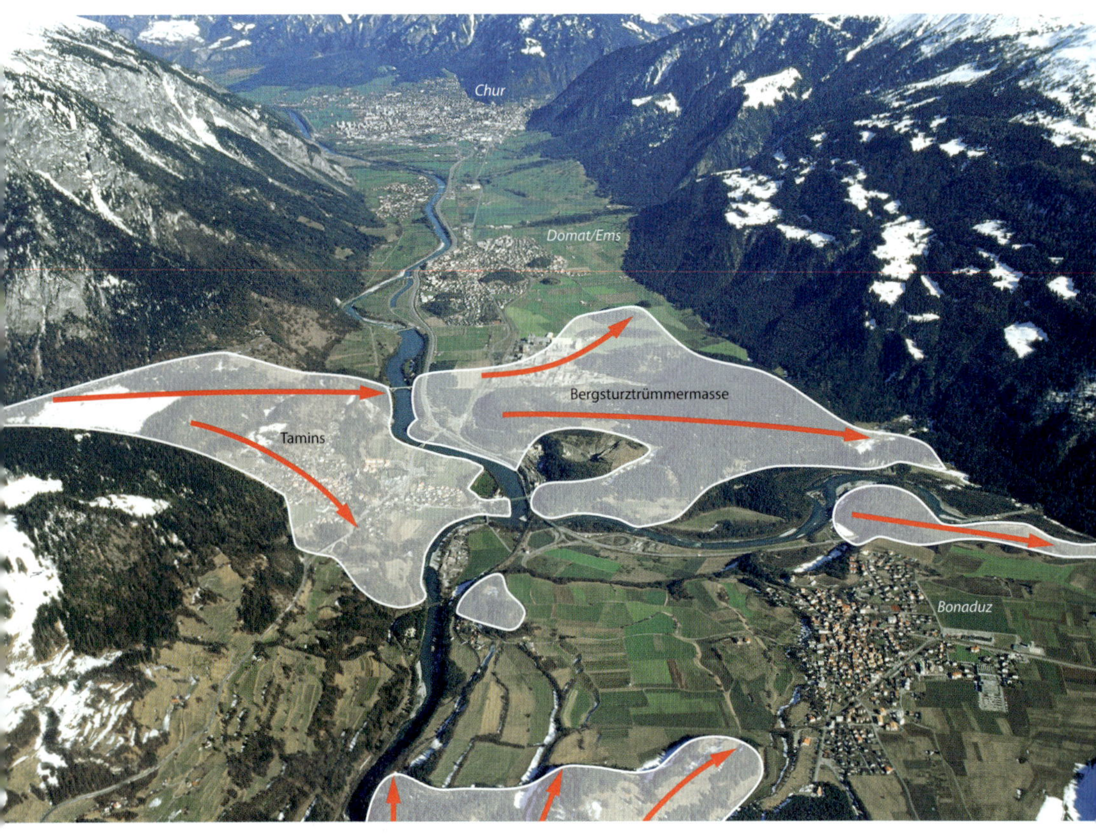

Abb. 5-24B Foto des Riegels des Taminser Bergsturzes bei Reichenau (GR). Blickrichtung ENE. Foto © Schweizer Luftwaffe.

Teile des älteren Taminser Bergsturzes, welche weit flussaufwärts ins Tal des Hinterrheins gelangten. Heute liegen Reste dieses Breis vor und werden als Bonaduz-Formation bezeichnet. Es handelt sich dabei um völlig ungeschichtete Kiese. Jedenfalls staute die Trümmermasse des Flimser Bergsturzes den Vorderrhein zum Ilanzer See. Nachdem dieser voll war und überlief, ereigneten sich Ausbrüche von Wasser, welche Schlamm, Kies und Bergsturztrümmer mitrissen. Spuren dieser Ausbrüche lassen sich im Rheintal bis hinunter in den Bodensee nachweisen. Ein kleiner Nachsturz ereignete sich bei Bargis. Dessen Trümmerstrom erreichte jenen des Flimser Bergsturzes aber nur knapp.

Im Profilschnitt in Abb. 5-24A wird die Unterkante der Trümmermasse des Flimser Bergsturzes auf etwa 500 m ü. M angenommen. Der Felsuntergrund liegt aber noch tiefer, da auch das Vorderrheintal glazial übertieft wurde (vgl. Abb. 5-11). Es ist davon auszugehen, dass der Bonaduzersee ins Vorderrheintal hineinreichte und somit unter der Bergsturztrümmermasse Bonaduz-Formation anzutreffen sind. Alle drei Bergstürze, Tamins, Flims und Bargis, lösten sich aus den Gesteinen des Helvetikums, weshalb die Trümmermassen aus sehr ähnlichen Gesteinen bestehen: Es dominiert zertrümmerter Quinten-Kalk.

Die Trümmermasse des Taminser Bergsturzes quert das Rheintal bei Reichenau, wie im Foto von Abb. 5-24B ersichtlich. Am unteren Bildrand ist die Front des Trümmerstroms des Flimser Bergsturzes zu erkennen. Die Ebene, auf der das Dorf Bonaduz liegt, stellt die Oberfläche der Bonaduz-Formation dar. Im Foto von Abb. 5-24C sieht man, dass die Bonaduz-Formation gegen Reichenau hin eine Terrassenkante aufweist, welche beweist, dass sich der Hinterrhein später in diese Formation eingefressen hat.

Das Foto in Abb. 5-24D zeigt den Flimser Bergsturz im Gelände. Gut sichtbar ist die hohe Felswand mit der Abrisskante am Flimserstein. Die weißen Pfeile verdeutlichen die divergierenden Fließrichtungen des Trümmerstroms. Aus überfahrenen Baumstämmen und dem Alter der ältesten Sedimente in den Seen auf der Trümmermasse lässt sich schließen, dass der Bergsturz vor rund 9400 Jahren niederging. Die

Abb. 5-24C Blick vom Kunkelspass nach Süden auf die Ebene von Bonaduz und Rhäzüns. Foto © A. Pfiffner.

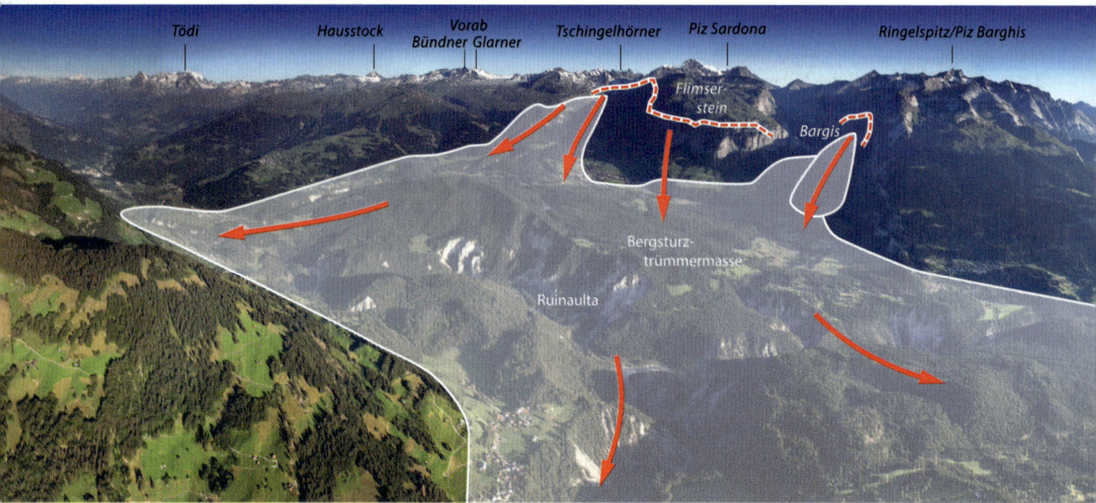

Abb. 5-24D Übersichtsfoto des Flimser Bergsturzes. Deutlich ist die unregelmäßige, von Kuppen und Mulden geprägte Topografie zu erkennen. Foto © IG Tektonikarena Sardona/Ruedi Homberger.

Schlucht der Ruinaulta wurde vom Vorderrhein im Verlauf der Entleerung des Ilanzer Sees eingetieft.

Eine interessante Frage betrifft den Verlauf von Hinterrhein, Vorderrhein und Rhein durch die Trümmermassen der Bergstürze sowie die Entstehung der Tumas im Talgrund von Domat/Ems-Chur. Heute fliesst der Rhein durch eine Bresche im Trümmerstrom des Taminser Bergsturzes wie in Abb. 5-24E ersichtlich. Die Bresche entstand durch den Durchbruch der vom Flimser Bergsturz ausgepressten Bonaduz-Formation in Richtung Chur. Flussabwärts liegen in der Talsohle verstreute Tumas, das sind Hügel die aus Bergsturzmaterial (hauptsächlich Quinten-Kalk) und lokal aus verschwemmten Sedimenten der Bonaduz-Formation bestehen. Die Trümmermassen der Tumas weisen, wie Bohrungen belegen, einen geringen Tiefgang auf. Woher stammen also diese Bergsturztrümmer? Die hohen Felswände aus Quinten-Kalk des Calanda auf der linken Seite des Rheins hätten zwar die richtige Gesteinszusammensetzung. Und im Wald unter den Felswänden ist zwar Blockschutt vorhanden, der auf einen Felssturz deutet, aber es

Abb. 5-24E Blick nach Osten auf den Durchbruch durch den Taminser Bergsturz bei Reichenau und die Tumas von Domat/Ems. Foto © VBS.

fehlen Anzeichen für einen eigentlichen Bergsturz. Damit ist es wahrscheinlich, dass diese Tumas bei der Bildung der Bresche anlässlich des Durchbruches des vom Flimser Bergsturz ausgepressten Gesteinsbreis durch den Taminser Bergsturzriegels (vgl. Abb. 5-24E) weggeschwemmt und weiter talabwärts transportiert worden sind, dass sie also der ehemaligen Füllung der Bresche von Reichenau entsprechen. Zu erwähnen ist die Zusammensetzung der Tuma Castè, welche zur Hälfte aus Lehm (d. h. Seesedimenten) und zur Hälfte aus zertrümmertem Quinten-Kalk besteht; ebenso bestand die im Zusammenhang mit dem Nationalstraßenbau abgetragene Tuma Simanle aus Kies der Bonaduz-Formation und Kalktrümmern. Diese Zusammensetzungen passen gut in ein Bild der Vermengung von Seeablagerungen und Bergsturztrümmern, wie sie bei Reichenau vorliegen. Die oberste Lage des Talbodens bei Domat/Ems ist längs des Rheins aufgeschlossen und besteht aus einer Blocklage ähnlich jener, die im Ausbruchbereich des Ilanzer Sees in der Ruinaulta

Abb. 5-24F Blick nach Osten in die Ruinaulta. Der mäandrierende Vorderrhein weitet die Schlaufen nach außen aus und verursacht dadurch nackte Felswände. Foto © IG Tektonikarena Sardona/Ruedi Homberger.

vorkommt. Möglicherweise hat die Flutwelle des Flimser Bergsturzes die Bresche geschlagen und die Ausbrüche des Ilanzer Sees haben dem Durchbruch den letzten Schliff gegeben und den Talboden mit Kies und Blockschutt ausgeebnet.

Spektakulär ist der Einschnitt des Vorderrheins in der Ruinaulta (vgl. Abb. 5-24F). Der Fluss schlängelt sich hier durch den Trümmerstrom, in welchen er sich in etwa 9400 Jahren stufenweise um mindestens 200 Meter eingetieft hat. Der mäandrierende (schlängelnde) Verlauf des Vorderrheins führt dazu, dass auf der Außenseite der Krümmungen (dem Prallhang) die Vegetation nicht Fuß fassen kann, weil der immer noch andauernde Abtrag auf dem steilen Hang keine Bodenbildung erlaubt. Umgekehrt sind auf der Innenseite der Krümmungen (dem Gleithang) Sand- und Kiesterrassen vorhanden, welche der Fluss bei der Verlagerung nach außen zurückgelassen hat.

Abb. 5-25 Der Bergsturz von Kandersteg (BE). Blickrichtung Nord. Die Bergsturztrümmermasse verläuft quer durchs Tal. Foto © A. Pfiffner.

Ein größerer Bergsturz ist auch der Bergsturz von Kandersteg (BE). Er ist etwa 3200 Jahre alt, also bedeutend jünger als der Flimser Bergsturz, erfolgte aber in mindestens zwei Phasen. Ein erster Bergsturz fuhr von der Bire (nordöstlich Kandersteg) ins Tal und blockierte in der Folge die Kander. Das Foto in Abb. 5-25 zeigt den Bergsturzriegel. Die aufgestaute Kander bildete kurzzeitig einen See, welcher die Trümmermasse durchtränkte und zur Auslösung eines gewaltigen Murgangs führte, welcher talaus floss und bis nach Frutigen reichte. Ein zweiter, viel jüngerer Bergsturz vom Doldenstock (südöstlich Kandersteg) staute den Öschinensee. Im Foto von Abb. 5-25 wird die Trümmermasse des bewaldeten Rückens dem ersten Bergsturz zugeordnet. Das Gesamtvolumen des Bergsturzes wird auf 0.9 km^2 geschätzt, seine Fahrbahn ist ca. 13 km lang; der Höhenunterschied der Sturzbahn beträgt 2000 m.
Der Bergsturz von Elm (GL) im Jahre 1881 wurde vom Menschen hervorgerufen. Der Abbau von Schieferplatten über dem Dorf am Plattenbergkopf mittels Stollen hatte den Berg destabilisiert (der Plattenbergkopf ist auch als Tschingelkopf bekannt). Der Abbau der Schieferplatten erfolgte ohne Stützpfeiler in einem 180 m breiten und 20 m tiefen Hohlraum. Regenfälle trugen dazu bei, dass der überhängende Berg instabil wurde. Hirten warnten, dass sich oberhalb des Abbauhohlraums Risse verbreiterten. Am 11. Sept. 1881 brachen zuerst um 17:15 Uhr und dann um 17:32 Uhr zwei Teile des Plattenbergkopfes ab und verschütteten Teile des Dorfes. Um 17:36 Uhr kollabierte der Berg schließlich und krachte zu Tal. Der Bergsturz prallte am Gegenhang auf und stieg dort 200 m hoch. Augenzeugen berichten, dass vor der Ankunft der Trümmermasse die Dächer wegflogen und die Häuser durch den Luftdruck zerquetscht wurden. Die Lithografie in Abb. 5-26 deutet die Zerstörung der Häuser durch den Luftdruck außerhalb der Sturzmasse an. 115 Menschen fielen dem Bergsturz zum Opfer. Das Volumen der Trümmermasse wird auf 0.1 km^3 geschätzt.

Abb. 5-26 Der Bergsturz von Elm nach einer Lithographie von J. J. Hofer. Quelle © www.glarnerland.ch.

Abb. 5-27 Rezenter Bergsturz von Randa. Foto Wandervogel © CC BY-SA 3.0.

Brunegghorn

Randa

A

B

C

Weitere geschichtlich überlieferte Bergstürze, die früher diskutiert wurden, sind der Bergsturz von Les Evouettes anno 526 auf das Rhonedelta (Abb. 5-22B), der Bergsturz von Goldau anno 1806 (Abb. 4-8A), welcher sich auch durch Risse angekündigt hatte, sowie der fast unscheinbare Bergsturz am Tödi anno 1965 (vgl. Abb. 3-18B). Bei Randa (VS) stürzten am 18. April 1991 0.15 km^3 Gestein zu Tal. Die Ursache des Bergsturzes dürfte in den großen Temperaturschwankungen und im Wasserdruck zu suchen sein. Temperaturschwankungen zerrütteten das Gestein, und eine kurzzeitige Erhöhung des Bergwasserdruckes wirkte als finaler Auslöser. Am 21. April und 9. Mai folgten weitere Abstürze von derselben Stelle und erhöhten das Gesamtvolumen der Trümmermasse auf 0.33 km^3. Das Foto in Abb. 5-27 gibt einen Eindruck über die exponierte Abbruchstelle und die Anhäufung des Blockmaterials am Fuße des steilen Berghangs.

Im August und September 2017 stürzten mehrfach größere Felspartien aus der Nordflanke des Pizzo Cengalo zu Tal. Der größte Absturz am 23. August hatte ein Volumen von 0.1 km^3. Beim Aufprall der Sturzmassen auf den Gletscher und die wasserhaltigen Lockergesteine wurden Murgänge ausgelöst, welche sich durch die Val Bondasca in Richtung des Dorfes Bondo (GR) bewegten. Acht Wanderer wurden dabei verschüttet; im Dorf Bondo wurden Gebäude zerstört. Die Abbrüche am Pizzo Cengalo waren erwartet worden; die Bewegungen am Pizzo Cengalo wurden laufend vermessen. In den Abb. 5-28A–C sind die Abbruchstelle der Bergstürze, die Aufprallstelle, an welcher die Murgänge ausgelöst wurden, sowie ein Eindruck über die Zerstörungen der Murgänge in Bondo im Bild festgehalten.

Abb. 5-28A Abbruchstelle des Bergsturzes am Pizzo Cengalo. Foto © keystone/Giancarlo Cattaneo.

Abb. 5-28B Aufprallstelle des Abbruchs und Murgang in der Val Bondasca. Foto © VBS Swisstopo Flugdienst.

Abb. 5-28C Murgang in Bondo (GR). Foto © dpa.

In der Nacht vom 15. auf den 16. Juni 2023 stürzten aus der Rutschung Berg (vgl. Abb. 3-17D) oberhalb Brinzauls/Brienz (GR) etwa 0.5 Mio. m^3 Fels ab und verfehlten das Dorf, wie in Abb. 5-29A ersichtlich, nur knapp. Da die Bewegungen laufend vermessen wurden, war der Absturz erwartet und das Dorf Ende Mai evakuiert worden. Im Profilschnitt in Abb. 5-29B sieht man die aktiven Gleitflächen an der Basis der Rutschmasse. An einer Gleitfläche sind die Gesteine mehrere Hundert Meter abgesenkt, wie dies etwa die Grenzfläche zwischen Tomül-Flysch und Rothorn-Schuppe (Allgäu-Formation) offenbart. Auf dieser Gleitfläche ist der Tomül-Flysch sogar über die junge Füllung des Albulatales geschoben

Abb. 5-29A Der Felssturz vom Juni 2023 reichte bis wenige Meter vor das Dorf. Die Kantonsstrasse ist meterhoch mit Sturztrümmern überdeckt. Foto © Aargauer Zeitung AG

worden, was auf ein sehr junges Alter der Bewegungen deutet. Da die heutigen Trassees der Rhätischen Bahn und der Kantonsstrasse 417 auf dem abgeglittenen Tomül-Flysch verlaufen (vgl. Abb. 5-29B), müssen die Bewegungen sehr sorgfältig überwacht werden. Gegenwärtig wird ein horizontaler Sondierstollen gebaut, von welchem aus man mittels Bohrungen in die Gleitflächen das Bergwasser abzuleiten versucht. Diese Drainage sollte die Rutschung verlangsamen. Aber das Problem eines weiteren Felssturzes vom Plateau her (Abb. 5-29B) bleibt. Offene, meterbreite Spalten auf dem Plateau deuten darauf hin, dass der Berg noch nicht zur Ruhe gekommen ist.

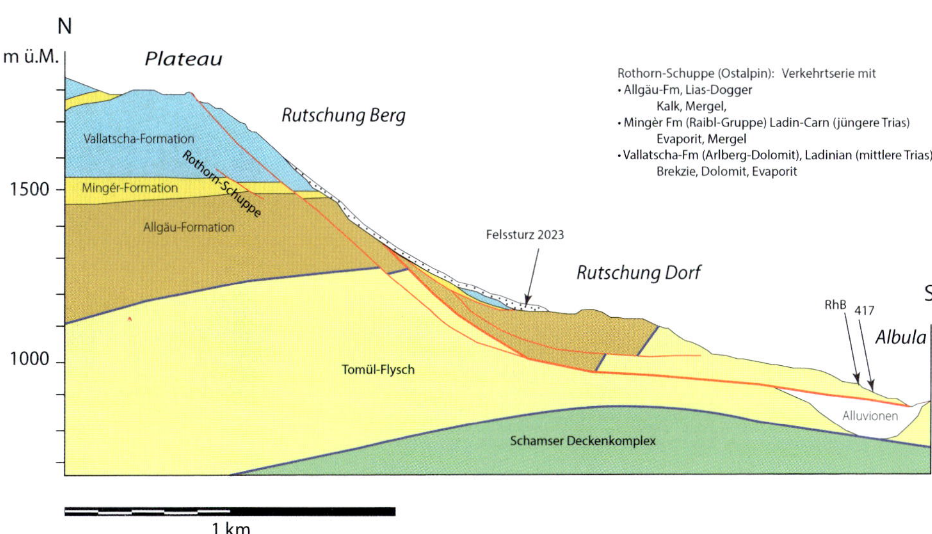

Abb. 5-29B Profilschnitt durch die Rutschung und den Felssturz von Brinzauls/Brienz (GR), umgezeichnet und ergänzt nach Figi et al. (2022). Rutschflächen sind rot gezeichnet. Pfeile zeigen wo die Rhätische Bahn (RhB) und die Kantonsstrasse 417 verlaufen.

Weiterführende Literatur

Mit * bezeichnete Werke gehören zur Fachliteratur

Figi, D., Thöny, R., Breitenmoser, T., Brunold, F. & Schwestermann, T., 2022, Rutschung Brienz/Brinzauls (GR): Geologisch-kinematisches und hydrogeologisches Modell. Swiss. Bull. Angew. Geol., 27/2, 17–34.

Keller, O., 2009. Als der Alpenrhein sich von der Donau zum Oberrhein wandte: Zur Umlenkung eines Flusses im Eiszeitalter. in: Schriften des Vereins für Geschichte des Bodensees und seiner Umgebung. Ostfildern, p. 193–208.

Kremer, K., Simpson, G. & Girardclos, St., 2012. Giant Lake Geneva tsunami in AD 563. Nature Geoscience, vol.5, Nov. 2012, p. 756–757.

Lambert, A., 1989. Das Rheindelta im See. Vermessung, Photogrammetrie, Kulturtechnik, 87/1, 29–32.

Lambert, A., 1991. Ein Berg auf Talfahrt: Die Schieferrutschung im Lugnez (Graubünden, Schweiz). Die Geowissenschaften. 9. Jahrgang/Heft 3, 67-98.

Pfiffner, O.A., 2014. Geologie der Alpen. UTB/Haupt Verlag, Bern, 3. Auflage, 397 pp.*

Pfiffner, O.A. & Deichman, N., 2014. Seismotektonik der Zentralschweiz. Arbeitsbericht NAB 14–26, nagra, Wettingen.*

Raetzo, H., 1997. Massenbewegungen im Gurnigelflysch und Einfluss der Klimaänderung. Vdf-Verlag ETHZ.*

Sánchez, L., Völksen, C., Sokolov, A., Arenz, H. & Seitz, F., 2018. Present-day surface deformation of the Alpine Region inferred from geodetic techniques. Earth System Science Data, doi.org/10.5194/essd-2018-19, 29 pp.*

Tinner, W., Kaltenrieder, P., Soom, M., Zwahlen, P., Schmidhalter, M., Boschetti, A. & Schlüchter, C., 2005. Der nacheiszeitliche Bergsturz im Kandertal (Schweiz): Alter und Auswirkungen auf die damalige Umwelt. Eclog. Geol. Helv. 98/1, 83–95.*

Wittman, H., von Blanckenburg, F., Kruesmann, T., Norton, K. & Kubik, P.W., 2007. Relation between rock uplift and denudation from cosmogenic nuclides in river sediment in the Central Alps of Switzerland. J. Geophys. Res., 112, F04040, doi: 10.1029/2006JF000729.*

Anhang

Glossar

abscheren	Gesteinspakete werden längs einer weichen Schicht von ihrem Untergrund abgetrennt und wegbewegt.
Abscherfalte	Gefaltete Gesteinsschichten, welche längs einer weichen Schicht von ihrem Untergrund abgeschert, d. h. abgetrennt und wegbewegt wurden. Die weiche Schicht füllt die Kerne der aufgefalteten Schicht.
Abscherhorizont	Die weiche Schicht, längs welcher eine Abscherung erfolgt. Häufig sind solche weichen Schichten Evaporite oder Tonsteine.
Antiklinale	Gewölbeartig aufgefaltete Schichten.
Aufschluss	Eine Lokalität, bei welcher der anstehende Fels unter Lockergesteinen zutage tritt (typischerweise 1–100 m groß).
Bänderung	Unterschiedlich zusammengesetzte und deshalb unterschiedlich gefärbte Gesteine sind bänderartig im Zentimetermaßstab angeordnet.
biogen	Bildung von Gesteinen durch Einfluss von Lebewesen (Pflanzen oder Tiere).
Bregaglia-Intrusion	Ein Granitkörper (genauer gesagt Tonalit und Granodiorit), welcher mehrere Kilometer groß ist und im Bergell (Bregaglia) an der Erdoberfläche sichtbar ist. Die magmatischen Gesteine sind vor rund 30 Mio. Jahren in einer Tiefe von etwa 8 km in das Nebengestein eingedrungen.
Briançon-Schwelle	Eine Schwellenzone zwischen dem →Wallis-Trog und dem →Piemont-Ozean, welcher vor 250–50 Mio. Jahren von einem seichten Meer überflutet war. Die Schwelle erstreckte sich von der Iberischen Halbinsel nach Osten bis in das Gebiet der künftigen Zentralalpen.
Decke	Ein Gesteinspaket, welches von seinem Untergrund abgetrennt über Distanzen von 10–200 km verschoben und überschoben wurde. Der Transport erfolgt an einer Überschiebung. Decken sind typischerweise 1–5 km dick, 50–100 km breit und 10–20 km lang.

Deckenstapelung	Mehrere ähnlich große →Decken sind dachziegelartig aufeinandergetürmt.
Drumlin	Die Grundmoräne eines Eisstroms oder Gletschers wird zusammengekratzt und zu rundlichen bis länglichen Haufen zusammengeschoben. Drumlins sind typischerweise einige 100 m groß.
einfallen	Geneigte Schichten tauchen in eine Richtung ab. Dieses Eintauchen oder Einfallen erfolgt in der Fallrichtung und unter einem Fallwinkel.
Eiszeitstratigrafie	Geschichtliche Abfolge von Kaltzeiten (Eiszeiten) und Warmzeiten (Interglaziale). Für die Schweiz umfasst die Abfolge die letzten 2,5 Mio. Jahre.
Erdkern	Der Erdkern hat einen Durchmesser von etwa 3500 km und besteht vorwiegend aus Eisen und Nickel. Der innere Erdkern besteht aus Festgestein, der äußere Erdkern ist flüssig und generiert das Erdmagnetfeld.
Erdkruste	Die Erdkruste ist die äußerste Schicht der Erdkugel. Man unterscheidet zwischen kontinentaler Erdkruste, welche etwa 30 km mächtig ist, und der ozeanischen Erdkruste, welche lediglich 5–10 km mächtig ist. In der kontinentalen Erdkruste dominieren granitische, →felsische Gesteine, in der ozeanischen Gabbros und Basalte (→mafische Gesteine). Unter Gebirgen wie den Alpen ist die kontinentale Kruste auf mehr als 50 km verdickt.
Erdmantel	Der Erdmantel ist die Schicht im Erdinneren, welche zwischen dem →Erdkern und der →Erdkruste liegt. Die Untergrenze liegt in einer Tiefe von 2900 km, die Obergrenze bei etwa 30 km. Der Erdmantel besteht seinerseits aus mehreren Schichten. Wichtig ist die äußerste Schicht, welche bis in eine Tiefe von etwa 30–100 km reicht. Die Gesteine (zumeist Peridotit) der äußersten Schicht sind fest, während der tiefere Erdmantel zähflüssig ist.
felsisch	Bezieht sich auf die mineralogische Zusammensetzung von magmatischen Gesteinen. Es dominieren Feldspäte (fel) und Quarz (si), was zu felsisch zusammengezogen ist. Aufgrund der Zusammensetzung besitzen diese Gesteine eine helle Farbe.

flachmarine Sedimente	Sedimente, welche in einem seichten Meer abgelagert werden.
Flysch	Sammelbegriff für mächtige Abfolgen von Sandsteinen und Tonsteinen, welche aus untermeerischen Schlammlawinen (Turbidite) abgelagert werden. Flysch sammelt sich in tiefen schmalen Trögen am Rand eines wachsenden Gebirges. Etymologisch geht das Wort «Flysch» auf die Bezeichnung der Simmentaler Bauern für einen Hang aus «schiefrigem, dunklem und rutschigem Gestein» zurück. WNW von Lenk i. S. gibt es die Lokalität namens Flösch und das Flöschhorn.
Frostsprengung	Wenn in Spalten eingedrungenes Wasser gefriert, wird durch die Volumenzunahme beim Gefrieren das Gestein auseinandergedrückt oder eben «gesprengt».
geodätische Vermessung	Diese stützt sich auf die Verwendung von Theodoliten und markierten Fixpunkten im Gelände. Durch Triangulation können Distanzen und deren Änderungen über die Zeit bestimmt werden.
Gondwana	Ein Riesenkontinent auf der südlichen Hemisphäre, bestehend aus Südamerika, Afrika, Antarktis, Australien und Indien, welcher vor 300–150 Mio. Jahren existierte.
Helvetikum	Geologische Provinz, welche den südlichen Rand der europäischen Platte umfasst, in welchem während des Mesozoikums marine Sedimente in einem Schelfmeer abgelagert wurden. Anlässlich der Alpenbildung sind diese Sedimente zu einem Deckenstapel zusammengeschoben worden.
Hochzone	Landschaft, welche sich relativ zur Umgebung durch eine erhöhte Lage über Meer auszeichnet.
Hohlformen	Vertiefungen (oder Wannen) in Bergflanken und Tälern, welche durch die Wirkung der Gletscher verursacht werden.
Insubrische Störung	Ein wichtiger Bruch, der sich in E-W-Richtung im Süden der Alpen von Domodossola über Locarno-Bellinzona ins Veltlin erstreckt. An diesem Bruch wurde der nördliche Block viele Kilometer emporgehoben. Zudem wurde der südliche Block horizontal viele Kilometer nach Westen versetzt. Die Insubrische Störung ist ein Teil der Periadriatischen Störungszone, welche sich im Osten bis in die Karawanken fortsetzt.

Internstruktur	Die Gesteinspakete einer →Decke sind nicht nur transportiert worden, sondern wurden auch im Deckeninneren gefaltet und zerbrochen. Diese deckeninternen Deformationen werden als Internstruktur bezeichnet.
Kar	Eine vom Gletscher geschaffene →Hohlform auf einer Bergflanke.
klastisch	Klastische Gesteine bestehen aus Trümmern von zerbrochenen Gesteinen und Mineralkörnern.
Kontakt	Grenze zwischen Gesteinsverbänden. Grenzen entstehen durch Überlagerung durch jüngere Sedimente (stratigrafischer Kontakt), durch Intrusion von Schmelzen (Intrusivkontakt) oder durch Brüche (tektonischer Kontakt).
Kontinentalrand	Übergangsbereich zwischen dem Kontinent und dem angrenzenden Ozean. Passive Kontinentalränder entstehen beim Zerbrechen von Kontinenten und zeichnen sich durch eine ausgedünnte kontinentale →Erdkruste aus. Passive Kontinentalränder sind von einem flachen Schelfmeer mit Wassertiefen von 200 m überflutet, welches in ein tieferes Meer mit Wassertiefen von bis zu 1000 m überleitet. Aktive Kontinentalränder markieren Subduktionszonen, bei welchen eine ozeanische Platte unter einen Kontinent taucht. Dabei entsteht eine Tiefseerinne längs des Kontinentalrandes, welche Wassertiefen von mehr als 10 000 m aufweisen kann.
Konvektionsströme	Aufsteigen von Schmelzen oder heißen Gesteinen, die infolge erhöhter Temperatur spezifisch leichter sind als das umgebende Gestein.
Kristallingesteine	Sammelbegriff für magmatische und hochmetamorphe Gesteine, in welchen schon von Auge kristallisierte Mineralkörner, insbesondere Feldspäte und Glimmer erkennbar sind.
Last Glacial Maximum (LGM)	Die letzte Vereisung der Alpen, bei welcher die Eisströme bis ins Vorland drangen und nur die höchsten Gipfel innerhalb der Alpen als →Nunataks aus dem Eis ragten. Das Maximum der Eishöhe wurde vor rund 24 000 Jahren erreicht.
Laurasien	Ein Riesenkontinent auf der nördlichen Hemisphäre, bestehend aus Nordamerika und Eurasien, welcher vor 300–150 Mio. Jahren existierte.

mafisch	Bezieht sich auf die mineralogische Zusammensetzung von Gesteinen mit viel Magnesium (ma) und Eisen (f), was zu mafisch zusammengezogen ist. Es dominieren Amphibole, Pyroxene und Olivin, weshalb die Gesteine tendenziell eine dunkle Farbe besitzen.
Meeresmolasse	Abfolge von marinen Sedimenten innerhalb der →Molasseschichten.
Mélange	Gemisch von sehr unterschiedlichen Gesteinen. Das Gemisch liegt im Maßstab von zentimetergroßen Geröllen oder Blöcken der Größe von 1–100 m vor. Mélanges können sedimentär durch Rutschungen unter Wasser oder durch tektonische Durchmischung an einer →Überschiebung entstehen. Entsprechend spricht man von einem sedimentären oder einem tektonischen Mélange.
Molasse	Sammelbegriff für mächtige Abfolgen von Nagelfluhen (Konglomeraten), Sandsteinen, Tonsteinen und Mergeln, welche von Flüssen aus den Alpen im Vorland abgelagert wurden. Molasseschichten sind sowohl auf Festland (sogenannte →Süsswassermolasse) als auch in einem relativ seichten Meer (→Meeresmolasse) am Rand und im Vorland eines wachsenden Gebirges abgelagert worden. Etymologisch geht das Wort «Molasse» wahrscheinlich auf das Wort «meule» zurück, die französische Bezeichnung für Mühlsteine, welche aus weichen, bearbeitbaren Sandsteinen angefertigt wurden.
nordvergent	Tektonische Bewegung, bei welcher der Transport an Überschiebungen und die Deckenbewegung nach Norden gerichtet war.
Nunatak	Das Wort stammt aus der Sprache der Inuit von Ostkanada und Grönland, und bezeichnet eine «aus Land gemachte» Stelle im Eis. In den Alpen fasst man damit die hohen Berggipfel zusammen, welche aus den Eisströmen des →LGM (Letztes glaziales Maximum) herausragten.
Ostalpin	Geologische Provinz, welche den nordöstlichen Rand der adriatischen Platte umfasst, in welchem während des Mesozoikums marine Sedimente in einem zusehends tiefer werdenden Meer abgelagert wurden. Anlässlich der Alpenbildung sind diese Sedimente zu einem Deckenstapel zusammengeschoben worden.

Paläogeografie	Schiebt man die Decken der Alpen an ihren ursprünglichen Ort zurück, so erhält man die ursprüngliche Anordnung der Decken und der damit verknüpften Bildungsbedingungen. Bei Sedimentabfolgen ergibt sich die Anordnung von beispielsweise flachmarinen oder tiefmarinen Bereichen. Derartige Anordnungen werden als Paläogeografie bezeichnet.
Pangäa	Ein Riesenkontinent, bestehend aus →Gondwana (Südamerika, Afrika, Antarktis, Australien und Indien) und →Laurasien (Nordamerika und Eurasien), welcher vor 300–150 Mio. Jahren existierte.
Paralleltextur	Regelmäßig parallel angeordnete Mineralkörner in einem Gestein. Besonders ausgeprägt im Falle von blättrigen Mineralen (Glimmer).
Penninikum	Geologische Provinz zwischen dem europäischen und adriatischen Kontinentalrand, in welchem während des Mesozoikums marine Sedimente in unterschiedlich tiefen Meeresbecken abgelagert wurden. Von Norden nach Süden unterscheidet man den →Wallis-Trog (tief marin), die →Briançon-Schwelle (flach marin) und den →Piemont-Ozean (ozeanisch). Anlässlich der Alpenbildung sind diese Sedimente zusammen mit deren kristallinem Grundgebirge zu einem Deckenstapel, den penninischen Decken, zusammengeschoben worden.
Piemont-Ozean	Ozeanisches Becken, in welchem über dem entblößten →Erdmantel submarine Basalte ausströmten, welche ihrerseits durch tiefmarine Sedimente (Radiolarit, Ton- und Kieselschiefer) überlagert wurden.
Plattentektonik	Wissenschaft der Bewegungen zwischen →tektonischen Platten. Platten können zerbrechen und sich voneinander weg bewegen, sie können sich aufeinander zu bewegen, miteinander kollidieren oder sie schieben sich aneinander vorbei.
Präzisionsnivellement	Durch → geodätische Vermessung bestimmte Höhenlage von Referenzpunkten.
Rampenfalte	Eine Falte, die als Folge einer Rampe in der Überschiebungsbahn entsteht.
rezente Hebung	Vertikale Bewegung von Referenzpunkten innerhalb der jüngsten Zeit (meist die letzten 50–100 Jahre).

Salassikum	Geologische Provinz welche den nordwestlichsten Rand der Adriatischen Platte umfasst. Während der frühen Phase der Alpenbildung wurden die Gesteine dieses Plattenrandes durch Subduktion zuerst tief in den Untergrund versenkt und metamorph überprägt. Anschließend gelangten sie an die Oberfläche und liegen heute als salassische Decken über den penninischen Decken.
Scherung	Bewegung von Punkten parallel zur Scherebene, sodass aus einem Rechteck ein Parallelogramm entsteht.
Schichtfuge	Zwischenraum zwischen abgelagerten Schichten von Sedimentgesteinen.
Schichtung	In Sedimenten erkennt man einzelne abgelagerte Schichten infolge Farbunterschieden oder →Schichtfugen.
Sedimentgesteine	Ablagerungsgesteine, entstanden durch Eintrag von Flüssen oder untermeerischen Schlammlawinen, durch Akkumulation von schwebenden Partikeln und absinkenden, abgestorbenen Organismenteilen sowie durch chemische Ausfällung.
Spaltbarkeit	Setzt Flächen voraus, längs derer sich ein Mineralkorn oder ein Gestein leicht spalten lässt.
Stratigrafie	Wissenschaft über die Erkundung von Gesteinsschichten und deren Alter. Sie erlaubt die Korrelation und Altersbestimmung von Sedimentschichten und Schichten vulkanischer Ablagerungen.
Südalpin	Geologische Provinz, welche den nordwestlichen Rand der Adriatischen Platte umfasst, in welchem während des Mesozoikums marine Sedimente in einem zusehends tiefer werdenden Meer abgelagert wurden. Anlässlich der Alpenbildung sind diese Sedimente zu einem →Deckenstapel zusammengeschoben worden.
südvergent	Tektonische Bewegung, bei welcher der Transport an Überschiebungen und die Deckenbewegung nach Süden gerichtet war.
Süsswassermolasse	Abfolge von terrestrischen Sedimenten innerhalb der →Molasseschichten. Die Ablagerung fand auf dem Festland oder in Seen statt, der Eintrag erfolgte durch Flüsse.
Synklinale	Muldenartig gefaltete Schichten.

Tektonik	Wissenschaft der Struktur und Entstehung der Kontinente und Ozeane. Hierzu zählen die Prozesse der Gebirgsbildung und der Plattenbewegungen.
tektonische Platten	Große Schollen auf der Erdkugel, die sich gegeneinander bewegen. Sie sind rund 100 km mächtig und bestehen aus dem festen äußersten →Erdmantel und der →Erdkruste. Tektonische Platten können sowohl aus Teilen von Kontinenten als auch aus Teilen von Ozeanen zusammengesetzt sein.
tiefmarine Sedimente	Sedimente, die sich in Wassertiefen von einigen Hundert bis Tausend Metern bildeten.
Trockental	Durch fließendes Wasser geschaffenes Tal, welches aber heute keinen oder nur noch einen kleinen und/oder temporären oberirdischen Abfluss hat.
Überschiebung	Schräg einfallender Bruch, bei welchem die Gesteine über der Bruchfläche nach oben bewegt wurden.
übertieft	Tal, bei welchem der Felsuntergrund ein Tal bildet, das deutlich tiefer liegt als der heutige morphologische Talgrund. Eine Übertiefung entsteht durch das Abschleifen des Felsuntergrundes durch die Gletscher.
Vergenz	Allgemeine Richtung der Deckenbewegung
Wallis-Trog	Tiefmeerisches Becken, in welchem über dem lokal entblößten →Erdmantel submarine Basalte ausströmten, die ihrerseits durch tiefmarine Sedimente (tonig-sandige Kalkphyllite und Kalke sowie Tonsteine) überlagert wurden.
Zement	Sekundär ausgeschiedene Minerale (meist Calcit, seltener Quarz) in den Hohlräumen zwischen Sedimentpartikeln, welche das Sediment zusammenschweißen und zu einem Sedimentgestein führen.
Zwickel	Hohlräume zwischen den Sedimentpartikeln unmittelbar nach deren Ablagerung.

Register

O

P

Q

R

Ära	Periode	geologische Ereignisse	Mi
Känozoikum	Quartär	Modellierung der Landschaften durch Gletscher Abtrag in den Alpen durch Gletscher der 12 Eiszeiten	2,
	Neogen	Bildung Juragebirge · Hebung und Abtrag der Alpen; Beginn Landschaftsgestaltung Mittelland: Molasseablagerung · Helvetikum: Abtrag · Penninikum: · Ostalpin:	23
	Paläogen	Mittelland: Molasseablagerung · Helvetikum: Deckenbildung, Flyschablagerung · Penninikum: Abtrag, Deckenbildung, Flyschablagerung · Ostalpin: Abtrag, Deckenbildung Asteroideneinschlag	65
Mesozoikum	Kreide	Plateaubasalte in Indien Piemont-Ozean wird unter Adria subduziert; Deckenbildung in den Ostalpen Öffnung des Wallis-Troges	145
	Jura	Öffnung des Piemont-Ozeans; Adria und Europa driften auseinander Pangäa zerbricht; der Atlantik beginnt sich zu öffnen	199
	Trias	Eruptionen im Atlantik flaches Meer mit Eindampfungsgesteinen	251
Paläozoikum	Perm	Plateaubasalte in Sibirien Abtragungsschutt des variszischen Gebirges sammelt sich in lokalen Depressionen *(Verrucano)*; lokaler Vulkanismus	299
	Karbon	Variszisches Gebirge bildet sich Intrusion von Graniten Ablagerung von Sedimenten in schmalen Trögen; lokal Kohlebildung	359,
	Devon		416
	Silur	Kaledonisches Gebirge	443,
	Ordovizium	bildet sich Intrusion von Graniten	488,
	Kambrium		542
Proterozoikum		freier Sauerstoff in der Atmosphäre Pan-Afrikanische Gebirgsbildung	250
Archaikum		Krustenbildung	380